中国矿业大学卓越采矿工程师教材

测绘工程监理实用教程

于宁锋　张华海　张书毕　吕伟才
王　军　李建青　银志敏　张尊岭　编
陈立志　周　伟　刘　杰　刘　峰
胡　洪　薛丰昌　王晓英　庄会富

U0338172

中国矿业大学出版社

内 容 摘 要

本书讲述测绘工程监理的基本知识、测绘工程监理的组织原则与管理措施、测绘工程监理工作中的投资控制、质量控制和进度控制、测绘工程监理的管理与协调、测绘工程监理的实例等内容。使测绘类学生在掌握测绘专业技术的基础上,进一步学习并掌握测绘工程监理的基本理论与方法,加强法律法规、合同、质量、安全意识,具备测绘工程管理的技能,运用所学知识解决测绘工程实际问题。

图书在版编目(C I P)数据

测绘工程监理实用教程/于宁锋等编.—徐州:中国矿业大学出版社,2019.3

ISBN 978 - 7 - 5646 - 4378 - 2

Ⅰ.①测… Ⅱ.①于… Ⅲ.①工程测量—测量监理—教材 Ⅳ.①TB22

中国版本图书馆 CIP 数据核字(2019)第044405号

书　　名	测绘工程监理实用教程	
编　　者	于宁锋　张华海　张书毕　吕伟才	
	王　军　李建青　银志敏　张尊岭	
	陈立志　周　伟　刘　杰　刘　峰	
	胡　洪　薛丰昌　王晓英　庄会富	
责任编辑	潘俊成　孙建波	
出版发行	中国矿业大学出版社有限责任公司	
	(江苏省徐州市解放南路　邮编 221008)	
营销热线	(0516)83884103　83884995	
出版服务	(0516)83995789　83884920	
网　　址	http://www.cumtp.com　**E-mail**:cumtpvip@cumtp.com	
印　　刷	江苏凤凰数码印务有限公司	
开　　本	787×1092　1/16　**印张** 16　**字数** 410 千字	
版次印次	2019 年 3 月第 1 版　2019 年 3 月第 1 次印刷	
定　　价	32.00 元	

(图书出现印装质量问题,本社负责调换)

前　言

随着我国经济建设和社会的发展,以及新的科学技术的不断出现,对测绘成果的需求日益增强,测绘项目呈现出生产规模大、投资额度高、技术要求高、施工工序复杂等的特点。为了保证测绘项目按时并高质量地完成,单纯由投资方对项目进行监督管理有一定的难度。而随着我国法律法规的不断完善,工程监理工作社会化、专业化以及规范化、正规化的不断深入,工程监理制度不断完善,投资方越来越多地选择借助社会专业力量对测绘项目进行监督管理。

为了满足社会对测绘工程监理人才的需求,在测绘类专业开设"测绘工程监理学"课程显得十分必要。为培养测绘监理创新型人才,经过长期的教学与实践,我们编写了《测绘工程监理实用教程》这本教科书。

本书讲述测绘工程监理的基本知识、测绘工程监理的组织原则与管理措施、测绘工程监理工作中的投资控制、质量控制和进度控制、测绘工程监理的管理与协调、测绘工程监理的实例等内容,使测绘类学生在掌握测绘专业技术的基础上,进一步学习并掌握测绘工程监理的基本理论与方法,加强法律法规、合同、质量、安全意识,具备测绘工程管理的技能,运用所学知识解决测绘工程实际问题。

本书由中国矿业大学于宁锋、张华海、张书毕、庄会富,安徽理工大学吕伟才,徐州市勘察测绘研究院王军、李建青、银志敏、张尊岭、陈立志、周伟,河南理工大学刘杰,山东科技大学刘峰,安徽大学胡洪,南京信息工程大学薛丰昌、王晓英等共同编写。相关人员参与了多项测绘监理实践,各章节编写分工合作,最后全书由于宁锋、张华海统稿。

在本书编写过程中,参阅了大量文献,在此对有关文献的作者表示感谢。由于编者水平所限,书中难免存在缺点与错误之处,恳请读者批评指正。

编　者

2018 年 10 月

目　录

第一章　测绘工程监理概述

本章讲述测绘工程监理的基本概念,建立测绘工程监理制度的必要性,测绘工程监理的性质、任务、依据以及应遵循的原则,最后阐述测绘工程监理的现状与展望。

第一节　监理与测绘工程监理的概念

一、测绘工程监理的含义

（一）监理与工程监理

认识测绘工程监理,应当首先理解什么是监理? 什么是工程监理? 所谓监理,字面上讲就是进行监督管理。工程监理是指针对工程项目,工程监理企业接受建设单位（业主）的委托和授权,根据国家批准的工程项目文件以及有关工程建设的法律、法规、技术标准、合同条款、设计文件等,运用组织措施、经济措施、技术措施、合同措施,代表建设单位对工程建设承包企业的行为和责权利进行必要的协调与监督,提供专业化服务,保障工程建设井然有序地进行,以实现工程项目投资最终目标的监督管理。

（二）测绘工程监理

测绘工程监理属于监理范畴,具备监理的共性。同时,由于测绘行业的专业特点,测绘工程监理又具有自身的特性。

传统意义的"测绘"是测量与地图制图的总称。"测绘学"的现代概念是研究地球和其他实体与地理空间分布有关的信息采集、量测、分析、显示、管理和利用的科学和技术。根据"测绘学"的现代定义,测绘工程可以理解为满足某种或某些对地理信息采集、量测、分析和利用的需求而开展的专业工作。伴随着国民经济的快速持续发展,社会对各种形式的地理信息需求日益增强,测绘工程呈现出"项目规模大,技术含量高,成果形式多,生产组织复杂"的发展趋势,产生了借助社会化的专业机构对测绘工程项目进行监督的需求。这些社会化的专业机构凭借自身的技术和经验在质量管理、进度控制和工程组织协调方面按照业主的授权开展工作,对测绘工程项目进行监督管理,保证大型复杂的测绘工程项目顺利开展。近年来,测绘市场对测绘工程进行监理的需求呈现出快速增长的势头。

测绘工程监理的概念,按照监理的性质和所提供服务的内涵可以理解为提供高智能专业技术服务的监理单位接受业主的委托与授权,按照国家测绘法律法规和测绘工程监理合同的要求所进行的旨在实现测绘项目目标的具有社会服务性质的监督管理活动。上述概念包括以下几层意思:

① 测绘工程监理的行为主体是监理企业单位。

② 监理单位受业主的委托和授权开展工作。

③ 测绘工程监理具有明确的法律、法规和技术规范等行为依据。

④ 测绘工程监理的监督活动贯穿于项目的设计、招投标、项目实施以及验收各个阶段。

二、建立测绘工程监理制度的必要性

在计划经济时期,我国的主体测绘工作由国家有关部门利用政治和组织手段,统一组织,组建测绘队伍,安排测绘任务,负责项目管理,控制成果的使用范围,在测绘行业建立了比较完善的项目质量和进度管理模式,形成了重视质量工作的测绘优良传统。近几十年市场经济模式的运行,社会需求、投资方式、项目管理、职业道德和技术手段发生了重大变化,由于测绘工程项目组织的复杂性,不少问题难以解决,出现投资浪费等情况。在新时期,为国民经济建设和社会发展提供良好的测绘保障,完善测绘工程项目管理机制,建立监理制度就显得非常重要。

（一）发展社会主义市场经济的需求

随着社会主义市场经济的发展,测绘工程出现了投资来源多元化、投资使用有偿化和承包主体市场化的现象;出现了一些原有市场机制难以解决的问题,如压价竞争、粗制滥造、转包及分包不规范等问题。传统的业主和生产单位二元主体的市场结构,对于大型复杂的测绘工程项目而言,难以解决的问题越来越多。为了建立良好的市场经济秩序,约束测绘项目有关环节的随意性,特别是保证重大测绘工程项目成果质量,建立测绘工程监理制度,势在必行。

（二）项目投资者对测绘工程监理专业服务的需求

我国社会经济的快速持续发展,对基础地理信息即各种测绘成果的需求不断增强,测绘项目投资规模空前,技术要求越来越高,项目业主直接进行监督管理的难度在加大。特别是随着测绘项目责任制的逐步落实,项目业主承担的投资风险随之增大,使业主越来越感觉到仅凭自身的能力和经验难以完全胜任工程项目管理,产生了借助社会化的智力资源弥补自身不足的需求。将测绘项目的监督管理工作由专业化、社会化的监理单位来承担,引进监理机制,可以使业主从自己不熟悉的、日常的和微观的专业技术管理中解脱出来,专心于必须由自己做出决策的重要事务,让测绘专业知识和实践经验丰富的监理工程师为其提供技术服务。

（三）高新测绘技术对测绘工程监理的需求

随着以"3S"技术和计算机技术为代表的高新测绘技术的发展,传统的生产流程被新的工序所替代,以单纯的坐标数据和纸质线画图为代表的传统成果被"4D"产品为代表的基础地理信息逐步取代,测绘产品的服务领域不断扩大。但是,新的测绘生产流程,特别是数字化测绘生产以及高额投资的复杂的地理信息系统建设,单靠业主单位进行管理监督几乎是不可能的。从对监理单位和监理工程师的基本要求来看,他们对测绘项目中的各种情况较为熟悉,通过对进度、质量等方面的监理,尤其是过程质量控制,协调多种关系,对生产单位监督的同时进行指导,可以较好地避免工程严重拖期和质量低下问题。可以展望,实行测绘工程监理制度,有利于提高测绘工程质量,有利于保障项目工期,有利于提高投资效益,是实现测绘工程领域数量与质量、速度与效益有机结合的重要途径。

（四）建立测绘监理制度是加强测绘统一监管的需要

加强测绘统一监管是国家以法定形式确定的管理战略，是由测绘行业管理的特点所决定的。测绘工程监理作为一种测绘业务，自然应在相应法律法规的制约下开展。近年来，随着国民经济对测绘成果需求的不断增大，测绘工程项目投资空前，数字化测绘生产具有较高的科技含量，测绘成果应用越来越广泛，许多投资方引进了监理机制。在需求牵引下，一些与测绘相关的机构进入了测绘工程监理领域。为了保证测绘项目的成果质量，特别是重大测绘项目的成果质量，只有将监理纳入测绘行业管理范畴，制定并实行国家测绘工程监理有关法规和技术规范，实行统一监管，才能保证测绘工程监理健康发展。

三、测绘工程监理的性质

测绘工程监理是市场经济环境下以平等的合同关系依法为测绘工程项目的业主提供高智能的监理服务，要求从事测绘工程监理活动应当遵循守法、诚信、科学、公正的准则。测绘工程监理具备工程监理共有的特性，包括服务性、科学性、公正性和独立性。

（一）服务性

服务性是工程监理的重要特征之一。测绘工程监理是一种高智能、有偿技术服务活动，它是监理人员利用自己的专业知识、技能和经验为建设单位（业主）提供的管理服务。它既不同于承建商的直接生产活动，也不同于建设单位的直接投资活动，它不向建设单位承包工程，不参与承包单位的利益分成，它获得的是技术服务性的报酬。工程监理管理的服务客体是建设单位的工程项目，服务对象是建设单位（业主）。这种服务性的活动是严格按照监理合同和其他有关工程合同来实施的，是受法律约束和保护的。

（二）科学性

测绘工程监理的科学性体现为其工作的内涵是为测绘工程管理与测绘工程技术提供专业知识的服务。测绘工程监理的任务决定了它应当采用科学的思想、理论、方法和手段；测绘工程监理的社会性、专业化特点要求监理单位按照高智能原则组建；监理的服务性质决定了它应当提供科技含量高的管理服务；测绘工程监理维护社会公众利益和国家利益的使命决定了它必须提供科学性服务。

按照测绘工程监理科学性要求，监理单位应当拥有足够数量的、业务素质合格的监理工程师，要有一套科学的管理制度，要掌握先进的监理理论、方法，要积累足够的技术、经济资料和数据，要拥有现代化的监理手段。

（三）公正性

公正性是测绘监理工程师应严格遵守的职业道德之一，是测绘工程监理企业得以长期生存、发展的必然要求，也是监理活动正常和顺利开展的基本条件。测绘工程监理单位和监理工程师在测绘工程建设过程中，一方面应作为能够严格履行监理合同各项义务，能够竭诚为客户服务的服务方，同时应当成为公正的第三方，也就是在提供监理服务的过程中，测绘工程监理单位和监理工程师应当排除各种干扰，以公正的态度对待委托方和被监理方，特别是当工程委托方和被监理方双方发生利益冲突或矛盾时，应以事实为依据，以有关法律、法规和双方所签订的测绘工程合同为准绳，站在第三方的立场上公正地解决和处理问题。

（四）独立性

独立性是测绘工程监理的一项国际惯例。国际咨询工程师联合会（FIDIC）明确认为，工程监理企业是"一个独立的专业公司受聘于业主去履行服务的一方",监理工程师应"作为一名独立的专业人员进行工作"。从事工程监理活动的监理单位是直接参与工程项目建设的"三方当事人"之一,它与建设单位、承建商之间的关系是一种平等主体关系。监理单位是作为独立的专业公司根据监理合同履行自己权利和义务的服务方,维护监理的公正性,它应当按照独立自主的原则开展监理活动。在监理过程中,监理单位要建立自己的组织,要确定自己的工作准则,要运用自己的理论、方法、手段,根据监理合同和自己的判断,独立地开展工作。

四、测绘工程监理的主要任务

工程建设监理在我国经过几十年的发展已经较为成熟,法律、法规和技术规范基本健全,较为完善的监理模式总结出了监理工作的一般内容。而测绘工程监理尚处于起步与探索阶段,借鉴工程建设监理,测绘工程监理的主要任务如下。

测绘工程监理的主要任务就是控制测绘工程项目目标,即力求使得测绘工程项目能够在计划的投资、进度和质量、安全目标内实现。因此,测绘工程监理的主要内容是"三项控制、两项管理和一项协调"。三项控制即投资控制、进度控制、质量控制;两项管理为合同管理、信息管理;一项协调是组织协调。三项控制是测绘工程监理的中心任务。

由于测绘工程监理具有委托性,所以测绘工程监理企业可以根据建设单位的意愿,并结合自身的情况来协商确定监理范围和业务内容。既可承担全过程监理,也可承担阶段性监理,甚至还可以只承担某专项监理服务工作。因此,具体到某监理单位承担的测绘工程监理活动要达到什么目的,由于它们的服务范围和内容的差异,会有所不同。全过程监理要力求全面实现工程项目总目标,阶段性监理要力求实现本阶段工程项目的目标。

测绘工程监理要达到的目的是力求实现测绘工程项目目标。测绘工程监理企业在监理过程中,只承担服务的相应责任,也就是在委托监理合同中明确规定的职权范围内的责任。监理方的责任就是力求通过目标规划、动态控制、组织协调、合同管理、风险管理、信息管理,与建设单位和施工单位一起共同实现项目目标。

五、测绘工程监理的依据

测绘作为基础性的行业,按照测绘工作的作用、性质和管理等方面的情况划分,一般把测绘分为基础测绘和专业测绘两大类。基础测绘涉及国家安全,测绘成果具有较高的密级,所以基础测绘没有走向市场化,测绘工程监理采取指令性进行安排。专业测绘主要通过市场有偿服务实现,具有工程项目的一般特点。不管是基础测绘还是专业测绘,都必须遵守相应的法律法规。

有关的法律、法规、规范包括《中华人民共和国测绘法》、《中华人民共和国合同法》、《中华人民共和国招标投标法》、《中华人民共和国测绘成果管理条例》、《测绘生产质量管理规定》、《测绘质量监督管理办法》等法律法规,以及有关的测绘工程技术标准、规范、规程。

测绘工程监理企业还应当依据依法签订的测绘工程委托监理合同和有关的测绘工程合同,对测绘工程勘察、设计、施工、验收等进行监理。

第二节　测绘工程监理的定位与应遵守的原则

引进监理机制后,测绘市场形成了业主、生产(施工)单位和监理单位的三元主体格局。在测绘工程项目中,业主单位分别与施工单位、监理单位签订工程项目合同和委托监理服务合同。监理单位与施工单位没有合同关系,而是通过业主的委托和授权并在生产合同中加以明确,监理单位对测绘生产项目和施工单位的工作进行监理。

为了加强测绘项目管理,提高测绘投资效益,保证测绘成果质量,国家测绘行政管理部门依法进行测绘管理,对测绘市场的管理是其中的一项重要内容。监理作为一项新兴的测绘活动,自然应在测绘法律、法规规定的框架内开展工作。为此,需要明确测绘监理的市场定位、监理与业主之间的关系、监理与生产施工单位的关系;明确测绘工程监理与政府行业监督的区别。

一、测绘工程监理的市场定位

（一）测绘工程监理的市场定位

引进监理机制后,作为测绘市场三个主体之一的监理单位,尤其是测绘项目监理部和监理工程师,要实现监理目标,履行监理合同,摆正自身位置是非常重要的。

首先,必须明确监理工程师是业主的服务者。这是由监理工作的特点所决定的,监理就是以高智能的技术经验为业主提供服务的。监理工程师应按照监理合同的规定在授权范围内对被监理单位的工作进行监理。

第二,监理工程师是依法独立工作的。监理是受业主的委托开展监理工作,但必须在国家有关的法律法规规定的范围内按照监理合同进行。同时,具体监理操作不受外来因素包括业主的影响,独立进行。

第三,监理工程师要在业主授权范围内工作,不能越权。作为市场主体之一的监理是通过业主授权对施工单位进行监督和管理的,这种授权是通过监理合同固定下来的。监理所从事的一部分工作对施工单位而言是有一定支配权限的,这就要求监理工程师谨慎行事,切勿越权。否则造成经济损失要赔偿,进而影响监理单位的声誉。

（二）监理与业主之间的工作关系

监理按照业主授权开展工作。在测绘市场中,业主为了加强项目管理,更好地控制项目的进展,保证生产过程符合项目要求,按时保质实现预期目标,依法引进测绘工程监理。测绘工程监理单位为了自身业务的发展,凭借较高的专业理论知识、丰富的测绘生产经验和测绘项目管理能力以及对有关法律法规的熟悉承担测绘工程监理业务。监理单位与业主签订监理合同后,双方是委托与被委托、授权与被授权的关系。通过双方签订的合同,规定双方的权利与义务。监理单位依照国家有关法律法规和业主的授权对项目生产施工单位进行监理。在授权范围内,监理单位在测绘项目运行过程中代替业主行使部分权利,但监理不能超越权限处理事务。

监理为实现业主规定的目标而工作。监理单位应为实现合同中规定的工作目标,为实现监理目标努力工作。在测绘市场中,业主单位是最为重要的一方,它要为测绘项目投资的结果负最主要和直接的责任。业主单位引进监理的目的就是为了发挥专业机构的作用,使测绘工程项目达到预定目标,监理方应为业主提供所需的专业服务。监理通过对项目的控制管理和协调,实现监理工作目标,进而保证项目目标的实现。所以,监理的一切工作都应围绕监理目标即项目总体目标的实现来进行。

（三）监理与生产施工单位之间的关系

监理单位与生产施工单位,两者属于测绘市场中共同为业主提供服务的平等主体,是监理与被监理的关系。这种关系是根据政府法规管理规定和合同规定的。测绘施工单位是业主通过一定的邀标或招投标方式确定承担项目的生产工作单位,监理单位和生产施工单位之间虽然没有直接的合同关系,但由业主和施工单位之间签订的合同却规定了生产施工单位的义务。在合同中,明确规定了在测绘项目生产施工过程中,施工单位必须接受监理单位的监督与管理。测绘项目规模大,业主允许分包时,分包合同中应该明确规定有关监理的事宜。一般来说,分包单位应视为总测绘生产施工单位的一部分,分包单位对总测绘施工单位负责。监理事宜主要对总测绘施工单位,但个别事宜如分包部分的资质情况和质量检查等可以对分包单位。

二、测绘工程监理与政府行业监督的关系

对测绘作业队伍和测绘成果的质量监督控制方面,测绘工程监理与测绘行业(如质检站等)对测绘工程的质量监督都属于测绘行业的监督管理活动,从保证测绘成果质量方面来看都属于保证测绘工程质量的措施,具有结果的统一性。但是,它们之间具有相互间的不可替代性,存在着明显的区别,主要体现在以下几个方面。

（一）执行者的区别

测绘工程监理的执行者是社会化的专业监理单位和监理工程师,而测绘行业监督的执行者是政府主管部门授权的测绘产品质量监督检验机构。在我国现行体制下,在一定的行政区域,测绘行业质量监督机构是唯一的。按照授权,行业质量监督机构同时要履行监督测绘工程监理业务的职能。引进监理机制后,会依法组建一批测绘工程监理单位,这些监理公司按照市场规则承揽监理业务。

（二）性质上的区别

测绘工程监理是监理单位通过合同接受业主委托,为其在特定的测绘项目中提供高智力服务,双方是市场经济环境下的一种平等主体之间的买方和卖方关系,属于委托性质的横向监督管理。测绘行业监督是代表政府行使的对测绘工程进行监督的行为,是项目系统以外的监督管理主体对项目内的生产主体进行的一种具有强制性的纵向监督管理。

（三）工作范围及工作深度的区别

由于业主通过合同委托的范围不同,测绘工程监理的工作范围具有较大的伸缩性,可以是整个项目的所有阶段,也可以是项目的某些部分。如果是对项目的全程监理,监理要通过控制、管理和协调手段监管到所有工序。

在工作深度方面,测绘工程监理通过实施一系列的主动控制手段,做到事前、事中、事后控制,并连续性地监督测绘工程进展的各个阶段。通过实时控制管理使测绘工程项目管理更加规范,成果质量、工程进度有较好的保证,避免出现质量事故和工程严重拖期的发生。按照国家质量测绘监督的通用原则,对样本质量进行检验,按照一定的评判规则,判定批成果质量是否合格。监理进行的检验数量一般较大,而行业监督一般限于施工或者竣工阶段的项目监督,且工作范围相对固定。行业监督检验样本抽取数量、检验程序都要按照国家有关规定执行。

（四）工作依据的区别

测绘行业监督侧重以国家和地方行业管理法律、法规和技术规范为基本依据,一般不允许测绘成果的主要技术指标低于有关规范规定,特别是重大测绘工程项目更是如此,以维护国家行政管理法规和技术规范的严肃性。测绘工程监理不仅以法律、法规和技术规范为依据,还要以合同为依据,在维护法规的严肃性的同时,要维护合同的严肃性。如监理要按照监理合同及其附件的规定,对生产过程乃至于具体操作是否符合要求要进行检查,具有质量进度控制前移的特点。

三、测绘工程监理应遵守的原则

测绘工程监理单位受业主委托,对测绘工程项目实施监理时,应遵守以下原则。

（一）以数据和事实为依据,坚持质量第一的原则

测绘成果质量必须达到项目技术设计规定及其相应的规范要求。对于质量达不到标准要求的成果必须要求修改处理,甚至返工。因此监理工程师自始至终应把"质量第一"作为测绘工程监理工作的基本原则。

质量指标特别是监理检查的数据指标是反映质量状况的尺度,质量数据是质量控制的基础。因此在实施监理过程中,监理工程师应尊重事实,坚持按有关规定进行工序质量和最后成果检查,科学地处理和统计质量数据,按质量标准评价成果质量。做到各项指令、判断有事实依据,有内外业检测的第一手数据资料,以数据和事实为根据,说话才具有说服力。

（二）严格监理,为业主服务的原则

业主是投资主体,是监理服务的对象。按照监理合同的要求,监理单位对生产单位严格监理,为业主提供热情服务是必须履行的义务。监理单位应围绕测绘工程项目制定的总目标,也为了监理单位的信誉,应时刻为业主着想,监理人员要利用自己的专业技术知识、技能和经验为业主提供监督管理服务。监理人员在为业主单位服务的同时,有权监督生产施工单位是否严格遵守国家有关测绘标准和作业规范进行测绘作业,以最大限度地维护业主的利益,为业主服务。这种服务是严格按照委托监理合同和其他有关测绘项目合同来实现的,是受法律约束和保护的。

（三）综合效益的原则

国家在测绘行业引进监理机制,主要是提高整个社会的综合效益。所以,在测绘工程监理工作中,既要充分考虑顾全业主的经济效益,也必须考虑与社会效益和环境效益两者的有机统一。测绘工程监理活动虽经业主的委托和授权才得以进行,但监理工程师应首先严格遵守国家的测绘管理法律、法规、标准等,以高度负责的态度和责任感,既对业主负责,谋求最大的经济效益,又要对国家和社会负责,取得最佳的综合效益。通过监理工作达到经济效益和综合效益的相对统一,取得投资的最佳收益。

测绘项目工序多,技术复杂,施工周期长,参与的人员、设备存在差异,所描述的对象各不相同。因此,在测绘生产过程中要针对项目的特点把重点放在事前控制上,以事前控制为主,防患于未然。在制定监理方案、编制监理细则和监理的实施过程中,对工程项目的质量控制、进度控制和投资控制中可能造成失控的问题要有预见性和超前的考虑,制定相应的对

策和预控措施加以防范。另外,还应考虑多个不同的措施和方案,做到"事前有预测,情况变了有对策",避免被动,以达到事半功倍的效果。

（四）科学公正的原则

测绘工程监理在工程项目的质量控制中,应严格遵守监理工程师的职业道德,并应根据业主单位的委托,客观、公正地执行监理任务。监理单位和监理工程师是工程合同管理的主要承担者,他们必须维护合同双方的合法权益,必须保证绝对的公正性。在测绘生产施工中,监理单位和监理工程师一方面应当严格履行监理合同的各项义务,竭诚为业主单位服务;另一方面,监理单位应当排除各种干扰,以科学公正的态度对待委托方和被委托方。特别是当业主单位和施工单位发生利益冲突时,监理单位应站在第三方公正立场上,在全面科学监理检查的基础上,以事实为依据,以有关的法律法规和双方所签订的项目合同为准绳,独立、科学、公正地评价工序质量和成果优劣,要依法办事,坚持原则,杜绝不正之风。总之,科学公正的原则是对测绘工程监理行业的必然要求,是社会公认的职业准则,也是监理单位和监理工程师的基本职业道德准则。

第三节　测绘工程监理的发展现状与展望

随着市场经济的发展,国民经济各行业对测绘成果的需求日益增强。测绘工程项目规模越来越大,测绘技术先进、工序复杂,由传统的用户和生产方构成的二元市场结构已很难满足社会发展的要求。原国家测绘与地理信息局对此给予了长时间的关注并进行了积极探索。国家《测绘事业发展第十个五年计划纲要》指出:"要通过健全法制,法规管理,创造公开、公平、公正、竞争有序的测绘市场,积极探索测绘项目的工程监理制。"2015年《测绘地理信息质量管理办法》已经明确把测绘工程监理作为重要内容列入,测绘工程监理机制已全面推行。

一、测绘工程监理工作的机构情况

国家推行监理制度之后,现有的省级测绘质检站、进入测绘工程监理的某些测绘生产单位以及一些测绘数据加工公司和地理信息软件公司等相继加入到测绘监理实践中来。严格地讲,这些单位都不是真正意义上的监理单位,但这些单位和其所开展的监理工作为监理制度的引进积累了经验。

省级测绘质检站的职责属政府管理范畴,是受省级测绘行政主管部门的委托和授权,负责本行政区域内行业质量监督管理,进行各种类型的测绘产品质量检验,基础测绘检查验收及行业技术指导等。引进测绘工程监理机制后,质检站应按照测绘行政管理部门的授权,对测绘工程监理单位的监理行为实施监督。由于质量检验任务量和经费投入多少等原因,相当一部分质检站在指令性任务和测绘市场项目中有过监理的经历。这类单位从事监理工作的优势是多年来从事的工作在一定程度上与监理相一致,都把质量监督、检查和控制作为自己的职责,按照相应的标准实施质量管理。质检站的主要技术人员都具有丰富的质量监督检查的工作经验和现场处理问题的能力,对从事过程检查经验较多的质检站来说,较易向全程质量监理过渡。但省级测绘质检站人员数量有限,从事一线监理所能调动的人数受限制,部分人员直接动手能力不强,一些质检站对地理信息数据监理不够熟悉。

进入测绘工程监理的测绘单位一般都是甲级测绘生产单位。他们的优势是生产经验比较丰富,对生产操作较为熟练,作业人数较多。特别是所从事的监理项目与以往生产做过的测绘项目相近时,对生产工序比较熟悉,生产单位进场作业初期,针对作业中相关技术技能对作业人员指导有利。但整体来看,生产单位人员对监督检查的程序了解不深,进入监理角色较慢,有时身份错位,把自己作为生产单位内部的检查员角色。

近年来对各种地理信息数据加工处理的需求较多,地理信息加工公司和地理信息软件公司,对测绘内业工序技术较为熟练,库前数据以及对测绘项目入库较为熟悉,遇到数据问题比较容易处理,特别是测绘工程采用自己公司提供的商业软件进行数据检查更有别人不具备的条件。这两类公司的共性是缺乏测绘生产实践经验,人员结构较为单一,多是计算机专业的年轻技术人员,现场处理问题困难。

二、测绘工程监理所承担的工作

引进监理机制的测绘项目监理包括两大类:

第一类是单纯的测绘项目,一般投资额在百万元以上,如大中城市各种比例尺数字化地形图测绘、区域性正射影像图、大规模的地籍调查(包括权属调查、地籍测量和土地利用现状调查等)和各种基础地理信息系统建设。这一类单纯测绘项目监理中,绝大多数测绘工程监理局限于测绘工程施工阶段,且只是进行质量控制和进度统计,为业主提供项目进展有关信息和建议,在一定程度上承担了施工阶段有关各方的协调工作。监理介入前期投资控制的案例较少。

第二类是重大建设工程项目中处于配套专业的工程测量监理,如公路交通、跨江大桥、水利枢纽、超高层建筑等,这类测绘监理一般都存在于工程建设总体监理项目之中。测绘监理内容相对单一。

三、引进监理机制的测绘项目的监理作用与效果

从众多引进监理机制的测绘项目的进展和结果来看,监理发挥了重要的作用,总体而言监理效果明显。专业技术人员专职从事测绘工程监督管理工作的作用得到了体现,这些监理人员基本能够站在第三方公正立场上,运用自己所掌握的知识和专业经验从事测绘工程监理工作,在工程进度控制和质量控制方面发挥了很大的作用。特别是监理通过工序控制和工序成果检查质量把关,针对生产单位存在的质量问题进行指导,使测绘工程项目的质量得到保证,很少出现返工或较大反复的案例。但由于测绘工程监理工作尚处于初级阶段,实事求是地说,除了包括过程检查在内的质量检查外,有的距离业主的要求还存在一定的差距。个别项目,由于业主和监理单位共同作用的原因,存在着在项目管理机制上走过场的现象。

四、监理工作中存在的问题

市场经济环境和法制环境是监理产生和发展的基本条件。伴随着市场经济体制的建立和不断完善,我国经济持续高速发展,国民经济建设和民众生活对测绘成果的需求不断增长,要求及时详尽准确提供测绘成果。在市场需求的促动下,测绘工程监理越来越普遍地被引进并发挥了重要的作用。但在测绘工程监理法制环境还没有完全建立的情况下,现有的

测绘工程监理还处于试行和摸索阶段,从操作层面上讲存在很多困难和问题。加之测绘市场供给相对大于需求,竞争激烈,测绘工程监理在相当程度上没有体现出应有的主体地位,在工作中遇到的困难较多,归纳起来有以下几个方面。

（一）行政法规和技术规范缺位问题

缺乏行政法规和技术规范的支撑,这是测绘工程监理最大的困难。没有法律法规的支撑,测绘工程监理的定位不够明确,什么样的测绘项目需引进监理? 符合什么条件的单位可以从事监理工作? 从事监理工作的人员标准是什么? 依据什么技术规范开展监理工作? 监理的权利和责任如何认定? 监理费用按什么标准收取? 这些问题是监理试行中的最大问题,也是政府部门和各界最关注的问题,是监理遇到的所有原则问题的根源。

（二）业主给监理创造的工作环境问题

部分项目业主不能以平等主体的身份对待监理单位,影响监理作用的发挥。部分业主对监理单位的要求与其在测绘工程中所授予的权限不符,对监理单位所能发挥的作用缺少权利保障。业主对生产作业队伍的选用程序和招投标的效果如何,对项目目标的实现非常重要,如果作业队伍力量薄弱,监理单位无法改变,将使监理工作很难令人满意。多数测绘项目监理介入之前,技术方案已经确定,但往往技术规定不够具体,作业过程中技术设计需要多次补充修改,而监理只能提出建议,业主组织解决不够及时,使得监理难以处理,进而影响整个项目目标的实现。在测绘技术层面上看,控制测量和数据格式方面存在较多问题,且不是监理单位可以确定的,需要业主单位在立项和准备阶段认真对待。在生产组织中,有时生产单位在业主的要求下,质量和进度很难兼顾。在业主催促进度、监理侧重质量的矛盾情况下,生产单位往往只能赶进度应付,造成监理无所适从又难以解决问题,使监理工作处于非常被动的局面。

（三）从事监理业务的单位存在的问题

目前,从事测绘工程监理工作的单位普遍与真正意义上的监理单位应具备的条件还有一定的差距。在组织管理上还没有达到专业化的程度,缺少监理经验。从事监理的人员对国家测绘法律法规、监理的定位、监理的行为准则和处理问题的方式方法不是很清楚,监理人员对监理知识掌握得太少。参与监理的人员构成不够合理,年龄结构和专业结构满足不了工作需要,职业道德和专业知识参差不齐,少部分人综合能力低下。这些问题的存在,可导致监理工作不到位,使业主失望,进而以不满意的态度对待监理单位,从而导致合作双方彼此不满意。

五、对测绘工程监理法律法规的展望

我国的建设工程监理经过几十年的经验积累,已经有一套较为成熟的法律法规。对于测绘工程,我国已经有了《测绘法》、《测绘成果管理条例》、《测绘生产质量管理规定》、《测绘质量监督管理办法》以及《招标投标法》等法律法规。从建设工程监理的发展历程和测绘行业的发展要求来看,建立测绘工程监理机制是必然要求。测绘工程监理必须有相应的法律法规进行支撑。

（一）建立测绘工程监理法律法规体系的必要性

从经济方面来看,业主与监理单位及生产施工单位有着复杂的契约关系,但由于相关的主体具有各自不同的经济利益,往往可能出现违反契约的行为,这就需要一种公正的法律关系来协调。有了法律的保障,才能使监理日趋完善。作为国民经济基础性、技术含量较高的测绘行业,重大工程的目标控制非常重要,在测绘工程监理已经进行多年实践、探索并有推广趋势的形势下,建立较为完备的测绘监理法律法规体系已经显得非常必要。

（二）测绘工程监理法律法规体系应具备的特点

测绘工程监理法律法规体系应在国家法律体系框架内,根据国情,应遵循下位法规服从上位法规、法规服从法律的原则制订。其特点具有渐进性、系统性及层次性。

（1）渐进性

国家决定推行测绘工程项目实行监理机制后,一般是首先以规范性文件的形式进行部署,进而制定部门规章,待条件成熟时,再上升到法规,待条件成熟再体现在《测绘法》中。

（2）系统性

从法律层次上看,《测绘法》、《测绘成果管理条例》下面应是测绘工程监理规定,再向下面是资质管理、合同管理、从业人员管理和收费标准、监理规范与细则等规章规范,同时包括行政管理方面和技术规范方面,覆盖测绘工程监理的全部工作。

（3）层次性

从制订者方面看,国家测绘地理信息局统管全国测绘工程监理工作,组织制订全国性的法律法规和规章,各省级测绘行政主管部门根据本地区的实际情况制订实施办法,每个层次都有特定的立法目的和管理内容,相互协调,下层次补充细化上层次,形成法规体系。

（三）建立测绘工程监理制度应颁布的法规和规范

按照测绘专业的管理对象和监理专业的特点,有关测绘工程监理的法律法规可以分成两类:一类是测绘工程监理行政管理法律法规,以监理作为对象,明确业主、监理单位和被监理单位之间的关系,规定各自的行为准则,规定各自的责任、权利和义务,规定监理的性质、目的、对象和范围;另一类是测绘工程监理依据的技术性规范,以测绘工程为对象,明确监理工作的依据,规定监理工作的基本技术要求。参照建设工程监理,在测绘工程监理制度建立初期应陆续制订出台以下行政管理法规和技术规范,待发展一个阶段总结经验教训后再行完善和修订。

（1）测绘工程监理规定

测绘工程监理规定是在《测绘法》之下有关测绘工程监理的最高层次的行政管理法规,涵盖测绘工程监理所有基本内容,明确测绘工程监理的管理机构及职责,对测绘工程监理进行定位,规定测绘工程监理范围及内容,明确测绘工程监理单位的设立与管理内容,制定测绘工程监理合同与监理程序的基本规定,提出监理工程师的条件及执业资格等。

（2）测绘工程监理资质管理规定

测绘工程监理资质管理规定类似于测绘资质管理办法和建设工程监理资质管理规定。具体规定监理单位资质等级划分,规定各级监理单位所允许承接的业务范围,设立资质申请条件和主管部门的审批程序,规定主管部门对监理单位的监督管理权限和方法等。

（3）注册测绘工程监理工程师管理规定

目前,我国注册测绘师制度已经建立。注册测绘工程监理工程师制度也是测绘工程监理制度所必须,否则,监理人员管理问题将难以解决。本规章规定从事监理工作自然人的执业资格,具体规定从事测绘工程监理工作必须经过的考试注册办法。根据测绘技术日益发展的实际情况,为防止知识老化,还应包括进行继续教育的相关规定。

（4）测绘工程监理收费标准

测绘工程监理收费标准规定各种测绘项目监理收费的指导性标准，明确测绘工程监理收费项目的合法性，保护业主和监理方的合法权益。

（5）测绘工程监理规范

测绘工程监理规范是测绘工程监理的基本技术要求文件，待条件成熟时，可按测绘行业大的分类制订专项监理规范或专业监理手册。规范规定测绘项目监理机构设置、各级各类监理人员的岗位职责、为满足工作需要监理单位应配备的监理设施；监理规划、监理实施细则和监理报告的编制要求；规定如何开展施工阶段的监理工作，施工过程中的质量控制、投资控制和进度控制的工作步骤，合同管理和监理资料管理规定，项目验收中的监理工作等。

习题和思考题

1. 简述测绘工程监理的概念。
2. 测绘工程监理具有哪些性质？
3. 测绘工程监理的主要任务有哪些？
4. 测绘工程监理的依据是什么？它有何作用？
5. 简述测绘工程监理与业主和施工单位的关系。
6. 测绘工程监理应遵守的原则有哪些？

第二章　测绘工程监理的核心内容

测绘工程监理的核心内容是"三项控制、两项管理和一项协调"。三项控制即投资控制、进度控制、质量控制;两项管理为合同管理、信息管理;一项协调是组织协调。三项控制是测绘工程监理的中心任务。三项控制、两项管理和一项协调贯穿于测绘工程项目的各个阶段,详细内容见后面各章的论述。学习本章,要掌握测绘工程监理的核心内容的基本含义与一般方法。

第一节　测绘工程监理的三项目标控制

一、工程项目控制的基本概念

为了实现测绘工程项目的目标,测绘工程监理的工作内容很多,如对测绘工程项目实行全程监理,按工程阶段包括准备阶段监理、施工阶段监理和验收阶段监理。现场监理包括生产单位质量体系的建立和运行情况监理、重点环节的旁站监理和工序成果监理,同时要进行成果质量检查和监督修改等。下面介绍测绘工程监理的三项目标控制,以便对一般测绘工程监理的工作有一个具体了解。

二、工程项目的质量控制

质量控制是指为实现测绘工程项目的质量要求而采取的措施、手段和方法。质量控制是三项控制中的重点,也是监理工作的核心内容。对测绘工程监理而言,质量控制是引进监理机制最重要、最直接的原因。

（一）质量控制的重要作用

质量控制是测绘工程监理工程中最重要的工作,是测绘工程项目控制三个目标的核心目标。测绘工程实施阶段是形成最终产品实体的重要阶段,所以测绘实施阶段的质量控制,是测绘工程项目质量控制的重点。

质量控制是业主投资得以最快获取收益的前提。在三大目标的统一关系中,如果保证业主成果质量要求或提高成果质量要求,做好质量控制,可以使成果在短期内投入使用,最快地获得成果的经济效益和社会效益,并且能够减少成果在应用过程中的维护和升级的费用,节约了二次投资的空间。

质量控制是保证生产单位提供满足业主要求成果的有力保障。测绘工程项目成果必须依据国家和政府颁布的有关标准、规范、规程、规定及工程项目的有关合同文件,对测绘成果形成的全过程,主要是测绘生产实施阶段影响测绘成果质量的各环节上的主导因素进行有效的控制,预防、减少或消除质量缺陷,才能满足业主对整个项目成果质量的要求。

质量控制有利于提高生产单位的生产能力。合理的质量控制可以在监理的协调下，克服由生产单位进行质量控制的片面性和放任性的弊端；促进生产单位和业主共同做好质量控制活动；有利于健全和不断地完善生产单位的生产组织和人员的优化配置及生产单位质量保证体系，才能增加生产单位的经济效益。

质量控制有利于生产进度计划的顺利实施。施工质量控制和进度控制的均衡、协调是保证测绘工程项目能如期、保质完成的最有效的手段。在生产过程中无序地追求工期，不做科学的工期计算，就会在规划工期内以非正常的作业方法和手段赶工期，使作业人员劳动强度加大，质量目标更是难以操控，严重的还会造或返工。

质量控制是目标控制的核心。在测绘工程项目实施过程中进行严格的质量控制，能够保证项目的预定功能和质量要求（相对于由于质量控制不严而出现的质量问题可认为是"质量好"），不仅可以减少实施过程中的返工费用，而且可以大大减少投入使用后的产品升级和维护费用。另一方面，严格控制质量能起到保障进度的作用。如果在测绘生产过程中发现质量问题及时进行返工处理，虽然需要耗费时间，但只是影响局部工作的进度，不影响整个工程的进度；或虽然影响整个工程的进度，但是比不及时返工，而酿成重大质量问题对整个工程进度的影响要小，也比留下严重的质量隐患到成果使用时才发现造成的损失要小。所以，质量控制是整个工程项目控制的核心，是业主投资有所成效的关键。

（二）质量控制的一般原则和依据

1. 质量控制应该遵循的一般原则

① 坚持"质量第一、用户至上"的原则。质量关系到业主对成果的实用性和适用性，同时也关系到业主的投资效果。所以，监理工程师在监理过程中必须处理好三大目标控制的关系，坚持把质量第一作为目标质量控制的基本原则。

② 坚持"以人为本"的管理原则。不论什么样的测绘工程项目都是由人来参与，进行组织、决策、管理和生产的。测绘生产实施阶段的各单位、各部门、各岗位的人员素质和工作能力，都直接或间接地影响成果质量。所以在质量控制中，要以人为核心，重点控制人员素质和人的行为，充分发挥人的积极性和主动性，让参与项目的每个人都有质量意识，达到控制人的质量就是控制成果的质量。

③ 坚持以"预防、预控"为主的原则。测绘成果的质量控制应该是积极主动的，应事先对影响质量的各种因素加以分析控制，而不能消极被动，等出现了问题再进行处理。所以，要重点做好质量的事先控制和事中控制，以预防、预控为主，加强在测绘工程实施阶段的过程和中间产品的检查和控制。

④ 坚持"质量标准、严格检查"的原则。质量标准是评价产品质量的尺度，严格检查是执行质量标准的准绳。产品质量是否符合合同规定的质量标准要求，应通过监理工程师的严格检查，对照质量标准，符合质量标准要求的才是合格，不符合质量标准要求的就不合格，必须返工处理。

⑤ 贯彻"科学、公正、守法"的职业规范原则。监理人员在处理质量问题过程中，必须坚持科学公正、守法的职业规范。尊重科学，尊重事实，以数据为依据，客观、公正地处理质量问题。

2. 质量控制的依据

（1）工程合同文件

测绘工程合同和监理合同文件分别规定了参与测绘生产的单位各方在质量控制方面的权利和义务。有关各方必须履行合同中的各项承诺。对于监理单位来说，既要履行监理合同的条款，又要监督业主、测绘生产单位履行有关的质量控制条款。因此，监理工程师要熟悉和掌握这些条款，据此进行质量监督和控制。

（2）设计文件

按照项目的技术设计书或项目的作业指导书进行作业是测绘生产实施阶段质量控制的一项重要措施。因此，经过审批的技术设计书或作业指导书等设计文件，无疑是质量控制的重要依据。

（3）法律、法规和规范

国家及地方政府颁布有关测绘的法律、法规和规范，如《中华人民共和国测绘法》、《××省测绘管理条例》等。

（4）有关质量检查检验的国家规范和行业标准

技术标准有国家标准、行业标准、地方标准和企业标准之分，它们是建立和维护正常生产和工作秩序应遵守的准则，也是衡量成果质量的尺度。例如国家测绘局 1995 年颁布的《测绘产品检查验收规定》（CH 1002—1995）和《测绘产品质量评定标准》（CH 1003—1995）；国家 2008 年颁布的《数字测绘成果质量要求》（GB/T 17941—2008）；国家 2008 年颁布的《数字测绘成果质量检查与验收》（GB/T 18316—2008）。

（三）质量控制的一般内容

质量控制包括生产施工单位的质量管理、政府行业监督部门的质量监督和测绘工程监理单位代表业主所做的质量控制。其中，生产施工单位的质量管理是内部的、自身的控制；测绘工程监理单位进行的质量控制是外部的、横向的控制；政府行业监督部门根据有关法律法规和技术规范所进行的质量监督是强制性的、外部的、纵向的质量控制。测绘工程监理单位所进行的质量控制的范围由业主和监理单位在监理合同中明确。目前，测绘工程监理所承担的质量控制多数是生产作业阶段的质量控制，少部分包括设计阶段的质量控制与技术咨询。

（四）施工单位的质量管理

工程施工质量是工程质量体系中一个重要组成部分，是实现工程产品功能和使用价值的关键阶段，施工阶段质量的好坏决定着工程产品的优劣。

工程项目建设过程就是其质量形成的过程，严格控制建设过程各个阶段的质量，是保证其质量的重要环节。工程质量或工程产品质量的形成过程有以下几个阶段：

（1）可行性研究质量

项目的可行性直接关系到项目的决策质量和工程项目的质量，并确定着工程项目应达到的质量目标和水平。因此，可行性研究的质量是研究工程决策质量目标和质量控制程度的依据。

（2）工程决策质量

工程决策阶段是影响工程项目质量的关键阶段。在此阶段，要尽量反映业主对工程质量的要求和意愿。因此，工程决策质量是研究工程质量目标和质量控制程度的依据。在工程项目决策阶段，要认真审查可行性研究，使工程项目的质量标准符合业主的要求，并与投资目标相协调，与所在地的环境相协调，以使工程项目的经济效益和社会效益得到充分的发挥。

（3）工程设计质量

工程项目的设计阶段是根据项目决策阶段确定的工程项目质量目标和水平,通过初步设计使工程项目具体化,然后再通过技术设计确定该项目技术是否可行,工艺是否先进,经济是否合理,装备是否配套,结果是否安全等。因此,设计阶段决定了工程项目建成后的使用功能和价值,是影响工程项目质量的决定性环节,是体现质量目标的主体文件,是制定质量控制计划的具体依据。

因此,在工程项目设计阶段要通过设计招标或组织设计方案竞赛,从中选择优秀设计方案和优秀设计单位,还要保证各部分的设计符合决策阶段确定的质量要求,并保证各部分的设计符合国家现行的有关规范和技术标准,同时应保证各专业设计部分之间协调,还要保证设计文件和图纸符合施工的深度要求。

（4）工程施工质量

工程项目施工阶段是根据设计和施工图纸的要求,通过一道道工序施工形成具体工程,这一阶段将直接影响工程的最终质量。因此,施工阶段是工程质量控制的关键环节,是实现质量目标的重要过程,要从具体工序逐一地控制和保证工程质量。在工程项目施工阶段,要组织施工项目招标,依据工程质量保证措施和施工方案以及其他因素等选择优秀的承包商,在施工过程中严格监督其按技术设计进行施工。

就工程施工质量而言,具体内容如图 2-1 所示。

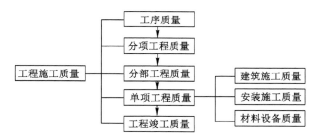

图 2-1　工程施工质量系统

（5）工程产品质量

工程项目验收阶段是对施工阶段的质量通过试运行,检查、评定、考核质量目标是否达到设计要求。这一阶段是工程项目从建设阶段向生产阶段过渡的必要环节,体现了工程质量的最终结果。工程中的竣工验收阶段是工程项目质量控制的最后一个重要环节,通过全过程的质量目标控制,形成最终产品的质量。

（五）政府行业监督部门对测绘工程质量的控制

政府和监理单位都对工程质量负有责任,应紧密配合,共同把好质量关。做到既对社会公共利益负责,也对具体的工程项目和业主的利益负责。但在质量监督管理方面的具体内容、依据、方法、责任等是有区别的,其性质也是不同的。

政府有关部门的质量监督侧重于影响社会公众利益的质量方面,它运用法律、法规、规范和标准,进行工程项目质量的监督;控制的方式以行政、司法为主,并辅以经济、管理的手段,是强制性的;它采用阶段性和不定期的方式进行审查、审批、巡视,以发现质量上的问题,并加以制止和纠正;派出专业性的质量监督机构或技术人员对工程项目施工质量进行监督、检查;对于工程项目质量上的问题一般不承担法律和经济责任。

（六）测绘工程监理单位对测绘工程质量的控制

在贯彻"百年大计、质量第一"的工程建设指导方针中,必须有相应的质量保证体系和质量监督体系以及相应的质量管理制度和方法。其中测绘工程监理工作肩负着重大的责任,在实施质量控制中,监理工作应注意以下问题:

1. 做到全面质量管理

其基本含义体现在以下三个方面:

（1）全方位

全方位是指建设工程的每一分项工程、每一分部工程、每一单位工程,直到每一个设备、每项技术、业务、政治、行政工作等,都要保证质量第一和质量全优,只有如此,才能保证大系统的质量。

（2）全过程

全过程是指时间上自始至终的全过程。这就是说,从提出项目任务、决策、可行性研究、勘察设计、设备、施工、验收、交付使用的全面建设周期,都要保证质量。这里首先要保证决策和设计的质量,否则即使施工质量再好,也弥补不了决策和设计上的失误。当然,好的决策和设计也需要施工来保证质量,体现决策和设计的正确性。

（3）全员

全员是指参加建设工作的每一个人员,特别是项目领导人员、技术人员、管理人员乃至全体职工,都要有质量意识,对本岗位的工作质量负责。

2. 重视和不断提高生产三要素的素质

劳动者、劳动手段以及劳动对象是建设、生产和科研中的三个主要方面。对大型工程建设来说,工程所要求的劳动者、施工手段以及施工对象（设备、材料等）都必须具备并不断提高素质,这是保证工程项目优质的前提条件。

在这三要素当中,劳动者的素质,其中包括政治、文化、科技工作素质是至关重要的。将劳动者、劳动手段和劳动对象三者互相匹配并进行优化组合才能体现工程项目的素质。要保证和提高上述三要素的素质,关键是提高管理的素质,提高管理素质的关键在于提高各级领导班子的素质、各级技术人员的素质和各类管理人员的素质。这就是说,在工程的软系统（包括政策、法规、技术等）、硬系统（包括材料、设备等）以及活系统（人员等）当中,人的要素是最重要的,要不断地运用党的方针政策和思想政治工作培养社会主义人生观、价值观和政绩关,提高人们的思想和业务水平,激发人的积极性、主动性和创造性,这是测绘工程建设监理工作的重要工作。

3. 做到预防为主

监理工作是一个不断发现、预见质量问题和解决质量问题的动态过程。在实施全方位、全过程和全员的质量战略中,不可能也不必做到一切工作毫无差错,但必须而且能做得到的,却是及时发现和改正差错,防微杜渐,以预防质量事故的发生。要做到把质量的事后把关过渡到事前、事中质量控制;对产品的质量检查过渡到对工作质量检查、工序质量检查,其中对中间产品质量检查是保证工程质量的重要措施。

4．坚持质量标准

以国家和行业主管部门颁布的标准、规范、规程和规定，并以工程中的有效文件（包括合同条款、技术设计书以及有效的指令等）为依据，采取相应的检测手段，并取得足够数量的采集数据，运用合理的数据分析和处理方法，及时对工程中间过程和最终产品进行抽查验收和质量评定，做到实事求是，求真务实，一切以科学可靠的数据为依据，对质量做出符合实际的评价和评定，并依此找出质量的规律性，指导后续工程的优质建设，取得用户满意。对不合格工程，坚持原则，予以返工；对于质量优秀工程，予以奖励，执行"优质优价"和"等价互利"的原则。

5．做到对社会负责对项目业主负责

测绘工程监理的质量控制，除了依据法律、法规、规范和标准之外，还要依据有关合同条款的要求进行监理。测绘工程监理的质量控制更全面、更具体、更具有针对性，它不但要对社会负责，而且要对项目业主负责。

6．注意坚持工程项目管理和质量保证的标准化、国际化

近年来，随着工程项目的国际化，在工程项目中使用的质量管理和质量保证体系也趋于标准化、国际化，许多工程项目建设企业为加强自身素质，提高竞争能力，都在贯彻国际通用的质量标准体系 ISO9000 系列。该系列包括两大部分：质量体系认证和产品质量认证。

三、工程项目的进度控制

进度控制是指对测绘工程生产施工各阶段的工作内容、工作程序、持续时间和衔接关系的编制计划，在该计划实施过程中经常检查实际进度与计划进度出现的偏差，有针对性地采取措施直到工程竣工。在工程实施过程中，影响进度的因素有很多。在计划执行过程中，不可避免地会出现影响进度的各种因素，造成工程不能按计划进行，需要处理分析产生问题的原因，控制这些因素的影响，协调各方面力量，与业主一道动用各种管理手段和方法，使工程进度按原计划或调整后的计划进行。进度控制采取的措施主要有组织措施、技术措施、合同措施和经济奖惩措施等。

（一）进度控制的意义

测绘工程建设的进度控制是指在工程项目各建设阶段编制进度计划，将该计划付诸实施，在实施的过程中经常检查实际进度是否按计划要求进行，如有偏差则分析产生偏差的原因，采取补救措施或调整、修改原计划，直至工程竣工，交付使用。进度控制的最终目的是确保项目进度目标的实现，项目进度控制的总目标是建设工期。

测绘工程项目的进度受许多因素的影响。建设者需事先对影响进度的各种因素进行调查，预测它们对进度可能产生的影响，编制科学合理的进度计划，指导建设工作按计划进行。然后根据动态控制原理，不断进行检查，将实际情况与计划安排进行对比，找出偏离计划的原因，特别是找出主要原因，采取相应的措施，对进度进行调整和修正，再按新的计划实施，这样不断地计划、执行、检查、分析、调整计划的动态循环过程，就是进度控制。

一个工程项目能否在预定的时间内施工并交付使用，这是投资者特别是生产性或商业性工程的投资者最为关心的问题，因为这直接关系到投资效益的发挥。因此，为使工程在预定的工期内完工并交付使用，工程项目的进度控制是一项非常重要的工作。

工期是由从开工到竣工验收一系列工序所需要的时间构成的，工程质量是施工过程中

由各施工环节形成的,工程投资也是在施工过程中发生的。因此,监理工程师在进行质量控制和投资控制时,都是在总的计划下,按照具体的进度计划确定预算和成本分析的。加快进度、缩短工期会引起投资增加,但项目提前生产和使用会带来尽早获得效益的好处;进度快,有可能影响质量,而质量的严格控制又有可能影响进度。因此,监理工程师在工程项目中进行进度控制,不是单单以工期为目的进行的,是在一定的约束条件下,寻求发挥三者效益,恰到好处地处理好三者之间的关系。

进度控制还需要各有关部门之间的紧密配合和协作,只有对这些有关单位进行协调和控制,才能有效地进行建设项目的进度控制。

（二）进度控制的任务和作用

测绘工程项目的进度控制是一项系统工程,其基本任务是按照工程总体计划目标,按工程建设的各阶段,对系统的各个部分制定合理的进度计划,并对实际执行情况进行检查、分析、比较并做出调整,从而保证总目标的实现。概括地讲,进度控制的基本任务可归纳为以下几点:

① 编制测绘工程项目监理工作进度控制计划。

② 审查承包单位提交的工程项目进度计划。

③ 深入实际工作,检查和掌握进度计划的执行情况。

④ 将工程项目进度的实际情况与计划目标进行比较、对照和认真分析,找出出现偏差的原因。

⑤ 决定应该采取的相应措施和补救办法。

⑥ 及时调整计划,保证总目标的实现。

进度控制有利于尽快发挥投资效益,有利于维持良好的经济秩序,有利于提高企业的经济效益。

（三）影响工程进度控制的主要因素

由于工程项目具有庞大、复杂、周期长、相关单位多等特点,因而影响进度的因素很多。从产生的根源看,有的来源于建设单位及上级机构;有的来源于设计、施工单位;有的来源于政府、建设部门、有关协作单位和社会;也有的来源于监理单位本身。归纳起来,这些因素包括以下几个方面:

① 人的干扰因素。如建设单位的使用要求发生改变而使得设计发生变更;建设单位提供资料不及时,特别是测绘资料错误或遗漏而引起的不能预料的技术障碍;设计、施工中采用不成熟的工序或技术方案失当;计划不周导致停工和相关作业脱节,工程无法正常进行;建设单位越过监理职权进行干涉,造成指挥混乱等。

② 设备干扰因素。如设备环节的品种、规格、数量不能满足工程的需要。

③ 自然环境干扰因素。如受地面障碍物等的影响。

④ 资金干扰因素。如建设单位资金方面的问题,未及时向承包单位或供应商拨款等。

⑤ 环境干扰因素。如交通运输受阻,水、电供应不具备,节假日交通、市容整顿的限制;向有关部门提出各种申请审批手续的延误;安全、质量事故的调查、分析、处理及争端的调解、仲裁;恶劣天气、地震、临时停水或停电、交通中断、社会动乱等。

受上述因素的影响,工程会产生延误。工程延误有两大类,其一是指由于承包单位自身的原因造成的工期延长,一切损失由承包单位自己承担,同时建设单位还有权对承包单位实行违约误期罚款;其二是指由于承包单位以外的原因造成的工期延长,经监理工程师批准的工程延误,所延长的时间属于合同工期的一部分,承包单位有权要求延长工期,而且还有权向建设单位提出赔偿的请求以弥补由此造成的额外损失。

监理工程师应对上述各种因素进行全面的分析,采用公正的方法区分工程延误的两大类原因,合理地批准工期延误的时间,以便有效地进行进度控制。

四、工程项目的投资控制

投资控制是指在整个测绘工程项目的实施阶段开展的一项管理活动,力求在保证工程质量和进度的同时使项目的实际投资额不超过计划投资额。投资控制包含三层意思:一是投资控制不是单一的目标控制,而是与质量控制、进度控制同步进行的;二是投资控制应具有全面性,监理应该将工程项目的全部费用纳入控制范围;三是坚持技术与经济相结合的措施,力争做到经济指标合理基础上的技术先进、技术指标先进条件下的经济合理。

（一）投资控制的目的和意义

测绘工程项目投资是以货币形式表示的测绘工程量,反映了测绘工程项目投资规模的综合指标和测绘工程价值,它包括从筹集资金到竣工交付使用全过程中用于固定资产在生产和形成最低量流动基金的一次性费用总和。

合理地确定和有效地控制工程项目投资是监理工作中的重要组成部分,其基本任务是在工程项目建设的整个过程中进行投资的全方位和全过程控制,即在投资决策、设计准备、设计、招标发包、生产准备、施工、竣工验收等各阶段和各环节进行全面的投资控制,使技术、经济及管理部门紧密配合,充分调动主管、建设、设计、施工及监理等各方面的积极性,采取组织、技术、经济和合同等各种手段及措施,在工程项目中合理地使用人力、物力及财力,使项目的实际投资数额控制在批准的计划投资标准额之内,有效地使用人力、物力和财力,使有限的投资取得较好的经济效益和社会效益。

投资控制在社会主义市场经济条件下更具有特殊意义。投资控制是国家控制和调节固定资产投资以缓解我国建设投资的巨大需求和有限供给之间矛盾的主要手段和措施,对降低生产成本、提高经济效益等均具有战略意义。

（二）投资控制的基本原理和方法

1. 投资控制的基本原理和应遵循的原则

投资控制的基本原理就是把计划投资额作为工程项目投资控制的目标值,再把工程项目建设进展过程中的实际支出额与工程项目投资目标进行比较,发现并找出实际支出额与投资目标值之间的差值,从而采取切实有效的措施加以纠正,实现投资目标的控制。

控制是为确保目标的实现而服务的,工程项目投资控制目标的设置是随着工程项目建设的不断深入而分阶段设置的。具体地说,投资估算是在工程设计方案选择和进行初步设计时建设项目的投资控制目标,设计概算是进行技术设计的投资控制,目标投资包干额是包干单位在建设实施阶段投资控制的目标,设计预算则是施工阶段控制的目标,以上目标互相联系,互相制约,共同组成投资控制的目标系统。

概括起来,投资控制应遵循以下原则:

① 合理地确定投资控制的总目标,并按工程项目的阶段,设置明确的阶段投资的控制目标。投资控制的总目标是经过多次反复论证逐渐明确和趋近才能确立的。各阶段目标既

有先进性又有实现的可能,其水平要合理和适当,互相制约,互相补充,前者控制后者,后者补充前者,共同组成项目投资控制的目标系统。

②投资控制贯穿于工程建设的全过程,但其重点是设计阶段的投资目标控制。由多项工程经验统计可知,不同阶段影响项目投资的程度不同。初步设计阶段影响项目投资的可能性为75%~95%,技术设计阶段影响项目投资的可能性为35%~75%。由此可见,项目投资控制的关键在工程施工以前的投资决策和设计阶段,而重点则是项目设计。要想有效地控制工程项目的投资,工作重点在建设前期,而关键在于抓设计。

③采取主动控制手段,能动地影响投资决策。通过实践发现偏差,采取措施予以纠正,这固然无可厚非,但这毕竟是事后的纠偏,不能把偏差预先消灭。为尽可能地减少和避免偏差的发生,应该事先采取积极主动的措施加以控制,主动采取措施去影响投资决策,影响设计、发包及承包等后续工作。

2. 投资控制的基本方法

为了完成工程各阶段的投资目标管理,必须采取全方位、全过程的投资控制方法。所谓全方位的投资控制,是指建立健全投资主管部门、建设施工设计等单位的全过程投资控制责任制,以建设单位为主,通过设计、施工单位的合作,监理单位的监督(并得到投资银行的监督),自始至终,层层把关。对监理单位来说,对一些关键性的工作采取专人负责、从头到尾跟踪才能奏效。在监理单位内部,除了总监理工程师要抓投资控制外,各专业监理工程师也要注意投资控制,具体责任落在负责经济的监理工程师和经济师身上。

所谓全过程的投资控制是指把投资控制贯穿于工程实施的全过程,即立项阶段、设计和招标阶段、施工竣工阶段。特别是前两个阶段,一定要合理地确定工程项目的投资总目标,以此作为第三阶段乃至整个过程的投资控制基础,不打下良好的基础,作为投资控制重点的第三阶段也就产生不了真正的效果。投资控制工作流程框图如图 2-2 所示。

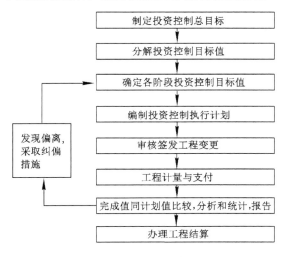

图 2-2　投资控制工作流程图

3. 投资控制的手段及基本业务

在投资及工程建设过程中,为了使投资得到更高的价值,利用一定限度的投资获得最佳经济效益和社会效益,使可能动用的建设资金能够在主体工程、配套工程、附属工程等分部工程之间合理地分配,必须使投资支出总额控制在限定的范围之内,并保证概预算与投资报价基本相符。在符合要求的工程造价参考体系、充分的工程造价审核程序和工程造价调整相关方法的前提下,必须采取一些投资控制手段。

① 组织手段。包括明确项目的组织结构,明确投资控制者及其任务,以使投资控制有专人负责,还要明确管理职能分工。

② 技术手段。包括重视设计多方案的选择,严格审查监督初步设计、技术设计、施工组织设计,深入技术领域研究节约投资的可能。

③ 经济手段。包括动态比较投资的计划值和实际值,严格审核各项费用的支出,采取对节约投资奖励的有力措施。

④ 合同手段。严格按照合同规定,监督和管理业主及承包者的经济行为,认真负责地做好合同变更工作,协调业主与承包者之间的关系,使技术与经济相结合,实现投资控制。

总之,必须把各种投资控制手段灵活地结合起来加以运用,以达到工程项目投资的目的。

为了有效地搞好投资控制,必须明确监理公司投资控制的业务内容。监理公司投资控制的业务内容概括起来有以下四点:

① 在建设前期准备阶段,进行建设项目的可行性研究,对拟建项目进行财务评价和国民经济评价,预测工程风险及可能发生索赔的诱因,制定防范性措施。

② 在设计阶段,提出设计要求,用技术经济方法组织评选设计方案,协助选择勘察设计单位,并组织、实施、审查设计概预算。

③ 在施工招标阶段,准备与发送招标文件,协助评审投标书,提出决标意见,协助建设单位与承建单位签订承包合同。

④ 在施工阶段,审查承建单位提出的施工组织设计、施工技术方案和施工进度计划,提出改进意见,督促检查承建单位严格执行工程承包合同,调解建设单位与施工单位之间的争议,检查工程进度和工程质量,验收分部(分项)工程,签署工程付款凭证,审查工程结算,提出竣工验收报告等。

综上所述,投资控制是经济技术范畴的一项十分重要的监理工作。监理公司要有效地完成好上述工作,就要求监理工程师必须具备经济、技术及管理等方面的知识和能力。其中,设计、施工方面的专业技术能力、技术经济分析能力、工程项目估价能力、处理法律事务能力以及收集和分析信息情报能力是最基本的要求。只有这样,监理人员才能同设计和施工人员共商和解决技术问题,并运用现代经济分析方法对拟建项目投入支出等诸多经济因素进行调查、研究、预测和论证,推荐最佳方案;才能对不同阶段工程的估价和工程量进行准确计算,对合同协议有确切的了解。必要的时候,要对协议中的条款进行咨询,按有关法律处理纠纷。要运用准确的价格及精确的情报资料进行单价估算,确定本工程项目以单价为基础的总费用,从而圆满地完成投资控制任务。

五、三项控制之间的关系

进度与质量、投资并列为工程项目建设三大目标,它们之间有着相互依赖和相互制约的关系。监理工程师在工作中要对三大目标全面系统地加以考虑,正确地处理好进度、质量和投资的关系,提高工程建设的综合效益。特别是对一些投资较大的工程,对进度目标进行有效的控制,确保进度目标的实现,往往会产生很大的经济效益。

协调和处理好投资、进度和质量三者的关系,寻找三者的有机结合点,争取得到令建设者及承建者都满意的平衡结果。

第二节　测绘工程监理的两项管理

一、合同管理

合同管理是指工商行政管理部门、行业行政主管部门、业主、测绘生产单位和监理单位依据有关法律法规采用法律的、行政的手段,对合同关系进行组织、指导、协调和监督,保护合同当事人的合法权益,处理纠纷,防止和制裁违法行为,保证合同正常履行的一系列活动。与测绘工程监理相关的合同包括测绘生产合同和测绘工程委托监理合同。

（一）测绘生产合同管理

测绘生产合同是测绘工程项目的委托方(建设方)和项目的承揽方(施工方)按照《合同法》的规定,共同订立的协议。主要内容包括测绘范围、测绘任务、技术依据和质量标准、工程费用及其支付方式、项目实施进度安排、双方的义务、提交成果及验收方式、违约责任及争议解决办法等。受业主委托,监理可以协助业主起草合同,更为重要的是全面正确理解合同条款,从项目设计、项目招标投标、项目施工到项目验收,全过程都要监督合同履行。协调出现的问题,保证合同目标的实现。

如监理单位协助业主起草合同,应在充分了解业主愿望和工程目标的前提下,充分发挥自己理解有关法规比较透彻、专业知识熟练、处理纠纷经验比较丰富的特点,认真细致地进行编写。

第一,合同应在国家有关法律法规的框架内明确委托方与被委托力的权利、义务,避免形成无效合同。

第二,产品种类、质量要求、完成工期和工程造价、付款方式是合同的核心内容。

第三,合同条款一定要尽可能地明确具体,责、权、利分明,奖罚措施详尽,对不可预见的因素考虑周全,条款严密,内容完整,语言表述准确。

第四,对于一般性测绘工程,可直接参照标准测绘合同文本。

（二）测绘委托监理合同管理

测绘项目的建设方(业主)为实现测绘项目目标,委托监理单位对测绘工程项目进行监督与管理,二者之间签订的合同称为测绘委托监理合同。测绘委托监理合同具有以下特点:

① 测绘工程监理合同属于委托合同范畴,具有委托合同的普遍性特征。

② 监理合同的标的是技术服务,监理单位和监理人员凭借自己的知识、经验和技能等综合能力在业主授权范围内对测绘工程项目进行监督管理,以实现测绘生产合同中制定的目标,属于典型的高智能技术服务。

③ 监理合同是一种有偿合同。测绘委托监理合同要明确监理的范围和内容、监理方式、成果检查比例、提交的监理成果种类、双方的权利义务以及监理费用的计取及支付方式等条款。

测绘委托监理合同管理的一般内容包括：

项目总监理工程师全面负责委托监理合同的履行，全体监理人员了解、熟悉相关的合同条款并正确履行。在合同履行过程中，项目总监理工程师随时向监理单位报告相关情况，监理单位相关职能部门予以跟踪、备案。项目总监在继续监理合同管理时，首先做好相关基础性工作，包括将项目监理机构组织形式、人员构成及对总监理工程师的任命书、法人授权书书面通知测绘生产单位；收集齐全相关合同文件，明确管理责任和管理制度等。

基础性工作完备的前提下，进行各项管理工作。对来往函件进行合同法律方面的审查并及时进行处理；主动和正确地行使合同规定的各项权力，定期提交监理工作报告，发放监理工程师通知书；督促和指导各岗位监理人员严格执行监理合同中相关内容。

二、信息管理

在监理过程中，监理单位对与工程项目监理有关的信息进行收集、整理、处理、储存、传递和应用的系列工作称为信息管理。信息管理的目的是为决策者提供决策依据。信息管理的过程可以分为三个环节，首先是信息的收集和分类，然后是信息分析处理，最后是信息管理与利用。对于大型复杂的监理工作，监理单位应建立管理信息系统。下面简要介绍一下信息分类。

和监理有关的各方面信息很多，根据需要可以按一定的方法进行分类。监理信息分类的方法很多，常用的主要有五种方法，下面分别简要加以介绍。

① 按监理目标分类。该分类方法最为常用，按照质量控制、进度控制、投资控制、合同管理和工程监理协调等方面进行信息分类。

② 按信息表源分类。这种方法也很常用，包括三部分：一是监理单位和监理工作本身的各种信息；二是业主和生产单位方面的信息；三是外层信息，如分包单位、政府管理机构等。

③ 按信息的性质进行分类。监理信息按性质可分为生产信息、技术信息、质量信息、经济信息等。

④ 按工程范围分类。这种分类方法主要用于工程区域划分比较明显，生产单位较多，不同的测绘方法等。

⑤ 按工程发展阶段分类。按照招投标之前阶段、工程准备阶段、现场施工作业阶段、检查验收阶段等不同阶段进行信息管理。

第三节　测绘工程监理的组织协调

一、组织协调的目的和意义

组织协调是监理单位在监理过程中对相关单位包括业主单位的协作关系进行协调，使各方面加强合作减少矛盾，避免和妥善处理纠纷，形成合力，共同完成项目目标。监理目标的实现，除监理单位要有较高的职业道德、较强的专业知识和对监理程序的充分理解外，还需要具有较强的组织协调能力。经验表明，协调是监理工作能够实现目标非常重要的内容。在工程建设监理有关论著中对此总结很多内容，现已开展的测绘工程监理在协调方面也积累了比较丰富的经验。

二、组织协调的内容与方法

协调主要包括监理单位内部的协调、监理单位与业主的协调、监理与其他方面的关系协调等，具体的内容在以后章节中有专门的论述。

第四节　测绘工程监理的基本方法

工程建设监理的基本方法和手段包括：目标规划、动态控制、组织协调、信息管理、合同管理等。这些方法是相互联系，互相支持，共同运行，缺一不可的。组织协调、信息管理、合同管理前已述及，下面对目标规划、动态控制简述如下。

一、目标规划

目标规划是以实现目标控制为目的的规划设计。工程项目的规划设计是一个由粗到细的过程，根据可能获得的工程信息，分阶段地对前一阶段的规划进行细化、补充、改革和完善。

目标规划主要包括确定投资、进度、质量目标或对已确定的目标进行再论证；把各项目标分解成若干个子目标；制定各项目标的综合措施，力保目标的实现。

二、动态控制

动态控制是在工程项目实施过程中，根据掌握的工程建设信息，不断地将实际目标值与计划目标值进行对比，如果出现偏离，就采取措施加以纠正，以使目标实现。这是一个不断循环的过程，直至项目建成交付使用。

上述方法可以概括为 P、D、C、A 四个过程，又叫 PDCA 循环管理法。P(Plan)代表计划编制，根据建设方的要求和组织的方针，为提供结果建立必要的目标和过程。D(Do)代表计划实施，指有关各方按计划组织实施，互相协作。C(Check)代表计划检查，也叫计划控制(Control)，根据方针、目标和产品要求，对过程和产品进行监视和测量，并报告结果。A(Action)代表采取措施，指计划检查后，针对不能完成计划的原因，采取措施补救，并予以调整，以持续改进过程业绩。此管理过程如图2-3所示。

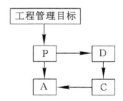

图 2-3　PDCA 动态方法过程框图

监理工作的具体做法主要有施工现场跟踪，旁站监理，测量核查控制，平行检验、试验，发布指令性文件，召开工地会议及专家会议，停止支付，会见承包方指出违约活动及挽救途径，直至采取制裁措施等。

总而言之，投资控制、进度控制和质量控制是三项管理目标；合同管理、信息管理和组织协调是三项管理手段，监理工程师应以这些有效的管理手段，确保工程项目三大目标的实现。

习题和思考题

1. 测绘工程监理的核心内容有哪些?
2. 试述三项控制之间的关系?
3. 测绘工程监理的两项管理具体内容有哪些?
4. 试述测绘工程监理的基本方法。

第三章 测绘工程监理组织

组织是管理中的一项重要职能机构。建立一支结构严密、分工明确的监理组织机构并使之正常运转,是做好测绘工程监理工作的重要前提。

本章重点讲述监理组织的结构、组织形式及其管理措施,最后叙述关于组织协调问题。

第一节 概　　述

开展测绘工程监理业务,需要监理单位根据监理的业务特点建立一整套组织管理机构及其具体的管理措施。按照质量管理理论,监理单位首先要具有完备的质量管理体系,按照项目要求设立现场组织机构并落实各级人员的职责,制订监理工作开展的工作依据,并根据业务开展进行有效管理,努力实现监理的目标要求。

一、测绘工程监理组织的含义

按照"组织"一词的一般理解,监理组织包括三层意思:一是指为了实现监理目标而组成的组织机构;二是指合理配置各种资源,主要是指有关各类人员的分工和协作;三是明确各层次的责任、权利和义务。监理组织是为了实现监理工作目标,对与监理工作有关的资源进行合理配置而建立的工程组织机构。

现代组织的研究成果表明,组织是除了劳动力、劳动资料、劳动对象之外的第四大生产力要素,前三大要素之间可以替换,而组织不能替代其他要素,也不能被其他要素替代。组织可以使其他生产力要素合理配置达到增值。随着现代化社会大生产的发展,组织在提高经济效益方面的作用也日益显著。

测绘工程项目监理组织是指为了最优化实现测绘工程监理目标,对所需一切资源进行合理配置而建立的针对测绘项目监理的一个临时组织机构。建立监理组织并使该组织按照规定开展工作是正常开展监理工作的前提。每一个拟监理的测绘工程项目,监理单位都应根据工程项目的规模、性质,业主对监理的要求,委派称职的人员担任项目的总监理工程师,代表监理单位全面负责该项目的监理工作。在总监理工程师的具体领导下,组建项目的监理组织。

二、测绘工程监理组织结构

组织结构就是指在组织内部构成和各部分间所确定的较为稳定的相互关系和联系方式。简单地说,就是指对工作如何进行分工、分组和协调合作。

（一）监理组织结构的构成因素

组织的构成一般由管理层次、管理部门和管理权限组成,各要素之间相互联系又相互制约。

管理层次一般有三个层次,即决策层、中间层和操作层。决策层由总监理工程师和其他助手组成,主要根据测绘委托监理合同的要求和监理活动内容进行科学化、程序化决定与管理;中间层由各专业监理工程师组成,具体负责监理规划的落实,监理目标控制及合同实施与管理;操作层又叫执行层,由主要监理员、检查员等组成,具体负责监理活动的操作实施。对于项目较小的监理项目而言,中间层可以取消,监理组织结构只有决策层和操作层两部分组成。

管理部门的设立应依据监理目标、监理单位可利用的人力和物力资源以及合同结构情况,将质量控制、进度控制、合同管理、组织协调等监理工作内容按不同的职能活动或按子项目分解形成相应的职能管理部门或子项目管理部门。

管理权限应考虑监理人员的素质、管理活动的复杂性和相似性、监理业务的标准化程度、各项规章制度的建立健全情况、工程项目的区域范围等,按监理工作实际需要确定。

(二)监理组织结构的设计原则

组织设计是针对组织活动和组织结构的设计过程,目的是提高组织活动的效能,是管理者在监理系统有效体系中的一种科学的、有意识的过程,既要考虑外部因素,又要考虑内部因素。监理组织结构应根据所监理项目的实际情况组建,以满足测绘工程需要和监理合同要求为准,通常要考虑下列五项基本原则。

1. 集权与分权统一的原则

在测绘工程监理机构设计中,所谓集权就是总监理工程师掌握所有监理大权,各专业监理工程师及监理组长只是其命令的执行者;所谓分权,是指各专业监理工程师及监理组长在各自管理的范围内有足够的决策权,总监理工程师起协调作用。

监理机构是采取集权形式还是分权形式,要根据测绘工程的特点,监理工作的重要性,总监理工程师的能力、精力和各专业监理工程师及监理组长的工作经验、工作能力、工作态度等因素进行综合考虑。

2. 权责一致的原则

在测绘工程监理机构中应明确划分职责、权力范围,做到责任和权力相一致。从组织结构的规律来看,一定的人总是在一定的岗位上担任一定的职务,这样就产生了与岗位职务相适应的权力和责任,只有做到有职、有权、有责,才能使监理机构正常运行。由此可见,组织的权责是相对预定的岗位职务来说的,不同的岗位职务应有不同的权责。权责不一致对组织的效能损害是很大的;权大于责就容易产生瞎指挥、滥用权力和以我为主的主观主义行为;而责大于权会影响监理人员的积极性、主动性、创造性,使组织机构缺乏活力。

3. 才职相称的原则

每项工作都应该确定为完成该项工作所需要的知识和技能。可以对每名监理人员通过考察他的学历与经历,进行测验或面谈等,了解其知识、经验、才能、兴趣等,并进行评审比较,使每个人现有的和可能有的才能与其职务上的要求相适应,做到才职相称,人尽其才,才得其用,用得其所。

4. 专业分工协作统一的原则

对于测绘工程监理机构来说,分工就是将监理的目标和任务,特别是质量控制、进度控制、投资控制这三大目标分解成各监理工作人员的目标和任务,明确干什么,怎么干。在监理组织机构中还必须强调协作,所谓协作,就是明确监理组织机构内部之间、各个监理组之间以及各监理组内部之间的协同关系与配合方法。

5. 经济效率的原则

测绘工程监理机构的组织设计必须将经济性和高效率放在重要地位。监理项目部及下属的各监理组和每个监理人员为了一个统一的目标,应合理搭配,实行最有效的内部协调,使事情办得简洁而正确、快速而高效,减少重复和扯皮。

三、测绘工程监理组织模式

监理组织模式对一个项目工程的规划、控制、协调起着重要的作用。针对测绘工程监理来说,目前常用的监理组织模式有如下两种:

（一）业主委托一家监理单位监理

这种监理委托模式是指业主只委托一家监理单位为其进行监理服务。这种模式要求被委托的监理单位应该具有较强的技术水平与组织协调能力,并能做好全面的规划管理工作。监理单位的项目监理机构可以组建多个监理分支机构对各生产单位分别实施监理。在具体的监理过程中,项目总监理工程师应重点做好各方面的总体协调工作,加强横向和纵向的联系,保证项目监理工作的有效运行。这种模式如图 3-1 所示。

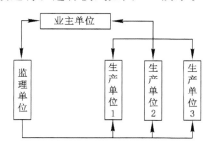

图 3-1 业主委托一家监理单位进行监理的模式

（二）业主委托多家监理单位监理

这种监理委托模式是指业主委托多家监理单位为其进行监理服务。采用这种模式,业主分别委托几家监理单位针对不同的生产单位实施监理。由于业主分别与多个监理单位签订委托监理合同,所以各监理单位之间的相互协作与配合需要业主进行协调。采用这种监理模式,各监理单位间的沟通与协调工作至关重要,必须要保证以相同的标准和尺度进行测绘工程监理工作。这种模式如图 3-2 所示。

四、测绘工程监理组织形式

监理单位受业主单位法人的委托,对具体的测绘工程实施监理,必须成立实施监理工作所需要的组织,即为监理组织机构。测绘工程监理组织形式有多种,应根据具体测绘项目的特点、组织管理模式、业主委托的监理任务以及监理单位自身情况而确定。常用的基本组织机构形式有以下三种。

（一）直线式组织

直线式组织系统是最简单也是测绘工程监理项目中最常用的组织形式。它的特点是组

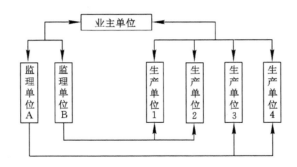

图 3-2 业主委托多家监理单位进行监理的模式

织中各种职位是按垂直系统直线排列的,整个系统组织自上而下实行垂直领导,可设职能机构,可设职能人员协助主管人员工作,主管人员对所属单位的一切问题负责。其特点是权力系统自上而下形成直线控制,权责分明,如图 3-3 所示。

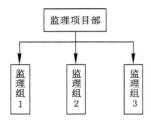

图 3-3 直线式项目监理组织形式示意图

1. 直线式项目监理组织的优点

① 保证统一领导,每个监理组都向项目部负责,项目部对各个监理组直接行使管理和监督的权力即直线职权,一般不能越级下达指令。每名监理人员的工作任务、责任、权力明确,指令唯一,这样可以减少相互间的扯皮和纠纷,方便协调。

② 具有独立的项目组织的优点,特别是项目总监能直接控制各监理组,向业主负责。

③ 信息流通快,决策迅速,项目容易控制。

④ 项目任务分配明确,责、权、利关系清楚。

2. 直线式项目监理组织的缺点

① 项目总监的责任较大,一切决策信息都集中于总监,这要求总监能力强、知识全面、经验丰富、有较强的沟通协调能力,是一个"全能式"人物;否则,决策较难、较慢,容易出错。

② 各监理组间缺乏交流,横向的联系沟通不畅通。

③ 不适用于规模较大、工序复杂的项目,并使组织的目标难以实现。

(二)职能式组织

职能式监理组织形式是以职能作为划分部门的基础,把管理的职能授权给不同的管理部门。这种监理组织形式就是在项目总监之下设立一些职能机构,分别从职能角度对基层监理组织进行业务管理,并在总监授权的范围内向下下达命令和指示。这种组织形式强调管理职能的专业化,即把管理职能授权给不同的专业部门,如图 3-4 所示。

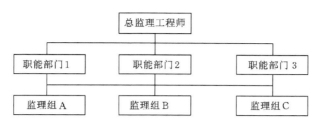

图 3-4 职能式项目监理组织形式示意图

在职能式监理组织结构中,项目的任务分配给相应的职能部门,职能部门负责人对分配到本部门的项目任务负责。通常,职能式监理组织结构适用于工作内容复杂、技术专业性强、管理分工较细、任务相对比较稳定明确的项目监理工作。

1. 职能式项目监理组织的优点

① 由于部门是按职能来划分的,因此各职能部门的工作具有很强的针对性,可以最大限度地发挥每名监理人员的专业才能,有利于人才培养和技术水平的提高,减轻总监理工程师的负担。

② 如果各职能部门能做好互相协作的工作,对整个项目的完成会起到事半功倍的效果。

2. 职能式项目监理组织的缺点

① 项目信息传递不通畅。

② 工作部门可能会接到来自不同职能部门的互相矛盾的指令。

③ 当不同职能部门之间存在意见分歧并难以统一时,相互间的协调存在一定的困难。

④ 职能部门直接对所下属的监理组下达工作指令,总监理工程师对工程项目的控制能力在一定程度上被弱化。

(三) 直线职能式

直线职能式监理组织形式是吸收了直线式监理组织形式和职能式监理组织形式的优点而形成的一种组织形式。这种组织形式把管理部门和人员分为两类:一类是直线指挥部门的人员,他们拥有对下级实行指挥和发布命令的权力,并对该部门的工作全面负责;另一类是职能部门和人员,他们是直线指挥人员的参谋,他们只能对下级部门进行业务指导,而不能对下级部门直接进行指挥和发布命令,如图 3-5 所示。

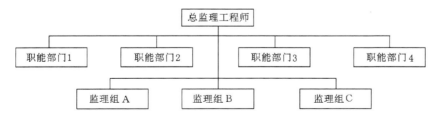

图 3-5 直线职能式项目监理组织形式示意图

第二节 测绘工程监理的组织程序与监理工作

监理单位履行委托监理合同时,必须在施工作业现场建立项目监理组织机构。项目监理组织机构在完成委托监理合同约定的监理工作后可撤离作业现场。根据项目的规模、性质和特点,监理项目部下设一个或几个监理组,各监理人员应具有与监理任务相适应的专业技术水平和综合能力,各监理组在总监理工程师的统一领导下,开展各项具体的监理工作。

一、确定总监理工程师

做好测绘工程监理工作的前提之一是监理单位要选派一名优秀的总监理工程师。总监理工程师应由监理单位法定代表人书面授权,全面负责委托监理合同的履行,主持项目监理机构工作的监理工程师,一般应由具有三年以上同类工程监理工作经验的人员担任。

总监理工程师如何带领各监理组卓有成效地开展监理工作和顺利完成监理任务,关系到项目监理目标的实现,关系到监理单位的社会信誉及竞争实力。因此,高效、有序地开展监理工作,总监理工程师的技术水平、综合能力、开展工作的方式、方法至关重要。

（一）总监理工程师应具备的条件

具体从事监理工作的监理人员,不仅要具备较强的专业知识和专业技能,能够对测绘项目进行监督管理,提出指导性意见,而且要有一定的协调能力,能够组织、协调与工程各方有关的各方关系,共同完成测绘项目任务。对总监理工程师而言,既要具备一定的测绘专业知识和经济管理知识,又要具备一定的组织协调能力。就专业知识而言,测绘行业涉及的知识面相当广泛,可以说涉及我国经济建设的每一个领域。因此,测绘行业的监理工程师,更是一个复合型人才。同时,总监理工程师在监理单位具有一定的行政职位,监理单位赋予总监一定的行政权力,能够管理和调动该监理项目的所有监理人员。对这种高要求的复合型测绘总监理工程师的素质要求应具备以下几点:

1. 较高的专业学历和多学科的知识结构

随着信息化产业的不断发展,测绘行业已经步入了信息测绘的时代,测绘行业正朝着多元化的方向发展,服务范围也正不断地扩大。作为一名监理工程师不可能掌握这么多领域的专业知识,但至少应掌握一种专业技术知识。如在地籍调查项目的监理中,总监理工程师除要在地籍调查方面具有较高的技术水平外,也应对航空摄影测量、工程测量、地理信息系统、数据库建设等专业知识有一定的熟悉和了解,同时还应学习和了解一定的经济组织管理和法律等方面的理论知识。可以说,没有专业理论知识的人员是无法承担监理工程师岗位工作的。所以,我国对监理工程师的学历也做了一些具体规定,这是保障监理工程师队伍素质的重要基础,也是向国际接轨所必需的。

2. 丰富的生产实践经验和组织协调能力

实践经验是理论知识在生产实践中成功的具体应用,监理工程师应具有很强的实践性特点,因此实践经验是监理工程师应具备的重要素质之一。我国在监理工程师注册制度中规定,取得中级职称 3 年以后才允许报考监理工程师资格考试。当然,监理工程师的实践经验不能只看时间的长短,关键还要看实效。从某种意义上说,后者更为重要,经验属于善于总结和积累的人。总监理工程师还要有较强的计划组织、管理和协调能力。作为测绘项目的总监理工程师,既要为委托单位负责,又要为监理单位负责。

3. 良好的品德

总监理工程师要热爱祖国,热爱自己的本职工作,热爱测绘事业;要有科学的工作态度,能够从实际出发;要有独立分析和解决问题的能力,抓住事物的主要矛盾;要具有廉洁奉公、为人正直、办事公道的高尚情操;能够听取不同方面的意见,冷静地分析问题,客观地处理争议问题,善于同各方合作共事。

4. 健康的体魄和充沛的精力

尽管监理工作是一种高智能的管理和技术服务,以脑力劳动为主,但是,由于测绘工程监理工作要经常到野外进行旁站监理和巡视等,工作条件也相当艰苦,所以要求总监理工程师必须具有健康的身体和充沛的精力,否则难以胜任监理工程师的岗位责任。我国对年满65周岁的监理工程师不再进行注册,主要就是考虑监理从业人员身体健康状况的适应能力而设定的条件。

（二）总监理工程师应履行的职责

① 确定监理项目部和各监理组的人员分工和岗位职责。

② 主持编写项目监理方案,审批项目监理实施细则,并负责管理项目管理机构的日常工作。

③ 审查各生产单位的资质,并提出审查意见。

④ 检查和监督监理人员的工作,根据工程项目的进展情况可进行监理人员调配,对不称职的监理人员应调换其工作。

⑤ 主持监理工作会议,签发项目监理部的文件和指令。

⑥ 组织编写并签发监理月报、监理工作阶段报告、专题报告和项目监理工作总结。

⑦ 审核确认项目的质量检验评定资料,审查生产单位的竣工申请,组织监理人员对待验收的工程项目进行质量检查,参与工程项目的竣工验收。

⑧ 主持整理工程项目的监理资料。

二、成立监理组织

监理工作要正常有序地开展,就必须成立与承揽的监理项目相适应的监理组织。通常情况测绘工程监理组织应包括监理项目部,各分支监理组;监理人员应包括总监理工程师、专业监理工程师和监理员,必要时可配备总监理工程师代表。项目监理机构的监理人员应专业配套,数量满足工程项目监理工作的需要。

（一）监理项目部

为加强对监理工作的领导,强化监理组织结构,监理单位在作业现场应成立监理项目部。监理项目部应严格按照监理合同规定,全面履行合同中规定的各项工作内容,组织管理整个监理工程,紧密配合业主开展工作,使监理工作按要求有序进行。监理项目部发现重大、普遍性质量问题应建议业主签署停工令。围绕监理工作目标,做好质量控制、进度控制和各相关单位之间的协调。其工作职责一般可以概括为以下几方面内容。

① 组织整个监理工程项目,领导各监理组工作,统一技术要求,保证所负责的监理工作能够顺利实施。采取各种措施加强对监理组的监理工作实施有效监督管理,对可能出现的各监理组与生产单位之间工作安排的冲突及时调节处理。

② 组织审查生产单位起草的技术设计书,如有不同的意见和建议,应及时报业主单位。编制监理实施方案,依靠科学的监理手段和各种检查方法来控制生产单位的成果质量,同时保证监理数据和资料的真实性、准确性和可靠性。

③ 根据生产单位工作的进展情况,在其以书面形式提出阶段性或最终检查申请后,监理项目部要及时组织人员设备予以安排。工序成果通过监理检查合格后,方可转入下道工序生产。

④ 及时向业主报告监理工作情况,主要包括工程进度、质量情况、生产中存在的主要质量问题和进行改进、调整的建议等。

⑤ 组织编制审查阶段性和最终监理报告,对监理工作进行总结。在客观评价测绘成果的基础上,针对成果中存在的问题提出改进建议。

（二）监理组

监理组是开展具体监理业务的主体工作队伍,要负责所在作业分区或工序的全程监理工作。其职责是否明确,职能是否落实到位,对监理工作具有直接影响。其工作职责一般可以概括为以下几方面内容。

① 协调与作业队伍之间的工作关系,配合监理项目部作好阶段性成果检查工作。及时向监理项目部汇报监理工作情况、成果质量情况及工程进度情况。

② 监理组应随时监理生产单位的生产进度。根据生产单位编制的进度表定期对照检查工作进度,及时上报监理项目部并对其真实性负责。

③ 严格履行监理项目部规定的各项职责,按照有关要求开展监理工作并认真填写各类监理表格和监理日志。

④ 对监理工作中发现的质量问题、技术问题或不规范行为,应及时发出监理指令予以纠正,不能在作业现场解决的,应及时报告总监理工程师。监理人员及时填写质量监理问题处理意见表。

当监理人员发现必须进行停工整顿的重大、普遍性质量问题或监理人员的指令不为测绘生产单位接受,并对后续生产或成果质量有较大影响时,应及时报告监理项目部处理。

三、编制监理方案

监理方案是指导整个监理工作的纲领性文件,同时也是业主确认监理单位是否履行监理合同的主要依据。监理方案由监理单位起草,经过业主单位批准后使用。

（一）监理方案的层次划分

大型或工序复杂的测绘工程监理技术方案一般可分为两个层次:第一个层次是在监理投标基本方案的基础上由总监理工程师牵头编制的全面的监理方案;第二个层次是在总监理工程师领导下由分区或工序监理组编制的具有可操作性的监理方案。不管监理方案分为几个层次,都应重点制定监理手段和措施,统一监理操作尺度,研究监理中可能发生的各种问题,寻找解决问题的方法,保证监理工作的一致性和完整性。

（二）监理方案编制要求

监理方案应在项目招投标文件的总体框架下编制。按照招投标有关规定,中标单位编制的监理方案已经作为监理合同的附件,成为监理合同文件的组成部分。特别是经过谈判修改后的监理方案已经是监理的框架文件,必须遵循。

要保证方案内容的全面性。为了能够指导整个工程的监理工作,方案内容要全面;明确任务、措施、方法和效果等,涵盖所有工序和各类成果。

方案要有良好的针对性。每项工程的项目目标和组织形式、测绘基础和自然条件等都有自身的特点,监理需要解决问题的重点也存在较大的区别。只有采取有针对性的控制手段和检查措施才能保证监理质量。

（三）监理方案的主要内容

根据工程项目的具体情况,监理方案的内容应包括作业准备阶段、实施阶段、成果检查阶段的监理工作要求。

监理进入角色时,一般要对生产单位编写的技术设计书进行监理检查。重点是项目生产所采用的技术路线是否先进,生产工艺流程是否具有先进性和可操作性,规定的主要技术指标是否符合招投标文件和生产合同中规定的要求。

监理生产单位资料的收集分析检测,检查生产单位资料收集是否全面,对各种资料的分析检测是否到位。如技术设计由业主组织完成并已履行相应审批手续,对监理而言则是熟悉和掌握的问题。

作业现场组织情况监理,包括人员设备投入、质量管理体系建立情况、安全保密情况等。根据已有的监理工作经验和有关规定检查质量控制程序是否完善。

规定作业现场监理,如控制点的埋设、操作方法是否规范,测绘内容是否齐全,内外业操作技术限差是否符合要求等。

成果检查阶段,规定监理单位按合同要求对各种工序成果和最终成果进行检查,评价成果质量,对存在的问题反馈生产单位修改。

监理检查各种资料的全面性和文本文档编写的质量情况。

四、制订监理实施细则

监理实施细则是监理工作实施细则的简称,是根据监理方案由专业监理工程师编制,并经总监理工程师批准,针对工程项目中某一专业或某一方面指导监理工作的操作性文件。

测绘工程监理实施细则是测绘工程监理单位接到业主委托后编制的指导项目监理、组织开展整个测绘工程监理工作的指导性文件。它是监理单位根据测绘工程监理合同,在投标时编制的监理方案基础上,结合中标后收集的与项目有关的各种信息,围绕项目总体目标,由总监理工程师牵头编写。从时间上看,监理实施细则在监理方案之后。从内容上看,监理实施细则比监理方案具体、全面,具有可操作性。如项目规模较小或技术复杂程度不高,在目前阶段,也可以不单独编制实施细则。但要对监理方案进行全面修改补充,使其能够起到实施细则的作用。

为了使编制的监理实施细则详细、具体、具有可操作性,根据监理工作的实际情况,监理实施细则应针对工程项目实施的具体对象、具体时间、具体操作、管理要求等,结合项目管理工作的监理工作目标、组织机构、职责分工,配备监理设备资源等,明确在监理工作过程中应当做哪些工作、由谁来做这些工作、在什么时候做这些工作、在什么地方做这些工作、如何做好这些工作等。

（一）监理实施细则的作用

1. 监理实施细则是指导整个测绘工程监理工程的指导性文件

监理的中心工作是协助业主实现测绘项目的预定总目标。为了实现总目标,需要制订全面科学具有可操作性的指导性文件。在监理实施细则这个指导性文件中对项目监理组织开展的各项监理工作做出全面系统的组织安排,明确做什么,谁来做,什么时间做,在哪里做,如何做,同时还包括监理效果考核等内容,指导项目全程监理工作。

2. 监理实施细则是业主确认监理单位是否履行监理合同的主要依据

监理实施细则编制完成后应交业主审核。业主通过审核,了解监理单位中标接受委托后如何履行监理合同,采取哪些措施保证合同履行。在监理合同履行过程中,业主对监理工作进行监督检查是业主的权利,也是必要的管理措施。监理实施细则就是监督检查的重要依据。

(二)监理实施细则的编制要求

1. 细则应在监理方案的总体框架下编制

认清监理方案与监理实施细则的关系,掌握住后者是前者的补充和细化。按照招投标文件有关规定,监理单位编制的监理方案已经作为监理合同的附件,已经成为监理合同文件的组成部分。特别是经过谈判修改后的监理方案已经是监理的框架文件,必须遵循。

2. 细则内容要全面

为了能够指导整个工程的监理工作,细则内容要全面,明确任务、措施、方法和效果等,涵盖所有工序和各类成果。

(三)监理实施细则的主要内容

根据工程项目的具体情况,对监理方案进行补充和细化,主要内容应包括作业准备阶段、作业阶段、成果检查阶段的监理工作。

1. 作业准备阶段

生产单位资料收集是否全面,如用于生产指挥调度的中小比例尺地形图、项目涉及的各类控制资料、地形图、行政区划图及有关成果的技术总结等。

对各种资料的分析检测是否到位,如外业测绘项目对已有平高控制点的普查检测,航测地形图项目有关摄影质量是否经过检验等。

对生产单位编写的技术设计书监理审查,重点是项目作业所采用的技术路线是否先进、作业方法是否得当、质量控制程序是否完善等。

2. 作业阶段

作业现场组织管理情况监理,包括人员设备投入、质量管理体系建立情况、安全保密情况等。

作业现场监理,如控制点的埋设是否合理、操作方法是否规范、测绘内容是否齐全、内外业操作技术限差是否符合要求等。

3. 成果检查阶段

监理单位按合同要求,对各种工序成果和最终成果的检查要求。评价成果质量,对存在的问题反馈生产单位修改。

各种资料的全面性和文本文档编写的质量情况。

五、现场监理工作的开展

当监理单位与业主签订委托监理合同后,应按合同的有关规定派监理人员进驻作业现场,开展项目监理工作。为此首先要明确监理的任务及工作内容,并对监理工作内容进行适当的分类、归并和组合,这种分类、归并和组合应考虑监理项目的具体情况以及监理单位人员的数量、技术业务水平等制约因素。其次选择组织机构形式,由于项目规模、性质和监理工作要求的区别,项目监理组织并无固定的模式,应根据组织原则和监理业务的具体要求选择适当的组织机构形式和建立必要的工作机构。人员的配备既要考虑职能的落实,又要考虑人员的质量和数量。最后要制定监理人员岗位职责标准、监理工作流程和监理信息流程。监理人员岗位职责标准主要规定各类人员的工作职责和考核要求;监理工作流程是根据监理工作制度对进行监理工作程序的规定,它是保证监理工作有序、有效和规范化开展的重要措施;监理信息流程是根据监理工作制度,对监理工作所需的各类信息的传递运动所做的规定。

六、参与项目验收工作

测绘工程质量验收是工程质量控制的一个重要环节,也是监理单位的一项重要工作。它包括工程作业质量的中间验收和工程项目的最终验收两个方面。通过对过程中的测绘成果和最终测绘成果的质量验收,从过程控制和终端把关两个方面实现对成果的质量控制,以确保达到规范和设计所明确的各项技术要求,满足业主所提出的各项要求。监理在验收阶段应该做的工作详见第七章中的有关论述。

七、监理工作总结

监理工作完成后,项目监理机构应及时从两方面进行监理工作总结。其一,及时向业主提交监理工作总结,其主要内容应包括:委托监理合同履行概述,监理机构、监理人员和投入的监理设备,监理任务或监理目标完成情况的评价,项目实施过程中存在的问题和处理情况等。其二,向监理单位提交的监理工作总结,其主要内容为:① 监理工作的经验,应包括采用某种监理技术、方法的经验,采用某种经济措施、组织措施的经验,以及委托监理合同执行方面的经验和如何处理好与业主、生产单位关系的经验等;② 监理工作中存在的问题及改进的建议也应及时加以总结,以指导今后的监理工作,并向政府有关部门提出政策建议,不断提高测绘工作的监理水平。

八、监理资料的整理提交

监理资料是开展监理工作的原始记录,是评价监理工作、界定监理责任的证据,任何一项内、外业监理活动都应在成果资料中客观、实事求是地反映出来。监理单位与业主、生产单位的各类技术业务往来均应采用正规文件形式记录备案。因此,做好监理工作中的资料管理十分重要。当监理单位对项目成果完成全程监理后,须按委托监理合同中的相关规定向业主单位提交完整的全过程监理资料。监理资料一般包括各种原始检查图、表、记录等原始资料,监理单位、业主和生产单位之间的往来函件,监理单位编写的阶段小结、阶段性监理报告以及监理总结报告等。具体的内容在其他有关章节有相关论述。

第三节 测绘工程监理机构的组建步骤及管理措施

一、监理机构组建步骤

监理单位在与业主签订委托监理合同后,在实施测绘工程监理之前,应建立项目监理机构。项目监理机构的组织形式和规模,应根据委托监理合同规定的服务内容、服务期限、项目类别、规模、技术复杂程度、作业环境等因素确定。监理单位在组建项目监理机构时,一般按以下步骤进行。

1. 制定监理工作目标

在管理学中,目标通常是指个体以及群体或组织的某一行动所要达到的预期目的,或预期结果的状态和标准。目标在其内容上,既包括目的对象,又包括指标、定额和时限。德国管理学专家德鲁克认为,"并不是有了工作才有目标,正是相反,有了目标才能确定每个人的工作。"

测绘工程监理的目标是控制质量、进度和投资。合同管理、信息管理和全面的组织协调是实现质量、进度和投资目标所必须运用的控制手段和措施。但只有确定了质量、进度的目标,监理单位才能对测绘工程项目进行有效的监督控制。

测绘工程监理目标按照层次可分为总体目标、阶段目标和工序目标。不同的测绘项目由于其特点和要求不同,目标的标准和内容也不尽相同。所以,监理工程师结合项目的特点制定出切实可行的目标是至关重要的。同时,监理工程师要充分考虑总体目标、阶段目标和工序目标间的相互关系,使目标逐级实现。因此,目标制定得是否合理,直接影响到监理工作能否按要求顺利完成。

2. 明确工作内容

为了实现测绘项目管理目标,测绘工程监理的工作内容有很多。如编制测绘工程监理实施细则;审查及确认测绘单位的资质及项目的施测组织设计方案;审查测绘单位的质量体系运行情况及测绘单位投入的仪器设备和作业人员的资格;督促测绘单位按合同约定的进度作业,及时调整不合理的工期安排;旁站监理测绘单位在作业过程中的各项施测工序及过程;依据各项技术规定和签订的监理合同中的有关要求,对测绘单位的阶段性测绘成果和最终测绘成果进行检查;督促测绘单位整理编制工程项目的各种施测资料;定期向业主单位书面报告阶段性监理情况,负责向业主提交最终完整的监理资料等。要把所有的监理工作落实到人,明确责任,只有这样才能把琐碎的工作有条不紊地开展起来,才能使监理工作做到全面具体。

3. 落实监理组织结构

按照监理合同要求组建相应的监理组织机构,成立相应的监理部门或监理小组,确定各个部门的责任和职能,制定各种规章制度。总监理工程师还要合理调配优秀的技术人员、管理人员,使每一个操作层上的构成更加有利于工作的开展。同时,总监理工程师或总监理工程师代表还要选用可靠的仪器检测设备供监理组在实际工作中使用。在监理工作开展之前,监理单位应向业主单位提交参与本测绘项目监理的人员资格情况表和设备清单。

4. 制订监理流程

不同的测绘项目和项目不同的运行阶段,监理的流程和内容是不同的。总监理工程师一般应根据测绘项目的特点和运行到不同的生产工序,制定出合理的监理流程,使生产过程中的转接环节时间达到最佳,充分避免或减少各工序间的交叉,造成影响生产单位的生产或监理检查的进度。同时,在监理流程中还要体现出生产单位提交受检样本后监理单位需要多长时间将检查结果反馈给测绘生产单位,这个时间要合理,要充分考虑到生产单位的整改时间。此外,总监理工程师必须及时取得和透彻理解工程项目的最新技术要求和业主的意图,并且立即贯彻到所有监理组和每名监理人员中去。总监理工程师应及时收集并整理出各监理组的监理工作情况,并把监理结果按要求定期上报业主,个别特殊情况须随时报告业主,以保证业主单位、监理单位、生产单位三方之间的信息传递畅通。

二、制订监理管理措施

监理单位应依照 ISO9001:2000《质量管理体系》要求建立和运行测绘工程监理工作程序,使监理工作在科学化、系统化、规范化的良性循环中进行。规定监理单位与业主、生产单位的各类技术业务往来,应采用正规文件形式记录备案,各种数据采集和处理结果必须保留原始记录,并及时归档。

严格履行监理方案中所规定的有关职责,逐级负责,分工明确,责任到人,对每位监理工程师和其他辅助人员的工作量、监理结果等定期考核测评,测评结果通报备案,并与监理单位的内部经济分配相关联。同时,监理单位内部、不同的监理组之间还要加强沟通和交流,使同一个项目不同的监理人员之间的监理尺度是相同的。

严肃监理人员的工作纪律,保证监理人员的职业素质。对在监理过程中接受生产单位财物的监理人员严加处罚;监理人员若被生产单位投诉,一经查实,应立即做出处理决定,并将处理结果通报业主单位和生产单位,直至取消其监理资格。

监理单位负责人定期征求业主单位和生产单位对监理人员和监理单位的意见,对不足之处在以后的工作中加以改进。

第四节　测绘工程监理工作中的协调问题

监理目标的实现,除监理单位及监理工程师具有较高的职业道德、较强的专业知识和对监理程序的充分了解外,还需要每名监理人员应具有较强的组织协调能力。经验表明,协调工作是监理单位能否实现监理目标的一项非常重要的工作内容。

一、组织协调的作用

一个测绘工程项目要经过立项、设计、生产施工和成果应用等几个过程,而在整个项目组织实施过程中,会牵涉很多部门和单位,各个部门都有各自不同的目标任务。参与项目实施的单位主要有业主、测绘生产方和监理方,他们都有自己的项目管理,但其出发点和侧重面各有不同。业主着眼于全过程,其主要任务是三大控制;测绘生产单位的项目管理,自签订测绘生产合同开始到工程结束为止,其主要任务是建立自身质量保证体系和进度控制,依据合同目标要求控制工程质量和按工期目标如期竣工,并在此前提下,实现最低的生产成本。我们知道,项目管理总目标与各参与方项目管理目标以及各参与方目标之间是既相联系又相矛盾的。因此,要实现项目管理总目标,其中很重要的一条就是要协调好各方之间的矛盾。总目标的实现和各分目标的实现互为条件,互为前提,是各分目标矛盾统一的平衡结果。一个项目绩效的好坏,一方面取决于参与项目各方各自的项目管理水平,另一方面还取决于各方之间的有机协调和配合。因此,协调工作应贯穿于整个测绘工程监理实施及项目管理过程中。监理单位在执行监理过程中,就要对相关单位包括业主单位进行各种关系的协调,使各方面加强合作,减少矛盾,妥善处理纠纷,形成合力,共同完成项目目标。

二、组织协调的方法

组织协调工作千头万绪,涉及面广,受主观和客观因素影响较大。为保证监理工作顺利进行,要求监理工程师知识面要宽,工作能力要强,能够因地制宜、因时制宜、灵活机动地处理问题。测绘工程监理组织协调通常可采用以下方法。

(一)会议协调法

测绘项目监理实践中,会议协调法是最常用的一种协调方法。一般来说,它包括第一次工作会议、工作例会、专题协调会等。

1. 第一次工作会议

第一次工作会议是在测绘项目未完全展开前,由参与该测绘项目的各方互相认识、确定联络方式的会议,也是检查工程开展前各项准备工作是否就绪并明确监理程序的会议。会议由业主单位主持召开,业主单位、测绘生产单位、监理单位的授权代表必须出席会议。第一次工作会议很重要,是项目开展前的宣传通报会。

2. 工作例会

工作例会是由业主组织与主持,按一定程序召开的,研究工程进行中出现的计划、进度、质量等问题的工作会议。参加者一般有业主单位的负责人,相关的监理人员及生产单位的主要生产和技术负责人等各方面的有关人员。工作例会召开的时间根据项目进展情况安排,一般有周、旬、半月和月度例会等几种形式,工程进行过程中的许多信息和决定是在工作例会上产生和制定的,协调工作大部分也是在此进行的,因此监理人员必须重视工作例会。

3. 专题协调会

除定期召开工作例会以外,还应根据项目工程开展的需要组织召开一些专题协调会议。如对于某些作业过程中的重大问题以及不宜在工作例会上解决的问题,根据作业的需要,可召开由相关人员组成的协调会。如对复杂作业方案或作业组织设计审查、复杂技术问题的研讨、重大质量事故的分析和处理、工程延期等进行协调,可在专题协调会上提出解决办法,并要求相关方及时落实。

(二)交谈协调法

并不是所有问题都需要开会来解决,有时可采用"交谈"这一方法。交谈包括面对面地交谈和电话交谈两种形式。由于交谈本身没有合同效力,加上其方便性和及时性,所以测绘工程参与各方之间及监理机构内部都愿意采用这一方法进行协调。实践证明,交谈是寻求协作和帮助的最好方法,因为在寻求别人帮助和协作时,往往要及时了解对方的反应和意见,以便采取相应的对策。另外,相对于书面寻求协作,人们更难于拒绝面对面的请求。因此,采用交谈方式请求协作和帮助比采用书面方法实现的可能性要大。所以,无论是内部协调还是外部协调,这种方法的使用频率都是相当高的。

（三）书面协调法

当其他协调方法效果不好或需要准确地表达自己的意见时,可以采用书面协调的方法。书面协调方法的最大特点是具有合同效力,如:监理指令、监理通知、各种报表、书面报告等;以书面形式向各方提供详细信息和情况通报的报告、信函和备忘录等;会议记录、纪要、交谈内容或口头指令的书面确认。各相关方对各种书面文件一定要严肃对待,因为它具有合同效力。例如对于生产单位来说,监理人员下达的书面指令或通知是具有一定强制力的,即使有异议,也必须执行。

（四）访问协调法

访问法主要用于外部的协调工作中,也可以用于业主单位和生产单位的协调工作,分走访和邀访两种形式。走访是指协调者在项目工程开工前或生产过程中,对与工程作业有关的各政府部门、公共事业机构、新闻媒介或工程毗邻单位等进行访问,向他们解释工程的情况,了解他们的意见。邀访是指协调者邀请相关单位代表到作业现场对工程进行巡视,了解现场工作。因为在多数情况下,这些有关方面并不了解工程,不清楚现场的实际情况,如果进行一些不恰当的干预,会对工程产生不利影响,此时如果用访问法可能是一个相当有效的协调方法。

总之,组织协调是一种管理艺术,每名监理人员尤其是项目总监需要掌握领导科学、心理学、行为科学方面的知识和技能,如激励、表扬、批评和交际的艺术、开会的艺术、谈话的艺术、谈判的技巧等,而这些知识和能力的获得只能在工作实践中不断积累和总结,是一个长期的过程。

三、系统外部协调

从测绘工程监理的角度来看,系统协调分为近外层协调和远外层协问。

（一）近外层协调

近外层协调包括与业主、生产单位等的关系协调,项目与近外层关联单位一般有合同关系,包括直接的和间接的合同关系。工程项目实施的过程中,与近外层关联单位的联系相当密切,大量的工作需要相互支持和配合协调,能否如期实现项目监理目标,关键就在于近外层协调工作做得好不好,可以说,近外层协调是所有协调工作中的重中之重。

1. 监理与业主关系的协调

处理好监理单位与业主的关系是一个非常重要的特殊的协调问题。由于我国测绘工程监理还没有颁布行政管理法规和技术规范,监理的协调责任不够明确,缺乏法律方面的依据。

从已经开展的测绘工程监理工作情况看,在协调工作中,与业主之间的协调最为重要,同时也是监理单位工作中最大、最主要的困难来源,直接影响到监理目标的实现。业主方面经常出现的问题主要有以下三个方面:

第一,业主单位在测绘市场相对供大于求的环境下,引用监理机制的测绘项目,一般规模较大、技术较为复杂,多数业主单位首先进行"试点",有些工程试点时间达两三个月以上,往往不会及时与生产单位、监理单位签订合同,使监理无合同可依。

第二,有的业主沿袭计划经济时期的项目管理模式,不明确监理的权限,对监理单位的监督随意性大,对具体监理工作干涉过多,致使监理单位有职无权,很难发挥应有的作用。主要原因是没有规范性的测绘工程监理法规支撑,使监理合同履行中存在不平等的因素,需要磨合,使相互之间逐渐适应。

第三,项目管理欠科学化,业主压工期、压价格,有的项目总体设计变化过多,给监理工作带来很多困难。

监理单位为了使工作顺利开展,应充分尊重业主及其代表,充分理解项目的总目标和业主的意图,以自己的专业特长尽力帮助业主,在坚持原则的前提下,采用适应项目和业主要求的工作方法。监理单位应主动与业主沟通,尽量使业主单位了解监理的工作原则和基本方法。通过提供良好的专业服务和顺畅的沟通使业主支持监理工作,发挥监理的作用,形成项目运行中的一种良性互动。

2. 监理与设计单位、承包单位关系的协调

监理单位与设计单位、承包单位虽然没有直接的合同关系,但其监理工作却是直接与设计单位和承包单位密切相关。做好监理工作除了按照测绘有关法律、法规、有关测绘专业规范与规定以及项目的设计与承包合同文本的要求去做外,做好与设计单位、承包单位的协调工作,也是使监理工作顺利开展的重要条件。

做好协调工作可参照以下几个方面的注意点:

① 首先要理解工程项目的总目标,理解业主单位的意图。

② 利用工作之便做好监理宣传工作,增进各相关单位对监理工作的理解。

③ 以设计书及合同为基础,明确各相关单位的权利和义务,平等地进行协商。

④ 尊重各相关单位。

⑤ 注重语言艺术和感情交流。

(二)远外层协调

远外层单位一般指地方政府相关管理部门、分包单位等。远外层与项目监理组织不存在合同关系,只是通过法律、法规和社会公德来进行约束,相互支持、密切配合、共同服务于项目目标。一个工程项目的开展还存在政府部门及其他单位的影响,这些单位对工程项目有时起着一定的或决定性的控制、监督、支持与帮助作用,这层关系若协调不好,项目的开展和实施也可能受到影响。

从目前的测绘工程监理实践来看,对外部环境协调,一般由业主单位负责主持,监理单位主要是针对一些技术性工作协调。如业主单位和监理单位对此有分歧,可在委托监理合同中详细注明。做好远外层的协调,争取得到相关部门的理解和支持对于顺利实现工程项目目标也是必需的。

四、监理单位内部关系的协调

监理单位内部关系的协调分为纵向协调和横向协调,纵向协调包括监理单位内部的总监理工程师与专业监理工程师之间的协调,监理组长与监理组员之间的协调,横向协调主要是各监理组相互之间的协调等。项目监理机构是为实现项目监理目标而组建的一个临时团体,监理机构内的成员有的曾经合作过,有的可能是初次合作,可能相互不了解各自的工作习惯、风格,因此总监理工程师有必要组织好项目机构成员的内部沟通协调。通过沟通协调,总监理工程师能更好地了解各监理工程师的专业专长、性格特点,进行合理的工作分派,

以便充分发挥各专业监理工程师的特长；监理组内部的组长与各组员之间也应搞好充分的沟通协调工作，对组内的各成员，组长应根据每个人的专长进行安排，做到人尽其才。人员的搭配应注意能力互补和性格互补，人员配备应尽可能少而精，防止力不胜任和忙闲不均现象。测绘工程监理不同于建筑监理，由于测绘项目覆盖的范围大、面积广、工序多、技术高，存在监理人员仪器配备的衔接和调度问题，各监理组的人员技术水平和仪器配备不可能完全均衡，这就要求各监理组必须顾全大局，从监理单位的整体利益角度出发，彼此之间勤沟通、多协调、常交流，做到优势互补、资源共享、取长补短，以便各监理组能够团结一致、齐心协力，圆满地完成监理任务。

如果一个测绘项目有两家以上监理单位共同监理，横向的监理单位之间的协调则更为重要，要努力实现以相同的目的尺度开展监理工作。

习题和思考题

1. 监理组织结构的设计原则有哪些？
2. 测绘工程监理组织形式有哪些？
3. 测绘工程监理机构组建的步骤及管理措施有哪些？
4. 测绘工程监理组织协调的方法有哪些？

第四章 测绘工程设计与生产准备阶段
的监理工作

测绘工程项目能否在计划的质量、进度、投资控制的前提下顺利完成,前期监理将起到决定性作用。对业主提出的诸多要求的可行性和可操作性,前期监理提供了坚实的保障。本章讲述测绘工程技术设计与生产准备阶段的监理工作,对测绘监理合同以及设计阶段的投资控制作简要叙述。

第一节 测绘工程技术设计阶段的监理工作

测绘工程前期监理中的设计阶段监理主要是对测绘工程技术设计的监理。测绘工程技术设计阶段的监理工作主要是业主或是委托技术设计单位或是测绘生产单位编制的技术设计能否满足工程总的控制目标,是否符合项目本身的技术标准和国家规范等。

一、测绘工程技术设计概述

(一)测绘工程技术设计的意义

测绘工程技术设计的目的是制订切实可行的技术方案,保证测绘项目正常开展,使所生产的测绘产品符合技术标准和业主要求,并获得最佳的经济效益和社会效益。

技术设计可分为项目设计和专业设计两种,项目设计为综合性设计,专业设计一般按照工序进行。专业设计应按照项目设计总体要求和技术路线进行分解和细化,所有专业设计结合在一起构成项目完整的测绘生产技术指导文件。目前,引进监理机制的一般是大中型规模测绘项目,对于项目规模较小和技术较为简单的测绘项目可不编写技术设计书,直接编写作业指导书;对于中等规模且技术路线成熟的测绘项目,可将项目设计和专业设计进行合并,一次性编写技术设计书。技术设计的过程是多工序相互协调的过程。

(二)测绘工程技术设计应坚持的基本原则

技术设计应坚持的基本原则主要有以下几个方面:

① 技术设计首先应坚持先整体后局部的原则。通盘考虑业主对项目的总的要求,兼顾发展,充分重视项目的经济效益和社会效益。

② 技术设计的用人原则。技术设计需要有广泛的实践经验的人来撰写,同时从理论上了解测绘技术和各种技术之间的相互关系。广泛的实践经验应该被认为是完成设计任务的先决条件。

③ 技术设计的科学性、先进性原则。制定科学的技术方案,采用切实可行的技术路线,对于关键性的技术问题应进行论证攻关,制定拟采用推广新技术所必须进行的控制措施。同时,设计方案应尽可能采用先进的生产技术和工艺,保证工程项目"又好又快"地完成。

④ 技术设计应与项目工作方案相协调。针对项目需求和经费保障,充分考虑人的作业能力和技术水平,顾及软硬件设备情况,使得技术方案具有高度的指导性和可行性。这就是考虑设计的经济性原则,用最少的投入获取最大的经济效益。

（三）测绘工程技术设计的依据

测绘工程技术设计的依据主要有:

① 国家有关法律法规特别是测绘行业的有关法规,如国家对测绘坐标系统建立的规定。

② 国家和地方有关的技术标准,主要包括国家标准、地方标准、行业标准等。

③ 指令性测绘项目中上级下发的各种安排文件、市场项目中的合同及其附件。

④ 业主对本项目制订的技术要求,如招标文件。

⑤ 国家测绘行业生产定额和成本定额等,如测绘产品收费标准。

（四）测绘工程技术设计的基本内容

测绘行业包含多种专业测绘,常见的测绘成果将近 60 种,项目规模相差悬殊,进行技术设计的层次不同,设计所包含的具体内容也差异较大。但就其内容而言,还是具有明显的共性,这些内容主要包括下列几方面:

① 项目概述。包括项目名称、项目规模、任务来源、作业范围、产品样式、主要精度指标、质量要求、工期、检查验收方式等。

② 作业区的自然地理特征和社会经济概况。包括地理特征、城乡居民地理分布、交通和水系、气候变化情况及困难类别的分布等。

③ 对已有资料的收集、分析和检测等。

④ 项目引用的作业依据。对于所引用的技术依据都应列出,排列顺序有多种方式,如按标准等级、作业所依据的主次、作业工序所依据的标准顺序。对于所应用的标准之间在主要精度指标、操作方法或工序质量要求等方面存在不一致之处必须明确具体执行的标准。

⑤ 技术设计方案。作为技术设计的核心,该部分内容应全面,明确作业方技术要求,新技术投入使用的认证资料应完善,质量保证措施应严密;为保证技术指导和进度指标的实现,工序衔接及工序质量控制要制定具有可操作性的生产规定。

⑥ 质量保障措施。从生产组织管理角度强调生产单位控制质量的方法手段,质量方针贯彻落实,明确产品质量控制责任,对生产过程中的各级检查工作提出要求及质量处理意见。

⑦ 上交资料。按上级下达任务或合同要求整理提交完善的测绘成果,列出上交成果资料清单。

（五）测绘工程技术设计编制的程序

由于技术设计书在测绘工程项目中的重要作用,测绘行业对技术设计的起草、修改和审批一直非常重视,国家测绘行业主管部门在有关规章和技术标准中对该项工作程序进行了规定。

传统测绘项目的项目设计一般由下达任务的部门组织编写,专业设计由承担任务的单位起草,报下达任务部门进行审批。在市场经济环境下,技术设计的编写出现了新的情况,一般分为以下三种情况:一是业主起草;二是承担单位起草,业主单位审查修改批准;三是组织专门测绘机构起草,甚至于进行技术设计,委托两个以上单位分别起草,择优选用。不论采用哪种方式进行技术设计,设计稿件必须履行系列审批和备案手续。首先由设计单位的技术负责人审批,然后报下达任务的部门或业主单位审批,同时报各级测绘行政监管部门备案。对于坐标系统的选取应严格按照国家和省级法律法规办理。一些测绘项目,特别是大型测绘项目,由于种种原因需要在生产过程中进行设计调整和补充。首先,应明确补充规定作为原技术设计的调整属于该项目技术设计的一部分,应采用原设计相同的审批程序进行。如果补充规定对原设计做出了原则性的修改应重新进行论证。同时,应注意补充规定与原设计之间的衔接并对补充规定生效的有关成果进行处理。

(六)编写测绘工程技术设计应注意的问题

① 设计内容要全面,要覆盖测绘项目施工前期准备阶段、生产过程、成果提交、检查验收和缺陷责任等整个过程。

② 技术规定要明确,引用标准要全面严密,成果提交格式内容要明晰,主要精度指标要具体准确。

③ 文字要精炼,避免含糊不清,引用标准已经明确的不要大量重复摘录。

④ 相关的附件要齐全。一般包括踏勘报告、起算数据分析报告、已有资料一览表及其他附图附件。

⑤ 名词术语专业化,计量单位统一化,字体、线形、符号、代码标准规范化。

二、监理对有关资料的收集工作

监理要收集各种有关资料并加以认真分析,实现对已有资料的充分利用。这些资料主要包括:一是政府下达的任务计划书或是指令性的文件或是市场项目中的合同及附件;二是项目成果执行标准,也就是测绘成图成果执行的技术标准和规范等。例如,《国家基本比例尺地形图分幅和编号》(GB/T 13989—2012)、《全球定位系统(GPS)测量规范》(GB/T 18314—2009)、《基础地理信息要素分类与代码》(GB/T 13923—2006)、《城市测量规范》(CJJ/T 8—2011)等;另一种是测绘生产中使用的基础和专业资料,如采用的坐标系统、基础控制点、地形图资料、工作底图等。分析和利用好这些已有资料可以对整个工程起到事半功倍的作用。任务计划书、政府指令性文件或是市场项目的合同是工程立项的基础和总的指导思想,也可以说成是业主对项目提出的总"要求"。"要求"构成产品质量的内涵,"要求"满足标准。无论是业主、监理单位还是测绘生产单位都应该认真地领会这些"要求"。

对于收集到的一些与项目相关的基础资料,监理必须要认真地加以分析。如收集到的基础控制点,这些点的坐标系统是否相同,点的等级精度是否一致,点的精度是否满足作为项目起算点的精度要求,点的标识情况是否完好等。还有如地形图资料,地形图的比例尺、精度、成图年代等能否满足项目的整体要求。只有认真地分析这些资料才能对项目的开工起到积极的作用,否则可能是事倍功半。

监理单位对业主准备提供给测绘生产单位的各项资料要认真地检查、检测,如资料是否齐全、内容是否符合规定要求等,再将资料整理归类,列出资料清单,然后将这些整理好的资料交给测绘生产单位,做好资料的交接工作。

三、测绘工程技术设计阶段的监理工作

测绘工程监理在技术设计阶段如何监理以及在该阶段监理的内容在一些案例中已有所

涉及。为了保证和提高技术设计质量,需要协助业主做好工程技术设计的监理工作。

（一）设计阶段监理的作用

监理工作主要是"质量、进度、投资"三控制。由于测绘工程监理处于初级探索阶段,从全国来看,引入测绘工程监理的项目绝大多数是生产实施阶段,而生产实施阶段监理的引入往往是在进入工程施工准备阶段以后,也就是测绘生产单位中标后准备进场组织生产了。大多数业主只看到测绘招投标中投标单位的让利,只对测绘生产单位的质量和进度进行控制,却对决策设计阶段没有委托监理。殊不知,项目决策和设计阶段对整个项目的投资收益和工期有着极其重大的影响。测绘生产单位是以设计为依据组织生产的,而设计中主要控制质量指标的引用决定工程的质量及工程事故的发生,据有关资料表明,测绘工程质量事故一旦发生主要是由技术设计不完善而造成的。有些设计对工程的进度和质量控制不住,造成了边设计、边施工、边修改的不良局面,直接影响工程的进度和质量。设计阶段监理对整个工程三项目标的控制有着非常重要的意义,业主应该充分认识到对项目实施设计监理的必要性,从而以最小的成本取得最大的收益。

（二）设计阶段监理工作的内容

① 向设计单位提供设计所需的资料,编写设计文件要求,拟订和商谈委托设计合同内容。

② 监理技术设计起草单位或起草人的设计能力。协调业主选择设计单位或进行设计招标工作,审查设计单位或中标单位的测绘资质等级,是否从事过相关的测绘项目以及主要设计人的专业能力,还要审查设计单位对该工程项目的设计是否有相关建议及对特殊问题的处理对策等。

③ 监理技术设计起草审批工作程序。监理设计过程是否符合有关法规和技术规范规定,如踏勘报告是否全面翔实,有关资料收集是否全面,起算数据分析检测结果是否满足项目的要求,重大技术问题的论证情况,各级审批签字手续是否齐全,以及在编写设计过程中对重大技术问题论证的会议纪要等。

④ 监理生产技术路线的先进性和可行性。技术路线是否先进决定生产效率和成果质量,进而决定项目的综合效益。针对一般的测绘项目,应采用成熟的高新技术安排生产流程,保证成果的全面性和准确性。对于采用目前尚不够成熟的高新技术,应本着鼓励支持和谨慎的态度协助业主加大论证力度,保证技术路线的可行性和可靠性,保证监理设计方案的全面性。按照项目要求,对照技术设计编写规定,审查设计方案是否符合设计大纲和项目要求进行设计,检查设计方案的全面性,杜绝缺项。

⑤ 监理技术设计的工期。根据工程项目总的工期要求,协助业主确定合理的设计工期,协调设计单位,提供设计所需的基础资料和数据,力求使设计能够按原进度计划进行。

⑥ 做好业主和设计单位之间的协调工作。配合设计单位开展技术分析,搞好设计方案的出台,对发现设计单位技术设计中存在的主要问题,如技术标准、质量、进度等问题与业主和设计单位之间做好沟通。

（三）设计阶段监理的措施

① 组织措施。建立健全监理组织,完善职责分工及有关制度,落实监理工程师的责任。

② 技术措施。建立工作计划体系,协助设计单位开展优化设计和完善监理质量保证体系。

③ 经济措施。及时进行计划设计时间与实际设计时间的比较分析,对设计周期提前的实行奖励。严格质检和验收,不符合规定质量要求的拒付设计费,达到质量优良者,支付质量补助金或奖金等。

④ 合同措施。按合同条款支付设计费,防止过早、过量的现金支付,全面履约,减少对方提出索赔的条件和机会,正确处理索赔等。

(四)设计阶段监理的注意事项

① 作为测绘工程技术设计阶段的监理应全面掌握与项目有关的信息资料和测绘项目现实情况,使监理工作有的放矢。一是全面掌握有关下达任务部门或业主方面的情况,如项目资金投入情况、成果种类、质量要求、工期计划等;二是全面掌握了解与项目相关的法律法规和项目准备利用的资料情况;三是深入测区进行现场勘察,对项目情况进行全面了解,掌握测区困难类别及难度分布情况并研究制定出解决问题的方法和意见。

② 应注意审查技术方案的针对性。为指导项目作业,设计书中的技术方案具有强烈的针对性。根据监理单位的经验,客观判断技术设计中技术方案是否可行,实施后是否满足用户提出的基本需求。

③ 检查技术设计所规定的成果种类、数据格式及以图形作为载体的信息、属性、注记、说明等是否满足用户要求。

④ 由于设计监理的特殊性,要求设计监理从业人员既具有扎实的专业知识,又要有丰富的相关测绘生产实际经验。根据业主需求、监理单位的业务范围和能力,监理单位应做好对技术设计编写单位的技术支持和保障等多方面的服务工作。

第二节　测绘工程生产准备阶段的监理工作

一、生产准备阶段监理的主要工作

生产准备阶段是项目顺利开工的前期基本保障,因而,做好生产准备阶段的监理工作是十分必要的。生产准备阶段监理工作主要有以下几方面的内容:

(1)协助业主做好生产准备阶段的工作

业主的准备工作主要有:检查与项目相关的资料,检查测绘生产单位的资质,了解测绘生产单位对该项目的人员配备情况及人员职称、作业能力等,了解项目资金的落实情况及测绘生产合同的签订等。

(2)对测绘生产单位的监理工作

主要有:了解测绘生产单位进入作业现场的时间及总体工作安排;检查测绘生产单位的组织机构体系及上岗人员资质和培训情况;检查测绘生产单位质量保证体系;审查测绘生产单位是否有分包队伍,如果合同允许测绘生产单位进行分包就需要对分包队伍进行审查;若合同中不允许测绘生产单位进行分包,则没有分包队伍,如果再存在分包队伍则视为违约合同,需要承担合同中规定的相应的违约责任;对测绘生产单位投入本工程中的仪器设备和作业环境的检查;检查测绘生产单位建章立制情况,以及对测绘生产单位开工前的整体评定等。

(3)监理单位自身的准备工作

监理要从以下几个方面做好生产准备阶段的工作：① 建立项目监理机构；② 对监理员进行岗前学习和业务培训；③ 制定监理方案、编制监理实施细则；④ 编制监理协调的工作程序；⑤ 制定质量控制体系；⑥ 编制监理工作用表等。

二、协助业主做好施工准备阶段的监理工作

协助业主做好施工准备阶段的监理工作有以下几点：

（1）业主应向测绘生产单位提供完整、可靠的基础资料，或受业主委托监理单位和测绘生产单位共同收集和分析资料，同时需取得业主的认可。这些基础资料是生产单位进行作业的主要依据。监理对业主向测绘生产单位提供的基础资料要一一核实检查。这些资料一般包括下列内容：

① 涉及的法律、行政法规、技术标准和规范等。监理核查该项内容是否按照招标文件或合同中的约定提供，提供的资料是否符合招标文件或合同中的要求等。

② 技术设计书或实施细则或作业指导书。这部分内容是指导测绘生产单位作业的直接依据，因此这部分内容必须由业主提供给生产单位，如果是生产单位自己编写的技术设计书等也必须经业主或有关上级部门审批。监理要核查设计审批手续是否齐全，设计方案是否为最终方案等。

③ 用于作业的基础资料，如高等级控制点的数量和分布情况、某种比例尺地形图的纸制图件或电子文档、工作范围底图以及是否提供必要的食宿和交通工具等。监理要核查提供的内容是否符合生产作业的要求，提供的种类是否满足投标文件或合同的约定等。监理单位还要协助业主做好资料交接清单，做好和测绘生产单位的资料交接工作。

（2）业主要及时掌握项目资金的落实情况。如果是政府投资的基础测绘项目，资金到位率比较高，但一定要做到专款专用，不能挪作他用；如果是业主自筹资金，就要落实好资金的来源渠道和时间，做好资金的到位时间安排，不能影响生产的正常运行，不能因为资金问题造成与测绘生产单位的合同违约问题；如果是贷款项目，还要准备好保证金及还款计划等。

（3）项目总监理工程师会同业主与中标单位，按照约定时间就签订合同与中标单位进行具体磋商，最后双方就合同条款达成协议，与业主签订合同。监理工程师还应对双方达成协议的合同条款是否能正确地反映施工监理权限和内容进行审查提出意见。如中标单位需要将项目的某项工程委托分包单位进行施工时，项目监理工程师应协同业主对分包单位进行资格审查和认可，然后按照合同中规定的有关条款，支付测绘生产单位相应的测绘进场启动资金。与中标单位签订生产合同后，业主能够更好地控制和监督测绘生产单位的进场时间，以及测绘生产单位对合同的履行情况等。

（4）项目总监理工程师会同业主对中标单位进行进一步的资质审查，协助业主检查中标单位的测绘资质等级、主要业绩、技术力量、管理能力、资金或财务状况等。

三、施工准备阶段对生产单位的监理

业主与测绘生产单位签订生产合同后，监理就要针对生产合同中的约定，按照监理合同的权限，了解生产单位对本项目的总体工作安排，如什么时间进入现场。生产单位按照规定的时间进场后，监理要从以下几个方面对生产单位进行监理。

（一）检查测绘生产单位的组织结构体系、作业人员及培训情况

① 作业现场组织机构是否齐全，是否成立如生产管理部门、质量检查部门、后勤保障部门等有利于保障项目目标得以更好地实现的各种组织，以及检查这些组织是否与投标方案中拟定的组织结构相一致。

② 作业现场的主要作业人员是否与投标文件中拟定的参与项目生产的人员相一致，能否进行正常生产。

③ 作业现场的人员数量、素质能否满足实际工作的需求。

④ 进场的主要管理人员、技术人员是否进场工作并能够履行自己的职责。

⑤ 进场的作业人员是否经过岗前培训，只有通过培训，取得上岗资格才能上岗。

（二）检查测绘生产单位质量保证体系

① 作业现场成立的质量检查部门是否满足生产进度的实际检查工作，能否保证各工序的顺利进行。

② 作业现场各级人员的职责是否得到落实，现场负责人的意图和指令能否得到有效的贯彻。

③ 现场负责人的进度和质量意识如何，技术负责人的技术水平如何，质量检查人员的质量检查及问题处理是否受到行政干预。

④ 作业现场是否建立了奖惩制度，以质量为中心的生产责任制是否真正建立。

（三）仪器设备检查

① 作业现场仪器设备总量是否满足本项目工作的需要。

② 生产作业所应用的仪器设备是否经过测绘仪器计量部门的检定，检定结果是否符合要求。监理单位应对检定证书的原件进行100％的检查。

③ 生产作业所应用的平差计算、数据处理和编制软件等能否符合业主的要求。

④ 如发现正在使用的设备未按规定要求进行检定或检定结果为不合格时，监理人员应现场发出监理指令予以纠正。

（四）作业环境的检查

① 生产单位的工作环境是否能够满足工作需要，环境卫生状况能保证作业人员健康工作。

② 仪器摆放是否安全。

③ 数据处理的保密工作是否到位。

（五）分包队伍的审查

虽然总测绘生产单位对承包合同承担乙方的最终责任，但分包单位的资质、能力直接影响着工程质量、进度等目标的实现，所以在有分包队伍的情况下，监理必须做好对分包队伍资质的审查、确认工作。审查分包队伍的内容和审查中标单位的内容基本一致。

（六）规章制度建立情况

生产单位要针对项目的需要制订各种必要的规章制度，如工作管理制度、生活管理制度、保密工作制度、安全生产管理制度等。监理要对以上的各项规章制度进行监理，并在生产实施阶段对各种规章制度的执行情况进行监理，做好监理记录。

总之，监理经过对测绘生产单位施工准备阶段的各项监理结果，给出生产单位是否达到施工的基本要求，指出需要整改的地方，经生产单位整改后再经过综合分析给出对测绘生产

单位的综合整体评价。

四、监理单位本身应做的工作

监理的作用是代表业主对测绘项目用严密的监理制度、特殊的管理方式,按合同规范要求,进行全过程跟踪和全面监督与管理,促使测绘项目的质量、工期、投资按计划实现。

(一)监理组织机构的人员培训

监理人员要根据工程规模、工期、自然条件、施工安排等因素适当配置人员。人员配置以能够照顾各个主要工作面、各种专业技术和年龄适中为原则,要满足对工程项目进行质量、进度、费用监理和合同管理的需要。一个业务精通、作风正派、具备驾驭在施工和设计可能出现问题时解决问题的能力的总监理工程师将起龙头作用。根据我国经验,监理机构中各级监理人员比例一般在下列范围内:总监办及驻地监理工程师等高级监理人员为 $10\%\sim$ 15%;各类专业监理工程师等中级监理人员为 $50\%\sim55\%$;各类监理工程师助理及监理员等初级监理人员为 $20\%\sim25\%$;行政人员约为 10%。在这样比例的分配下,合理配置监理项目的人数。监理活动的成效,不仅取决于监理队伍的总量能否满足监理业务的需要,而且取决于监理人员尤其是监理工程师的水平和素质。

为了使参加监理工作的人员充分掌握施工监理的方法和程序,有效、公正地执行合同,保护合同双方的利益,避免因监理工作失误给工程带来损失,对监理人员进行培训是十分必要的。培训的内容包括有关监理咨询的内容及监理方法、质量监控、进度监控、费用目标和合同管理等。通过培训既可掌握有关监理工作的理论基础、监理方法等,又可学习和实践测绘理论知识,为今后的监理工作打下坚实的基础。但是,实践经验必须在生产实践中学习,从监理工程师代表和高级监理工程师那里得到指导。

(二)监理单位的设备和后勤保障情况

有了符合项目要求的人员投入,还要有必要的监理设备投入,投入使用仪器设备的种类和各项精度指标等硬件要求必须能够达到项目要求的各项指标。比如投入使用的 GPS、全站仪、水准仪等型号和标称精度,投入必要的交通工具以及监理人员的办公、通信设备和居住场所等,这些都必须按照委托合同的约定达到项目的总体要求,保障监理工作顺利地进行。

(三)编制监理方案

监理方案,是编制监理实施细则的前期框架性文件,又是开展项目监理活动的纲领性文件,由项目总监理工程师主持编制。对于规模较小的项目也可以不编制监理方案,而直接编写监理细则。

(四)编制监理实施细则

在监理方案的指导下,为具体指导投资控制、质量控制、进度控制的进行,还需结合工程项目实际情况,制订相应的实施性计划或细则。监理实施细则由专业监理工程师编写,并经总监理工程师批准。它是对工程项目监理工作"做什么"、"如何做"等更详细的补充与明确,使监理工作详细具体,具有可操作性。在总结测绘行业监理的实践中,监理实施细则主要是指施工阶段的监理实施细则。

(五)编制监理协调工作程序

监理作为业主和测绘生产单位以外的第三方,其协调工作的目标就是以合同为依据,协调好生产过程中各种复杂的工作关系,公正、公平地解决各项矛盾与冲突,确保建设总目标的顺利实现。因此,协调是项目管理的一项重要工作,作为一种管理方法贯穿于整个项目管理过程中。在项目实施过程中,总监理工程师是协调的中心和沟通的桥梁。监理要编制的协调工作程序主要是投资控制协调程序、进度控制协调程序、质量控制协调程序和其他方面协调程序。

(六)健全质量控制体系

工程质量控制的目标,就是通过有效的质量控制工作和具体的质量控制措施,在满足进度和投资要求的前提下,实现工程预定的质量目标。所谓工程质量就是必须符合国家现行的有关测绘产品质量的法律、法规、技术标准和规范等有关规定,尤其是强制性标准和规定。同类项目的质量目标具有共性,不因业主的不同而不同,监理单位制定出健全的质量控制体系是非常必要的。如何制定出健全的质量控制体系,这就要求该体系从系统性、全过程、全方位的角度来控制。

首先,从系统控制角度来说,应避免不断提高质量目标的倾向,应确保基本质量目标的实现。不能盲目地追求"最新"、"最高"、"最好"等,对质量目标要有一个理性的认识。

其次,从全过程角度来说,测绘产品的总体质量目标与该项目的实现过程息息相关。测绘生产的不同阶段质量控制的侧重点不同,比如在设计阶段主要解决"做什么"和"如何做"的问题,使工程质量总体目标具体化;在招投标阶段主要解决"谁来做"的问题,使质量目标的实现落实到测绘生产单位的身上;在施工阶段通过具体的施工解决"做出来"的问题,让质量目标物化地体现出来;在验收阶段主要解决测绘产品质量是否符合预定质量目标的问题。因此,应当根据项目各阶段质量控制的重点和特点,确定各阶段质量控制的目标和任务,以便实现全过程的质量控制。

第三,从全方位角度来说,对项目的所有内容和影响项目质量的所有因素进行质量控制。

另外,还要加强对测绘生产单位自身质量控制的监督力度,对于出现问题的环节必须经过返工合格后才能进入下一道工序。比如,控制测量环节出现了问题,如果不能及时发现和解决,势必造成下道工序成果的不合格,进而影响工期、进度和总体质量。

(七)编制监理工作用表

根据项目的特点和要求编制符合设计要求的监理表格。对于不同的测绘项目,监理所用的表格可能不尽相同,但对于大多数测绘项目来讲,监理一般要编制如下表格:

① 测绘工程监理通知书;② 工程监理实施计划表;③ 监理工程师通知书;④ 测绘生产单位现场组织机构情况表;⑤ 测绘生产单位作业现场全体人员名单;⑥ 主要作业人员资质登记表;⑦ 仪器设备检查表;⑧ 作业场所监理表;⑨ 工程进度统计表;⑩ ××阶段监理记录;⑪ 监理日志;⑫ 监理日记;⑬ 报验单;⑭ 质量监理问题处理意见;⑮ 会议纪要;⑯ 资料管理监理表;⑰ 质量保证体系运转监理表;⑱ 数据成果和附件质量监理表;⑲ 地物点精度检测表;⑳ 地物点间距精度检测表;㉑ 控制测量起算点一览表;㉒ 资料交接记录表。

(八)监理组织内部工作制度

① 监理组织工作会议制度;② 监理工作日志制度;③ 监理周报、月报制度;④ 技术资料及档案管理制度;⑤ 监理费用预算制度等。

（九）监理工作中应该注意的几个形象问题

① 监理人员一定要有良好的业务素质,要精通监理业务,要懂得监理业务的工作程序,要不断地学习,保持实事求是的科学态度、谦虚谨慎的工作作风,履行监理的职责。

② 加强内部管理,规范工作程序,一切按规定、规程、制度办事,减少工作中的随意性。凡是有规定的按规定办,没有规定的商量了办,重大的事情请示了再办。

③ 监理人员到施工现场行使监督管理的职能,应树立认真、严格、稳重、通情达理的良好形象。要有一定的组织协调能力,不要下车伊始,指手画脚。在充分熟悉所管工程的技术要求、仔细听取意见的基础上对需要解决的问题作出判断。重要的比较复杂的问题应由监理组集体研究后,请示总监理工程师做出决定。重大问题还得请业主(甲方)一起决定,以减少失误。

④ 发出的任何指令都应慎重,处理问题要注意有理、有利、有节。一旦指令发出,必须得到认真执行;否则,失去权威的指令将会严重地损坏自己的形象。

⑤ 现场联合检验必须按各方认定的规定范围执行。不需要联合检验的项目和工序,不要事无巨细都揽在手中,造成吃力不讨好的尴尬局面。联合检验时,应到的人员都必须到场,不要让监理人员唱独角戏,把监理人员变成了测绘生产单位的现场管理员。

⑥ 监理人员接受他人委托进行的是"测绘工程监理",所以在处理具体技术方案(包括技术措施、施工方案、设计变更等)时,应注意发挥监理的协调作用,绝不能替代勘察设计、施工和生产单位的职能,以防超越职责,陷入不属于管辖范围的具体工作之中,损坏了监理形象。

⑦ 尊重业主,维护业主的正当权益,是监理义不容辞的责任,但不是对业主每一个具体人的意见都要无条件地听从。监理只能按严格的管理工作程序办事,接受业主有据可查的书面意见,其他的应该耐心听取,接受认为正确的部分,并解释清楚。不然监理将无所适从,万一发生问题,无法追究其他人的责任,最终由监理自己来承担。

⑧ 严肃监理纪律,树立监理人员的廉洁形象。坚持原则,不徇私情,不贪赃枉法。为纯洁监理队伍的形象,凡违法乱纪者必定给予严肃处理,直至开除出监理队伍。不允许出现个人的玩忽职守造成监理工作的失误,给工程带来麻烦和损失,这同样会损坏监理的形象。监理人员要一丝不苟地履行职责,不能有丝毫的疏忽大意。

⑨ 团结是事业胜利的保证,监理既要搞好与业主、生产单位和其他相关单位的关系,还要搞好自身的团结,在工作中监理工程师之间要相互支持、相互帮助、相互关心,形成团结、紧张、严肃、活泼的生动局面。

第三节 测绘工程设计阶段的投资控制

一、设计阶段投资控制概述

（一）设计阶段投资控制的目标

按我国现行有关规定,工程项目初步设计阶段应编制初步设计概算,施工设计阶段应编制施工预算,技术设计阶段应编制修正的概算。设计概算不得突破已经批准的投资估算,施工预算不得超过批准的设计概算,这就为设计阶段监理工程师进行投资控制明确了目标和任务。

（二）设计阶段在投资控制中的重要地位

工程项目的造价控制工作贯穿于项目建设的整个过程，在不同阶段，投资控制工作的重点和效果是完全不同的。大量案例资料表明，设计阶段的费用虽然占整个工程费用的 3％，但对整个工程投资控制的影响非常大，在技术设计之前的阶段，对整个投资的影响程度超过75％，而整个施工阶段对投资的影响程度不超过 25％。因而，必须充分重视设计阶段的投资控制工作，坚持以设计阶段为重点的全过程投资控制。

在设计阶段反映工程投资的合理性，主要体现在设计方案是否合理，以及设计概算、施工预算是否符合规定的要求，即初步设计概算不超过投资估算，施工预算不超过设计概算。

为实现这一目标，监理工程师在设计阶段进行投资控制的方法为：积极进行标准化设计、限额设计；鼓励通过设计方案竞赛或设计招标及运用价值工程优化设计对设计概算和施工预算进行有效审查。

二、设计阶段投资控制要点

建筑工程设计阶段投资控制有着较为成熟的经验，测绘工程应当借鉴建筑工程进行设计阶段的投资控制。

（一）编制造价计划

造价计划是发达国家通过多年实践引入的设计程序，其目的是在设计做出决策之前，判明每一分部（分项）工程对造价总额产生的影响，它不仅估计到投标报价，而且要深入考察每一工程在全部造价中所占的比重，研究更好的办法实现特定的项目功能，以便选择最佳途径实现项目的功能目的。

（二）进行方案设计招标

方案设计实行招标竞争，其内容应与可行性研究报告或设计任务的要求相符，进行多方案比较，从功能上、标准上和经济上全面权衡，取长补短，综合选用优秀方案。

（三）保证概算质量

概算应提高质量，做到全面、准确，力求不留缺口，并要认真考虑各种浮动因素，使其能真正起到控制施工预算的作用，概算超出计划投资时应分析原因，再做必要的调整后上报审批。

施工设计应根据批准的概算实行限额设计，即将投资切块分配到各工序，严格执行原初步设计标准，设备要定型、定量，不留或少留活口。

检查设计并做出必要的修改，如由于其他的客观原因确需突破概算，则应及时向上级主管部门申请追加投资。

（四）施工招标应在施工设计阶段进行

施工招标宜在施工设计阶段进行。招标文件和标底应严密、准确，不得超过批准的概算投资。宜提供工程量清单作为投标的统一标准，明确工期、设备、拨款、结算等主要合同条件，选择合适的施工企业实行邀请招标，以标价合理等综合条件，实行定量打分评标，确定中标单位。

第四节 测绘工程监理合同

测绘工程监理确定中标后,业主和监理单位就委托与被委托的有关事项达成一致,应按《合同法》和《测绘法》的规定签订书面合同。

一、测绘工程监理合同概述

引进监理机制后,业主为实现测绘项目目标,委托监理单位对测绘工程项目进行监督与管理,为达到此目的二者之间所签订的合同称为监理合同。

(一)有关监理合同的法律规定

《合同法》规定:"建设工程实行监理的,发包人应当与监理人采用书面形式订立委托监理合同。发包人与监理人的权利和义务以及法律责任,应当依照本法委托合同以及其他有关法律、行政法规的规定。"

《招标投标法》规定:"招标人和中标人应当自中表通知书发出之日起三十日内,按照招投标文件和中标人的投标文件订立书面合同。招标人和中标人不得再行订立背离合同实质性内容的其他协议。"

《工程建设监理规定》规定:"监理单位承担监理业务,应当与项目法人签订书面工程建设监理合同。"

(二)监理合同具有的特征

① 测绘工程监理合同属于委托合同范畴,具有委托合同的普遍性特征。

② 监理合同属于典型的高智能技术服务合同。合同的标的是测绘技术服务,监理单位和监理人员凭借自己的知识、经验和技能等综合能力在业主授权范围内对测绘工程项目进行监督管理,以实现测绘生产合同中制定的目标。

③ 监理合同是一种有偿合同。引进监理机制的测绘项目一般规模较大,监理业务较为复杂,都是有偿服务。

(三)监理合同起草的原则

① 签约双方应重视合同签订工作。合同是对双方都有约束力的法律文书,是规定双方权利义务及有关问题处理方式的正式合约,是维护双方合法权益的基本文件,应给予与应有的重视。

② 签约双方要坚持法律主体地位平等的原则。《合同法》规定,合同当事人的法律地位平等,一方不得将自己的意志强加给另一方。因此,业主和监理单位要就监理合同的主要条款进行对等谈判。业主不应利用手中测绘项目的委托权,以不平等的态度对待监理方,而应立足于充分发挥监理的功能,以其为项目带来较大的综合效益的监理初衷来谈判。监理单位应利用法律赋予的平等权利进行对等谈判,对重大问题不能迁就或无原则让步。

③ 监理合同应根据工程项目实际情况及委托服务的内容起草,合同中应明确规定签约双方的权利和义务。

④ 体现监理合同的特征。监理合同的形式与生产合同形式相似,但内涵有相当大的区别。要体现出监理工作成果的特殊性,体现监理服务优劣的评价措施,奖惩条款应具针对性和可行性。内容要具体,责任要明确。

二、测绘工程监理合同基本条款及履行

（一）监理合同基本条款

监理委托合同的条款形式和内容表达方式多样，但基本内涵并不存在本质性区别。完善的监理合同一般都包括以下内容。

① 签约双方的确认。主要指测绘工程监理与招标人的法人单位、法人代表姓名和联络方式等；为了合同表述方便，一般规定招标人为"甲方"，中标人为"乙方"。

② 合同的一般性说明。委托监理项目概况的一般性说明，包括项目性质、投资来源、工程地点、工期要求及测绘生产单位等情况，便于规定监理服务的范围。

③ 提供监理服务的基本内容。监理合同应以专门的条款对监理单位提供服务的内容进行详细说明，要体现出委托监理合同的特定服务程度。如监理的范围和内容、监理方式及成果检查比例、提交的监理成果种类等。

④ 监理费用的计取及支付方式。测绘工程监理各项目的单价和总价；费用的支付、阶段性支付款和工程余款的支付比例和方式。

⑤ 签约双方的权利和义务。该部分内容较多，且多是实质性内容，应视合同具体情况制定。

⑥ 其他条款。主要包括预防性条款，如业主违约、拖欠受罚的规定、监理人违约的罚款等；保证性条款，如履约保证保险、工程误期与罚款、质量保证性条款等；法律性条款包括法律依据、税收规定、不可抗拒因素规定、工程合同生效和终止的规定等；保密性条款指按照国家有关法律法规保障测绘成果保密安全。双方约定的其他事项。

⑦ 签字。签约双方盖章，法定代表人或其委托人签字。

（二）监理合同的履行

测绘工程监理合同签订双方应严格按照合同约定履行各自义务，保证合同的严肃性。监理合同履行主要包括三个方面内容：监理单位按要求完成监理工作，测绘项目业主单位按时支付监理酬金，合同约定的附加工作和额外监理工作及其酬金给付。

① 监理单位按要求完成监理工作。按照合同约定，监理单位对测绘生产项目进行质量控制、进度控制及其他管理协调。按照监理方案及监理实施细则的规定，投入相应的监理人员，利用自身的专业技能，采用应有的监理方法和检查手段，保证测绘生产处于正常状态。测绘成果符合质量要求，进度满足合同约定。处理生产中发现的问题及时得当，保证监理资料全面真实。

② 业主方及时支付监理酬金。按照合同金额和支付比例按时支付。

③ 附加工作和额外监理工作及其酬金给付。附加工作是指合同内规定的附加服务或合同以外通过双方书面协议附加于正常服务的工作。额外工作是指正常监理工作和附加工作以外的、非监理单位原因而增加的工作。按照合同约定，监理单位应很好地完成该类工作，业主单位应按照约定及时支付该类工作酬金。

三、测绘监理合同文本中常见的问题及违约现象

（一）监理合同常见的问题

① 合同谈判不够细致，双方主体地位不对等，导致权利义务不对等。在市场竞争激烈

的情况下,业主方的条件苛刻,一定程度上的单方面条款,事实上强迫监理方接受。有的委托方缺少测绘业务知识,承揽方在技术质量方面存在投机取巧行为。

② 签约合同不够严肃认真。把签订合同仅仅作为形式,以为项目运行主要取决于口头承诺或双方已经存在的良好合作关系上。具体表现为:标准合同文本中项目填写不全;条款内容填写不完整;有的条款含糊不清。

③ 部分项目条款内容无把握实现就签约,如市场竞争激烈,作业方有先拿到项目然后再说的心理,合同签订后争取追加价款或从技术方法和质量上做文章,部分项目不能追加价款,造成项目停滞。委托方在上级部门的要求下,明知在合同规定的时间内无法在保证质量的前提下完成,先签下来再说,然后双方找理由推延工期。

④ 违约条款签订不明确,出现问题时责任难以追究。

(二)违约表现

测绘监理合同履行过程中,双方都可能不同程度地出现违约行为,多数比较轻微的违约行为予以谅解。严重违约主要有以下三种表现:

① 业主方不按合同约定及时支付工程款。

② 增加额外工作量或变更技术设计,主要条款造成监理工作量增加而不增加监理费用。

③ 监理方不能在合同约定时间提交有关监理成果或提交的成果质量不符合要求。

目前的测绘市场中合同违约的解决方式也存在一些不正常的现象,如不通过合同约定进正常索赔,而是在合同之外进行利益较量,致使工程质量和进度难以保证。

习题和思考题

1. 测绘工程设计阶段监理的意义与主要内容有哪些?

2. 测绘工程生产准备阶段监理工作有哪些?

3. 测绘工程设计阶段投资控制要点有哪些?

4. 简述测绘工程监理合同的主要内容。

第五章　测绘工程招标与投标阶段的监理

20世纪80年代,工程项目招标与投标的交易方式被引入我国。特别是《招标投标法》颁布实施以来,政府有关部门针对工程招投标的各个环节制定了一系列政府规章和规范性文件,有关工程招投标的法律法规不断完善,使我国工程类项目的招投标有法可依,有章可循,招投标行为日趋规范。在政府的推动下,进入市场的测绘项目多数经过招投标程序进行发包承包,并已经积累了比较丰富的经验。一些大型的测绘工程引进了监理机制,项目法人大多通过招标投标方式择优选定监理单位。本章根据招投标法律法规的规定,借鉴建设工程招投标的经验,介绍测绘工程监理招投标整个过程。

第一节　工程招投标概述

一、工程招投标的意义

招标投标是市场经济条件下的一种买卖交易方式,是招标人事先提出所要采购的货物、工程和服务的条件,通过一定的方式邀请投标人参加投标并按照规定的程序和评选方法选择交易对象的行为。现代工程招投标是招标人发布招标公告,投标人响应并参与投标,招标人从中优选工程承包者并保证操作过程符合有关规定要求的法律行为。实行招投标制度对于优化社会资源配置,降低建设成本,创造公平竞争的市场环境,提高企业管理水平和科技进步,保证工程质量等方面具有重要意义。我国推行招投标制度时间较短,但发展非常迅速。特别是《招标投标法》颁布实施以来,我国工程招投标制度不断完善,招标投标已经成为工程建设领域的一个重要环节。测绘工程项目及其监理在本质上具有工程项目的一般特性,推行招投标机制对测绘市场的健康发展具有重要意义。

二、工程招投标应遵循的原则

招标投标应当遵循公开、公平、公正和诚实信用的原则,并接受行政监督部门和社会各界的监督。工程招投标作为一种具有自身特色的交易方式,经过长期的发展和完善,表现出了有别于其他交易方式的明显特征。

（一）工程招投标反映市场竞争激烈

竞争是市场经济的本质特征,同时也是工程项目引进招投标的目的,招标人通过各种现代手段,公开发布项目招标信息,吸引尽可能多的潜在投标人。公开招标的工程项目一般规模较大,合同金额可观,具有一定条件的承揽者只要经营得当,一般都有较为丰厚的利润。目前,招投标是工程建设市场最普遍的交易方式,通过招投标是承接工程的主要方式。为了企业生存和发展,在投标人众多、中标人仅有一家或几家的情况下,投标人的竞争必然激烈。

当前,我国测绘市场总体来看属于买方市场,监理也不例外,在引进监理机制的项目中,监理任务的竞争同样比较激烈。

（二）工程招投标信息公开组织严密

为了使尽可能多的投标人参与竞争,维护各方的合法权益,保证招投标在公开、公平、公正的原则下进行,招投标活动具有信息公开性。这些公开的信息主要包括招标信息、招投标程序、招投标内容、评标标准、评标方法和评标结果。招标是有组织有计划的商业交易活动,必须按照招标规则和方法,在规定的时间地点采用规定的程序进行。

（三）工程招投标操作过程公正规范

公正是招投标这种商业运行机制得以延续的前提保障。对招标人而言,应对投标人一视同仁;对投标者而言,应该是公平竞争。公正性体现在招投标的全过程,主要包括招标信息的提供、资格审查、标书编制、开标过程、评标标准和评标方法等对每个投标者都是公正的。程序规范是保证招投标规范性的必然要求。招投标程序必须依法按照相关规定执行,确保每个具体环节都符合规范性要求。

（四）工程价格相对合理

合理的价格是招标人寻找合适的承包者最重要的指标之一,表现在投标价格和中标价格相对合理两个方面。投标者为了尽可能中标,在其报价中已经考虑到了价值规律和市场行情,计算了工程各种成本和可能的利润。价格反映市场行情的灵敏度较高,每个投标人只能一次性秘密报价,不得修改,为了取得在竞争中的价格优势,必须合理报价。众多投标人的多个报价可以较好地反映工程的承包价格,运用一定的评标规则,能够使招标工程价格相对合理。

（五）工程招投标管理法治性

法律是招投标正常进行的保障,主要体现在两个方面:首先,招投标必须依法进行,受相关法律法规的约束;其次,招投标以严格的合同为基础,而合同是具有法律效力的经济契约。

第二节　测绘工程监理招标

一、测绘工程项目监理招标的条件和范围

（一）进行招标的测绘工程项目应具备的条件

进行招标的测绘工程及其监理项目,必须依法确定。招标之前,要办理有关审批手续,项目资金来源已经落实,项目法人或者承担项目管理的机构已经依法成立等。

（二）测绘工程项目监理招标的范围

《招标投标法》规定,工程建设项目包括项目的勘察、设计、施工、监理以及与工程建设有关的重要设备、材料等的采购,必须进行招标。发包人不得将工程项目通过化整为零等方式规避招标。

《招标投标法》同时规定,各行业必须招标项目的具体范围和规模标准,由国务院发展计划部门会同国务院有关部门制订,报国务院批准。就我国目前情况,从《招标投标法》的规定原则来看,测绘项目应分为不适宜进行招标的、可邀请招标的和公开招标的三种,现结合一些实际资料进行阐述。

（1）不适宜进行招标的测绘项目及其监理

依照国家或者省级政府规定，省级以上测绘行政主管部门批准，下列测绘项目及其监理可以不实行招标：

① 经国家安全部门或者保密部门认定，涉及国家安全和国家秘密的测绘项目。

② 用于突发事件应急和抢险救灾的测绘项目。

③ 法律、法规规定的其他不适宜招标的测绘项目。

（2）可邀请招标的测绘项目及其监理

符合下列条件之一的测绘项目，经有审批权的部门批准后，可以进行邀请招标：

① 符合条件的潜在投标人数量有限的，如需要采用先进测绘技术或者专用测绘仪器设备，仅有少数几家潜在投标人可供选择的测绘项目。

② 公开招标的工程项目费用与工程监理费用相比，所占比例过大的测绘项目。

③ 涉及知识产权保护或技术上有特殊要求的测绘项目。

④ 受自然地域环境条件限制的测绘项目。

（3）超过一定合同额应当公开招标的测绘项目及其监理

① 基础测绘工程监理项目。

② 使用国家财政资金或国家融资的其他测绘工程监理项目。

③ 重大建设工程中用于测绘的投资超过规定数额的测绘项目。

④ 国家法律法规和省部级规章所规定的其他应当招标的测绘工程监理项目。

二、测绘工程监理招投标的基本程序简介

测绘工程监理招投标与测绘工程招投标在程序上是一致的，都是遵循国家招投标法律法规的规定，结合测绘专业的实际进行操作的。招投标程序基本流程如图 5-1 所示。

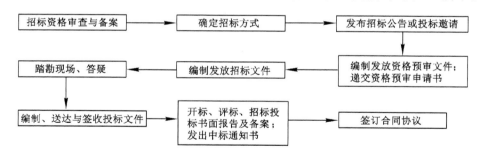

图 5-1　招投标程序基本流程

① 拟招标的项目必须依法确定，办理有关审批手续，落实项目资金来源。

② 确定招标方式。符合国家法律法规规定的项目可以采用邀请招标，一般测绘项目应公开招标。采用邀请招标的，应当履行审批手续。

③ 招标办理方式的选择。招标人具有编制招标文件和组织评标能力的，可以自行办理招标事宜。招标人有权自行选择招标代理机构，委托其办理招标事宜。

④ 按照相关行业规定，在招标公告或投标邀请书发布之前一定时间内向行业主管部门备案。

⑤ 划分标段。视项目情况作为一个标段还是划分为几个标段,标段划分应当充分考虑有利于对招标项目实施有效管理和监理单位合理投入等因素。

⑥ 招标人编制招标文件,并按照项目管理权限报主管部门备案;采用资格预审方式的,同时编制投标资格预审文件,预审文件中应当载明提交资格预审申请文件的时间和地点。

⑦ 采用资格预审方式的,对潜在投标人进行资格审查,并将资格预审结果通知所有参加资格预审的潜在投标人,向通过资格预审的潜在投标人发出投标邀请书和发售招标文件。

⑧ 投标单位提出投标申请,招标人接受投标人的投标文件。

⑨ 申请投标单位的资格审查。

⑩ 向通过资格审查的单位发售招标文件。

⑪ 现场踏勘,召开招投标前会议。

⑫ 公开开标。投标人少于三个的,招标人应当依照《招标投标法》重新招标。

⑬ 采用资格后审方式的,招标人对投标人进行资格审查。

⑭ 依法组建评标委员会进行评标,推荐中标候选人。

⑮ 确定中标人,将评标报告和评标结果按照项目管理权限报县级以上地方政府主管部门备案并公示。

⑯ 发送中标和未中标通知书。

⑰ 招标人与中标人签订监理合同。

三、招标文件的内容

测绘工程监理招标文件按照《招标投标法》的规定,参照工程建设监理招标文件的格式,应当包括以下主要内容:

① 投标邀请书。

② 投标须知:招标项目的名称、技术标准、规模、投资情况、工期、实施地点和时间;获取招标文件或者资格预审文件的办法、时间和地点;工程概况和必要的工程设计图纸;开标的时间和地点等。

③ 资格审查要求及资格审查文件格式(适用于采用资格后审方式的)。

④ 测绘工程监理主要合同条款。

⑤ 招标测绘工程监理项目的主要技术要求及所适用的标准、规范、规程。

⑥ 对投标人的资质等级、业务能力、近年来的业绩等方面的要求。

⑦ 提出对投标人投入测绘现场的监理人员、监理设备的最低要求。

⑧ 各级监理机构的职责分工。

⑨ 投标文件格式,包括商务文件格式、监理技术文件格式、财务建议书格式等。

⑩ 评标标准和办法。评标标准应当考虑投标人的监理业绩等因素,评标办法应当注重监理人员的素质和技术方案。

⑪ 招标人认为应当公告或者告知的其他事项。

四、测绘工程监理招标文件编制的基本要求

(一) 以《招标投标法》的规定为基本依据

招投标法对招标文件的编制进行了宏观规定,包括测绘工程监理招标在内的招标文件

编制必须在此框架内进行,与此有关的法律条款主要包括下列内容:

招标人应当根据招标项目的特点和需要编制招标文件。招标文件应当包括招标项目的技术要求、对投标人资格审查的标准、投标报价要求和评标标准等所有实质性要求和条件以及拟签订合同的主要条款。

国家对招标项目的技术、标准有规定的,招标人应当按照其规定在招标文件中提出相应要求。

招标项目需要划分标段、确定工期的,招标人应当合理划分标段、确定工期,并在招标文件中载明。

招标文件不得要求或者标明特定的生产供应者以及不得含有倾向或者排斥潜在投标人的其他内容。

(二)以相关专业的工程招标文件范本为参考

为了提高文件编制质量,保证招投标工作的顺利进行,国家有关部委出台了建设工程本行业工程招标文件范本,一些省级管理部门针对建设工程监理编制了示范合同范本。目前由国家发改委、财政部、住建部等九部委共同组织编写了《中华人民共和国标准施工招标文件》,现正在试行。这些范本可以供测绘工程监理招标文件编制时参考,但具体条款的编制仍然根据工程具体情况由招标人确定。目前,绝大多数测绘工程项目招投标基本套用建设工程招投标文件格式,有关测绘工程监理招投标还没有可直接采用的格式文本。建设工程监理招标文件范本可作为常见的测绘工程招标文件参考。

(三)测绘工程监理招标文件编制的具体要求

(1)内容全面,系统完整

招标文件是法律意义上非常重要的文件,首先要求内容必须全面系统。应当以《招标投标法》为基础,按照行业管理法律法规的规定,采用相应的招标文件范本,对招投标工作中涉及的所有问题都进行周密细致的规定。尽可能为投标人参与竞标、编制标书和确定报价提供所需的工程资料和信息。在文件中,招标工程的主要技术要求、主要的合同条款、评标的标准和方法以及开标、评标、定标的程序等内容最为重要,也最需要在编写时认真对待。只有招标文件内容全面系统完整,各部分相关内容协调一致,才能保证招投标各项工作有据可依。

(2)条件具体,经济合理

合同条件是招标文件最重要的组成部分,是招标人和投标人、中标人之间经济交易关系的法律基础。在招投标阶段,合同条件是投标人计算各种费用、确定报价的直接依据,关系到最后的中标价格。在定标签订合同之后,合理的条件是各种工程顺利进行的基本前提。合同条件一般包括通用条件和专用条件两个部分。不论是国际惯例条款还是国内示范文本,通用条件都比较完备。专用条件往往比较具体,是合同条款中的核心,所以编制时要具体,具有可操作性。对于测绘工程监理招标,要本着"信誉能力为主,经济报价为辅"的选定原则,相关招标条款应体现清楚。总之,合同条件要兼顾招标人和投标人各方的利益,比较公正地规定招投标双方的权利义务,合理地处理经济利益关系。

(3)标准明确,要求适中

招标文件必须对投标人资格、测绘工程技术标准、工程进度要求、报价的价格形成、工程款支付百分比、标书内容格式及评标标准等进行明确,这些问题都关系到招投标工作的成败,直接关系到招标人和中标人的根本利益。招标人对投标阶段的程序要求、签订合同的条件、开工后的进度、工程质量及投资等方面问题应非常明确地做出规定,避免含糊,使投标人一目了然,据此能够客观全面地编制投标书。针对公开招标的测绘工程监理项目应结合工程的具体特点,实行总监理工程师陈述和首问制度,可设置相应分值。

（4）文字规范,结构严谨

招标文件必须文字规范,结构严谨。目前,我国有关工程招投标的法律法规和文件范本已经比较完善,一般将合同条件分为通用条件和专用条件两个部分。通用条件逐渐成为工程招标文件起草的惯例,针对程序性的问题取舍修改之处不是很多,专用条件则应根据工程的具体情况逐条斟酌。由于文件内容复杂、条款繁多、篇幅较长,为了保证文件全面准确客观合理,起草文件应字斟句酌,表述准确,最大限度减少纠纷,避免或减少工程开工后可能存在的索赔。

五、测绘工程监理招标文件中技术要求的编写

在测绘工程监理招投标文件中,监理技术要求是重要组成部分。监理技术要求是招标人向投标者提供的主要信息之一,它一般是由招标人组织专家制定的。该技术要求是招标人开展测绘工程监理的纲领性要求,制定开展监理工作的总体目标,规定了开展监理工作的基本依据和工作程序,提出测绘成果的主要技术指标。该部分文件一般依据测绘行业有关规范针对项目的实际需求对相关监理技术做出规定,既不同于规范,不同于测绘技术设计书,也不同于测绘工程监理方案,而是作为测绘工程监理招标总的技术标准要求,对招标人和投标人都是基本技术依据。招标人针对测绘工程监理在质量控制、进度控制和投资控制等方面提出基本要求,对监理组织的组成做出规定,对不同测绘工程生产各阶段开展的监理工作程序进行明确,同时也作为投标人计算监理报价、编制投标方案技术文件的基本依据。

第三节　测绘工程监理投标

“投标”是投标人为了取得项目加工服务的目标,按招标文件的规定编写投标文件,并在规定的时间、地点按要求将投标文件密封送达招标人,按时参加开标并接受评标质询,进而凭借自身的综合实力、信誉和投标技巧争取获得项目的过程,是招投标这种交易方式中对应招标的另外一个方面,是测绘生产单位在市场中获取测绘工程项目的重要途径。

一、测绘工程监理投标的一般要求

（一）投标人应具备的基本条件

投标人是响应招标、参加投标竞争的法人或者其他组织。测绘工程监理机制推行后,测绘工程监理投标人应是依法取得测绘主管部门颁发的监理单位资质,具备承担测绘项目监理能力,响应招标、参加投标竞争的监理单位。如果项目招标采用资格预审的,获得投标资格预审合格通知书的潜在投标者才能参加投标。

针对监理工作的特殊性,工程建设监理有关法律法规规定,监理业务不允许联合体投标,不允许分包转包。可以参照工程建设,测绘工程监理一般不允许联合体投标。

（二）测绘工程监理投标人的基本行为要求

投标人不得相互串通投标报价，不得排挤其他投标人的公平竞争，不得损害招标人或其他投标人的合法权益。投标人不得与招标人串通投标，损害国家利益、社会公共利益或者他人的合法权益。禁止投标人以向招标人或者评标委员会成员行贿的手段谋取中标。投标人不得以低于成本的报价竞标，也不得以他人名义投标或者以其他方式弄虚作假，骗取中标。

（三）测绘工程监理投标文件

投标文件应严格按招标文件确定的格式编制，一般包括以下内容：

① 投标书。

② 监理方案。

③ 监理单位证明资料，含营业执照和组织机构代码证书。

④ 投标单位监理资质证书。

⑤ 投标单位法定代表人委托书。

⑥ 完成项目的承诺。

⑦ 近三年来已完成的测绘工程监理主要工程及在监的项目业绩表。

⑧ 反映监理单位自身信誉和能力的资料，如近期所获国家及地方政府荣誉证书复印件。

⑨ 监理费用分项投标价格、总报价及其依据。

⑩ 拟派项目总监理工程师资格审查表。

⑪ 拟派项目监理机构监理工程师资格审查表。

⑫ 拟在本项目使用的主要仪器、设备一览表。

⑬ 阶段性（分项）和最终（总体）监理报告的格式。

⑭ 招标文件中要求的其他有关内容。

二、测绘工程监理投标的一般程序

工程招投标是法治性和政策性很强的工作，投标必须依照规定的程序进行。《招标投标法》对投标程序做出了严格的规定，结合测绘工程监理招投标的具体情况，投标的工作流程如图 5-2 所示。

（一）投标前期准备

投标运作过程包括投标前的准备、标书的制作以及标书提交三个步骤，其中标书制作是核心。开标是招标者宣布各投标者所提交标书的主要内容，让各投标者"亮相"，为公开竞争提供场所和信息。

监理单位在正式投标前应做好相关前期准备工作，包括获取招标信息、调查分析研究、前期决策、成立投标工作班子、现场勘察、办理资格预审手续等。

获取有关测绘工程监理信息后，应利用各种渠道查证信息的真实性和项目是否具备招标条件。对业主的资信状况、资金偿付能力进行调查分析，做出是否投标的决策。

对于进入市场的测绘单位而言，投标是经营的关键问题之一。监理单位决定投标，应尽快组成精干的投标工作机构。工作机构通常由下列人员组成，即决策人、技术负责人和投标报价人，专业组成要合理，应包含高层管理人员、测绘专业技术人员和熟悉商务合同人员。尤其是决策人要具有较强的分析协调能力，善于决策。投标工作机构在组成时就应考虑到，

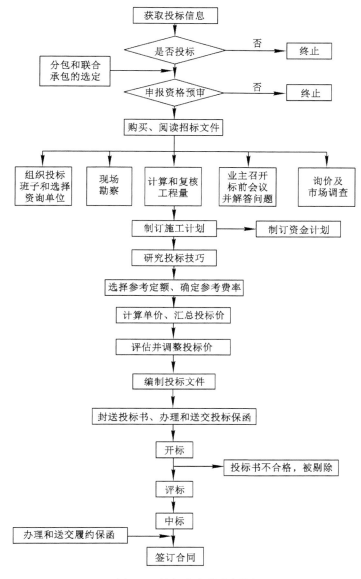

图 5-2 投标基本程序框图

一旦中标,现有的工作机构最好能够直接转为项目的组织领导机构。实践证明,这样的考虑是非常有利的。

(二)踏勘现场

踏勘现场对测绘工程及其监理是非常必要的,尤其是对于外地的投标项目。组织精明强干的工作小组到测区踏勘,了解掌握测区的经济发展状况、人文景观和自然地理特征,特别是招标区域已有测绘资料情况和所测要素的复杂程度。然后,按招标公告要求,办理可能存在的资格预审手续。对于中小型项目,特别是不进行投标资格预审的,对招标项目所在地比较熟悉,或通过互联网等方式了解判断,也可以不安排现场踏勘。

（三）编制投标文件

投标文件是表明投标单位参与本项目竞争的态度，反映本单位的基本情况，展示测绘工程监理能力的书面文件。按照《招标投标法》的规定，投标文件具有法律约束力，是投标人能否中标和签订合同的依据。因此，编制投标文件是投标工作中十分重要的环节，投标单位应给予高度重视。

如果是世行贷款等涉外项目，招标文件是外文的，应及时准确地组织翻译，正确表达与通顺的中文译本对制作涉外项目投标标书有着举足轻重的作用。

投标文件及任何说明函件应当经投标人盖章，投标文件内的任何有文字页须经其法定代表人或者其授权的代理人签字。

标书的整理、承印、装订同样重要。标书编制多人参与，要有统一的编纂与整理格式，文字也要精炼修饰，所有图表数据要齐全、正确。总之，看起来一目了然，使人乐意阅读。标书的装订质量是给招标者阅览和评标委员评标的第一印象，应整齐美观。投标文件的正副本份数按招标文件要求提供。

（四）标书递送

《招标投标法》规定，投标人应当在招标文件要求提交投标文件的截止时间前，将投标文件送达投标地点。招标人收到投标文件后，应当签收保存，不得开启。在招标文件要求提交投标文件的截止时间后送达的投标文件，招标人应当拒收。

分析理解上述法律规定，标书递送应注意以下三点：

① 投标文件应在招标文件规定的截止时间前递送，否则，会被招标方拒收；同时，投标文件不宜过早递交，一是可能在截止投标前得到某些有用信息对投标内容进行少量修改，尤其是报价；二是防止投标信息泄露。

② 投标文件的密封包装及招标人、投标人等信息要按招标文件要求办理，以免由于程序性的错误造成废标。

③ 注意跟踪有关信息，为开标中可能存在的质询做好准备。

（五）参加开标会

投标人应按时参加开标会，并接受可能存在的质询。不论是否被邀请，所有投标人都有权利参加开标会。作为投标人，应注意开标行为是否符合招投标法律法规规定的程序。在评标过程中，评标委员会可以分别约见某些投标人，要求澄清一些评标中发现的问题或对监理建议提供进一步的说明。参加开标的投标人代表应迅速做出反应，以礼貌和谦逊的态度实事求是地进行解释说明。

（六）签订合同

投标人中标并收到中标通知书后，接下来是谈判和签订合同。招标人和发标人双方的谈判是将招投标中达成的协议具体化，并可完善某些条款。但不涉及价格、质量和工期等招投标实质性内容。招标文件中已对合同样式和条款内容进行了规定，投标人应及时与招标人签订合同。

三、测绘工程监理投标文件的编制

投标人应当按照招标文件的要求编制投标文件。投标文件应当对招标文件提出的实质性要求和条件做出响应。

投标单位首先应该对邀标的内容,特别是实质性商务要求和技术需求进行认真研究并有了清楚的理解后,然后开始编制标书。

监理方案的编制和监理报价问题在下面单独进行介绍,投标书其他内容的编制要注意以下几点。

① 注意格式的符合性。投标文件必须按照招标文件规定的格式,切勿自作主张,简单套用其他投标文件的格式。对已有的类似项目投标文件可以参考,但应注意避免电子文档的简单复制,产生不应有的低级错误。

② 投标文件内容要具有完备性。内容完备性包括招标文件规定提供材料的齐全性和对招标文件的实质性要求进行响应。按照招标文件中规定的投标书编制要求逐项认真给予应答,避免所答非所问,使投标材料始终贯彻投标策略。

③ 标书内容应充分反映投标单位的整体实力。展示投标人的背景、监理工作业绩、历史经验、工作人员的资格和拥有的检测设施和检测技术手段,重点展现投标人在测绘项目运行中可能出现特殊情况时的监理能力。

④ 表格项目和数字的填写应准确无误,认真加以校对,并注意前后照应,否则由于某些重要指标未填写或有误可能造成废标。

⑤ 投标文件应按规定加盖公章及法人代表章,在规定的材料页面上由法人代表或其委托人签署。

四、监理方案的编制

测绘工程监理是高智力的技术服务,对监理所要求的技术能力和综合协调能力要求较高。在监理招投标中,监理方案是监理投标书中技术标的核心,是反映投标人能力的主要材料,也是评标专家的主要着眼点,其编制质量非常重要,直接关系到是否能够中标。对应测绘生产项目招投标,监理投标书与生产投标书最大的区别在于监理方案和生产技术方案上。测绘工程监理投标中的监理方案类似于建设工程监理的"监理大纲",是投标人对招标工程开展监理工作的承诺。投标人一旦中标,该方案就是编制监理实施细则的直接依据,是开展测绘工程监理工作的基础。

测绘工程监理方案应具有科学性、针对性、先进性和合理性。在目前情况下,应针对项目监理需求的实际,紧紧围绕质量控制和进度控制进行展开,兼顾合同管理与多方协调。监理手段应该完善,监理措施具有可操作性,质量监理操作尺度应明确,对监理中可能发生的各种问题提出解决方法,增强评标委员会对投标人能力的认可程度。根据测绘工程监理项目招投标的实际情况,监理方案应包括以下八个方面内容。

① 工程项目概况。

② 监理工作概况,包括范围、监理内容、监理依据和监理目标。

③ 项目监理机构的组织形式。

④ 监理机构的人员配备计划及岗位职责。

⑤ 监理工作程序及质量保障措施。

⑥ 监理方法,侧重质量控制、进度控制的实施。

⑦ 中标后拟运行的监理工作制度。

⑧ 监理设备投入计划。

五、测绘工程监理费用报价

测绘工程监理招投标过程中,招标人和投标人双方共同关心的实质性问题有两个:一是监理服务,二是监理费用。因此,对于投标人来讲,确定测绘工程监理项目报价是制定投标标书的核心之一。

测绘工程监理报价缺少收费依据和参考标准。工程建设监理方面,原国家物价局、建设部于 1992 年以 479 号文件的形式发布了《关于发布工程建设监理费有关规定的通知》。2007 年 3 月,国家发改委和原建设部联合发布了《建设工程监理与相关服务收费管理规定》。该规定对于测绘工程监理投标报价具有一定的借鉴作用,但由于建设工程监理与测绘工程监理在监理组织、人员设备投入、监理方法、工作地点、交通通信等方面存在巨大差异等原因,收费标准的参考性较差。同时由于没有测绘工程监理行政管理法规和技术规范,造成每个项目中监理所承担的义务、工作方式、工作量和监理费用支出等方面存在较大的差异。因此,对招投标双方而言都存在缺少可参考标准的问题,投标报价存在较大的困难。

目前,测绘工程监理投标报价主要采用两种方法:一种是按测绘项目投资额的百分比计算;另一种是根据监理单位在项目中的实际投入情况计算。后一种方法首先按照工期和监理单位的实际投入情况计算直接费用,在此基础上加上相应的其他费用。这种计费方法主要包括四个方面:第一是直接费用,一般包括监理人员工资和津贴、差旅费、车辆运输费、伙食费、住宿费和通信费等;第二是间接费用,一般包括材料费、设备折旧费和管理费等;第三是利税费用;第四是合理利润。

总之,报价合理程度是投标成功与否的主要因素。制定项目监理报价,应在消化招标文件的基础上,对招标人和可能掌握的其他潜在投标人的信息尽可能收集和详细分析,并针对自己的条件,综合比较,再慎重确定自己的监理报价数额。

第四节　开标、评标和定标

《招标投标法》及国家相关工程建设管理部门制定的招标投标管理办法对开标、评标和定标的程序、方法及其监督措施都有周密的规定,下面结合测绘工程监理招投标过程加以介绍。

一、开标

《招标投标法》规定,开标应当在招标文件确定的投标截止时间同时公开进行。开标一般以开标会议的形式进行,会议由招标人主持,邀请所有投标人参加。由投标人或者其推选的代表检查投标文件的密封情况,也可以由招标人委托的公证机构进行检查并公证;经确认无误后,当众拆封商务文件和技术建议书所在的信封,并当众唱标。整个过程由主管部门监督。开标过程安排专人记录,并存档备查。以上法律规定的开标程序和要求可以分解成以下几点内容。

① 开标主持人宣布开标会议开始,介绍开标工作人员及其分工。

② 介绍招标投标基本情况,包括到会人员。一般按收到投标文件的先后顺序介绍投标单位,这也是唱标的顺序。

③ 重申招标文件中规定的评标事宜,包括评标纪律、评标原则和评标方法等。

④ 检查投标文件的密封和盖章情况,并当场确认。

⑤ 唱标。唱标内容一般包括投标人名称、标书是否完整、有无投标保函、保函的种类和数量、监理报价以及招标者认为适合宣布的其他内容。

⑥ 确认。唱标后,如果各投标人对唱标内容无异议,则签字确认。

二、评标的基本规定

《招标投标法》对评标的规定主要包括:开标之后,评标立即进行;评标由招标人依法组建的评标委员会负责。招标人应当采取必要的措施,保证评标在严格保密的情况下进行。任何单位和个人不得非法干预、影响评标的过程和结果。

评标委员会应当按照招标文件确定的评标标准和方法,对投标文件进行评审和比较;没有标底的,应当参考标底。评标委员会完成评标后,应当向招标人提出书面评标报告,并推荐合格的中标候选人。

(一)评标委员会的组成及工作

(1)评标委员会的组成

《招标投标法》规定:依法必须进行招标的项目,评标由招标人依法组建的评标委员会负责。评标委员会由招标人代表和有关技术、经济等方面的专家组成,成员人数为五人以上单数,其中技术、经济等方面的专家不得少于成员总数的三分之二。对于测绘工程监理项目招标,测绘专家所占比例一般不应少于二分之一。

专家委员会组成有关规定:评标专家应当是从事相关领域工作一定年限并具有高级职称或者具有同等专业水平,由招标人从国务院有关部门或者省、自治区、直辖市人民政府有关部门提供的专家名册或者招标代理机构的专家库内的相关专业的专家名单中确定。一般招标项目可以采取随机抽取方式,特殊招标项目可以由招标人直接确定。与投标人有利害关系的人不得进入相关项目的评标委员会,已经进入的应当更换。评标委员会成员的名单在中标结果确定前应当保密。

(2)评标委员会的工作

评标委员会应当认真研究招标文件,了解和熟悉以下内容:招标项目的范围和性质;招标文件中规定的主要技术要求、标准和商务条款;招标文件规定的评标标准、评标方法和在评标过程中应当考虑的相关因素,编制供评标使用的相关资料。

评标委员会可以要求投标人对投标文件中含义不明确的内容作必要的澄清或者说明,但是澄清或者说明不得超出投标文件的范围或者改变投标文件的实质性内容。

评标委员会完成评标后,应当向招标人提交书面评标报告。

(3)评标纪律

评标委员会成员应当客观、公正地履行职务,遵守职业道德,对所提出的评审意见承担个人责任。

评标委员会成员及参加评标的有关工作人员不得私下接触投标人,不得收取商业贿赂。

2004年国务院下发了《关于进一步规范招投标活动的若干意见》,对评标专家的违纪行为做出了处理规定:"严明评标纪律,对评标专家在评标活动中的违法违规行为,要严肃查处,视情节依法给予警告、没收收受的财物、罚款等处罚;情节严重的,取消其评标委员会成员资格,并不得参加任何依法必须进行招标项目的评标;同时建议主管单位给予相应的政纪处分,构成犯罪的,要依法追究刑事责任。"

（二）评标原则及一般程序

按照《评标委员会和评标方法暂行规定》中的第三条规定,"评标活动遵循公平、公正、科学、择优的原则"。评标过程应该严格按照投标文件的要求和条件进行,对所有投标人的投标评估,都采用相同的程序和标准。评标期间,评标人员必须严格遵守保密规定,不得泄露与评标有关的内容,不得索贿受贿,不得参加影响公正评标的任何活动。投标人不得采取任何方式干扰评标工作。

评标委员会应当按照下列要求和程序进行评标:

① 按照开标前确定的评标依据、量化标准、原则、方法,对投标文件进行系统的比较和评审;未列入招标文件的评标标准和方法,不得作为评标的依据。

② 要求投标人对投标文件中含义不明确的内容做出必要的书面澄清或者说明。

③ 审查每一个投标文件是否对招标文件提出的所有实质性要求和条件做出响应,并逐项列出各投标文件的全部投标偏差。

④ 对符合招标文件实质性要求,但在个别地方存在遗漏或者提供的技术信息、数据等方面有细微偏差的投标文件,书面要求投标人提供不会对其他投标人造成不公平结果的书面补正。

⑤ 按照评标情况排序推荐中标候选人。按得分高低顺序,能充分满足招标文件中规定的各项综合评价标准的前三名投标人,应当推荐为中标候选人。

⑥ 向招标人提出书面评标报告,内容包括:评标委员会的成员名单;开标记录情况;符合要求的投标人情况;评标采用的标准、评标办法;投标人排序;评定打分情况;推荐的中标候选人;需要说明的其他事项。

（三）评标内容

评标工作由评标委员会组织进行,采用投标文件中规定的评标方式进行评议,择优确定中标单位。评标的内容按评标的过程可分为投标文件的初审和开标后对投标文件的评议两部分。其中,投标文件的初审包括投标文件是否符合招标文件的要求,内容是否完整,价格构成有无计算错误,文件签署是否齐全及验证保证金;开标文件评议内容主要包括投标单位资信、近期主要技术人员及企业业绩、技术设计方案、报价、工期、付款条件、履行能力等。投标人应确保采用技术的先进性、可行性和规范化,有保证施工质量的具体措施和方法;投标人提供其他优惠条件的也可作为评估内容。对经评标获得最高综合评价的投标人还要进行资格最终审查。招标人将审查综合评价最高的投标人的财务、技术能力及信誉,确定其是否能圆满地履行合同。如果该投标人放弃中标、因不可抗力提出不能履行合同的,或确定该投标人无条件圆满履行合同,招标人将对下个综合评价较高的投标人资格做出类似的审查。

（四）制定评标标准和方法的一般原则

评标标准和评标方法是在开标前经评标委员会审定后的评定所有投标人递交的投标文件的依据和准绳。对于某个特定的招标项目来讲,制定出科学合理的评标标准和方法是招标人选择最佳投标人的前提,也是工程项目得以顺利完成的有力保证。

鉴于评标标准和方法在招标投标活动中的重要地位,如何制定科学合理的评标标准和方法呢?结合生产实际,总结出制定评标标准和方法的一般原则。

① 遵守法律法规。制定任何评标标准和方法都不能违背现行法律和法规,这是制定标准和方法的基础和前提。

② 秉承公平公正。制定评标标准和方法不应存在厚此薄彼的条件限制或者排斥潜在投标人,对各潜在投标人均应一视同仁。评标标准和方法及各项考评内容或评标因素都应在招标文件中载明。

③ 考虑全面、突出重点。制定评标标准和方法的内容应考虑周到齐全,充分体现出综合考核、总体评价、整体比较的原则。同时,根据工程具体特点,找出具有影响工程质量的关键点,突出其评审地位。

④ 指标量化。评标标准和方法的制定,应尽量利于将考评内容或评标因素按照一定的权重进行量化,尽量以定量比较取代定性比较,以便能够客观、公正地评价各投标文件。

⑤ 言简意赅、简要明确。制定的评标标准应尽量言简意赅、简要明确,避免因评标标准含糊不清、模棱两可,从而给投标人造成理解上的偏差,造成评标困难。

⑥ 统筹全局、前后呼应。制定的评标标准和方法应与招标文件中有关商务和技术条款的具体要求和内容相一致。

评标标准和方法是相互依存、相互配合、相互作用的,同时针对不同的项目特点和招标方式的不同可以有针对性地加以侧重。

三、评标

（一）初评

评标委员会在进行初步评审时,应当根据法律、法规和招标文件的要求,逐项审查,投标文件有下列情形之一的,不能进入实质性评审阶段:

① 没有按照招标文件规定的时间和数量提交投标保证金或投标担保或未对履约保证金或履约担保做出实质性响应。

② 投标文件无投标人单位盖章、无法定代表人或法定代表人授权的委托代理人签字或盖章的。

③ 投标文件未按招标文件的规定要求密封的。

④ 投标文件未按招标文件规定格式编写,具有重大偏差;投标函、监理工程报价等重要内容不全的。

⑤ 投标人递交两份以上内容不同的投标文件,或在一份投标文件中对同一招标项目有两个或多个报价,且在开标前未声明哪一个有效的。

⑥ 投标人名称或总监理工程师与资格预审时不一致的。

⑦ 投标文件对于测绘工程项目质量和进度监理达不到招标文件要求的。

⑧ 投标文件应用的成果检验标准和方法不符合招标文件要求的。

⑨ 投标文件含有招标人不能接受的条件。

⑩ 未对招标文件实质性条款做出响应的,或不符合招标文件中规定的其他实质性要求的。

（二）监理方案评审

评标委员会对技术部分的评审,按下列内容进行评审和打分:

① 监理方案全面性。

② 监理组织机构设置。

③ 各级监理人员设置安排。

④ 测绘检测设备投入满足程度。

⑤ 质量监理措施,包括监理项目和检查比例。

⑥ 新技术、难点分析及监理措施。

⑦ 进度监理措施。

⑧ 安全生产措施。

（三）综合部分评审

评标委员会对综合部分的评审,按下列内容进行评审和打分:

① 招标文件规定的企业资质与资格预审相一致。

② 监理资质等级是否与资格预审相一致。

③ 银行出具的信誉证明或信誉担保。

④ 质量体系建立和通过认证情况。

⑤ 与投标监理项目相适应的业绩证明。

⑥ 拟任总监理工程师及主要监理工程师的业绩和获奖证明。

⑦ 上年度的财务审计报告。

（四）评标的方法

根据不同项目,制定合理的评标方法是至关重要的,结合测绘工程的招投标实际工作,目前常用的评标方法如下。

1. 合理低价法

投标造价中接近参考标底且价格较低者为中标候选人（低于且接近参考价者优先中标）。确定参考标底的方案有:

① 中间平均法:将所有有效投标报价去掉一个最高价,去掉一个最低价,按其余投标价的平均值乘以浮动系数 K（系数 K 取 0.8～0.95）,由评委确定的造价确定为参考造价。

② 全部平均法:将所有有效投标报价（t 个以上）的平均值乘以浮动系数 K（系数 K 取 0.8～0.9）,由评委确定的造价确定为参考造价。

③ $A+B$ 平均法:将甲方的标底（或最高限价）乘以浮动系数 K（系数 K 取 0.8～0.95,由评委确定）定为 A;将有效标书的中间平均值定为 B;以（$A+B$）÷2 确定为参考造价。

目前国家鼓励推行合理低价中标。

2. 最低投标价法

经评审的最低投标价法一般适用于具有通用技术、性能标准或者招标人对其技术、性能没有特殊要求的招标项目。采用经评审的最低投标价法的,中标人的投标应当符合招标文件规定的技术要求和标准,但评标委员会无须对投标文件的技术部分进行价格折算。根据经评审的最低投标价法,能够满足招标文件的实质性要求,经评审的最低投标价的投标,应当推荐为中标候选人。

3. 综合评分法

对于大型测绘工程或测绘生产技术有特殊要求的工程项目,可采用技术得分加经济得分的综合评分法确定中标候选人。采用综合评分法评标的,应当评审出能够最大限度地满足招标文件中规定的各项综合评价标准和要求的投标人,推荐为中标候选人,然后在候选人中再进行资格后审确定合同授予。综合评分法在当前测绘市场招标中经常被采用。

　　4. 技术优先法

　　对于施工技术有特殊要求的工程项目,首先根据技术条件确定施工单位的优先次序,然后根据价格商谈情况确定中标单位。

　　5. 指定中标法

　　对于一些小项目可由招标单位直接指定中标候选人。

　　(五)评标报告的内容

　　《招标投标法》第四十条规定,评标委员会完成评标后,应当向招标人提出书面评标报告,并推荐合格的中标候选人。招标人根据评标委员会提出的书面评标报告和推荐的中标候选人确定中标人,评标委员会推荐的中标候选人应当限定在一至三人,并标明排列顺序。招标人也可以授权评标委员会直接确定中标人。

　　评标报告是评标委员会评标结束后提交给招标人的一份重要文件。在评标报告中,评标委员会不仅要推荐中标候选人,而且要说明这种推荐的具体理由。

　　评标报告作为招标人定标的重要依据,一般应包括如下内容:

　　① 招标测绘工程项目的基本情况和相关资料。

　　② 资格审查的基本情况。

　　③ 评标委员会成员名单及抽取方法。

　　④ 开标记录,开、评标地点、时间。

　　⑤ 合格投标人一览表。

　　⑥ 废标情况说明。

　　⑦ 经确认的评标标准、评标方法。

　　⑧ 专家评委对商务标评审的意见或报价分析一览表。

　　⑨ 投标人的陈述与答辩原始记录及得分情况。

　　⑨ 专家评委集体签署的评标报告及最终意见。

　　⑪ 经评审的投标人排序及推荐的中标候选人名单。

　　⑫ 需要说明和必要的补正事项。

　　评标报告由评标委员会全体成员签字。对评标结论持有异议的评标委员可以书面方式阐述其不同意见和理由。评标委员会成员拒绝在评标报告上签字且不陈述其不同意见和理由的,视为同意评标结论,评标委员会应当对此做出书面说明并记录在案。

　　(六)评标过程中应注意的情况

　　在评标过程中,评标委员会发现投标人以他人的名义投标、串通投标、以行贿手段谋取中标或者以其他弄虚作假方式投标的,评标委员会应将该投标人的投标作废标处里。

　　在评标过程中,评标委员会发现投标人的报价明显最低于其他投标报价或者在设有标底时明显低于标底,使得其投标报价可能低于成本的,应当要求该投标人做出书面说明并提供相关证明材料。

　　投标人资质条件不符合国家有关规定和招标文件要求的,或者拒不按照要求对投标文件进行澄清、说明或者补正的,评标委员会可以否决其投标。

　　(七)确定中标

　　招标人应当在接到评标委员会的书面评标报告后的十五日内,从评标委员会推荐的第一至第三的中标候选人中确定中标人。使用财政资金的测绘项目,招标人应当确定排名第一的中标候选人为中标人,或按顺序确定多个标段中标人。《评标委员会和评标方法暂行规定》规定,使用国有资金或者国家融资的项目,招标人必须确定排名第一的中标候选人为中标人。

中标人确定后,招标人应当向中标人发出中标通知书,同时将中标结果通知所有未中标的投标人。

四、测绘工程监理评标应着重考虑的几个问题

测绘工程项目的中标人,应能够最大限度地满足招标文件中规定的各项综合评价标准。评标委员会及业主在定标阶段要针对测绘工程监理的特点确定中标人。测绘工程监理的定标应优先考虑监理单位的资信程度、监理方案的优劣和监理能力等技术因素,需着重考虑的主要问题有以下五个方面。

（一）专业人员情况

应对投标人的人员情况进行重点分析,判断该单位是否有足够可以胜任本项目监理任务的各级各类技术和管理人员,申报人员中临时聘用的比例一般不应超过20％。测绘工程监理投标人专业技能是否突出,各级各类测绘专业技术人员、管理人员的测绘专业结构是否合理;拟投入本项目监理任务的主要专业技术人员技术职务的等级情况如何,高、中、初级测绘技术人员的比例是否合理。

（二）监理经验

对常见测绘工程的监理经验是否丰富,是否具有和本监理招标项目相类似的成功案例,近期的监理业务承接情况如何,监理手段是否科学。

（三）监理工作计划

监理投标人对测绘工程的组织和管理是否有具体的切实有效的建议计划,对于在规定的工期内按时保质完成项目生产任务,是否有详细可行的监理措施。

（四）信誉情况

投标人在业内是否具有良好的信誉,是否能够科学、公正、独立地处理监理业务。在以往业绩中,是否能够和业主、测绘生产单位很好合作。

（五）理解能力和处理问题能力

评标委员会对相关问题进行质询时,通过对评委所提出问题的回答,可以判断投标人的主要人员是否具有良好的理解能力和监理业务处理能力。这是保证中标监理单位能够正确理解业主意图,提出解决问题建议的重要条件。

第五节　测绘工程及其监理招投标过程中存在的问题

随着市场经济的发展,有关法律法规的逐步完善,包括测绘项目在内的工程招投标日益规范,招标投标机制较好地发挥了对市场经济的促进作用。但在招投标实践中也存在一些不规范及违规违法行为,这些行为在与招投标有关的方面和环节都有表现。

一、目前招投标存在的主要问题

（一）投标人违法违规竞争

在目前测绘市场招投标中，投标人方面存在的违法违规现象比较突出，表现形式多样。这方面存在的问题可以归纳为以下四个方面。

① 投标人之间串通投标报价。投标人之间相互约定投标价格，共同抬高或压低投标报价；投标人之间相互串通，分别以高、中、低不同价位报价。

② 投标文件弄虚作假。有的投标人借用其他单位的资质或者是名义上的联合体投标；有的伪造业绩材料，如伪造类似项目合同、检验机构的检验报告和获奖证明，夸大自己的能力骗取中标，中标后多数采用转包和违法分包的形式生产，生产过程难以控制。

③ "陪标"是指工程项目进入招投标程序前，招标人已经确定了意向单位然后由该意向单位根据招投标程序要求，联系其他一个或几个具备投标条件的单位参加投标，以便确保意向单位达到中标目的的活动。几个标书一般都由意向单位编制，"陪标"单位就是给签字盖章。几本标书在报价和技术方案编制水平上拉开档次，衬托该投标人最符合招标条件。开标时，各陪标单位派人应付一下，有的甚至就是意向单位的员工冒充的。

④ 低价恶性竞争。面对竞争激烈的市场环境，个别测绘单位出于各种目的在一些项目投标竞争中，以超低报价甚至低于成本价的方式进行竞争。这种投标方式如果中标就是在项目运行中埋下了隐患，多数项目的质量、进度难以保证。

（二）招标人和招标代理机构常见的问题

在招投标实践中，有的招标方及其代理机构和评标委员会存在一些操作不规范甚至违法违规的问题，这些问题主要表现在以下六个方面。

① 一些部门和地方违反《招标投标法》，实行行业垄断、地区封锁，应当公开招标的项目不公开招标；不具备招标条件而进行招标，特别是在资金没有落实的情况下就进行招标，往往形成"烂尾工程"。

② 招标公告不在指定的媒体上发布或发布时间少于法律法规规定的期限，除特定的单位外故意对潜在投标人封锁消息。

③ 招标工程内容不够全面。签订合同后，以甲方的身份变相强迫中标人在工程进展中无偿承担招标文件外的工作。

④ 有的招标代理机构行为不规范。为了代理招标项目，迎合招标人的不当要求，为投标人出谋划策规避监督，以不正当手段为特定投标人谋取中标。

⑤ 评标委员会组成不符合规定，招标人向评委明示或暗示要哪个投标人中标。

⑥ 评标不够严肃。有的项目评标时间仓促，评委对所有投标文件了解掌握不够，有的评委过分注重标书制作格式和装订；个别评委涉嫌受贿，违规评审，难以保证公正评标。

（三）投标人与招标人串通投标

在市场竞争激烈的环境下，潜在投标人非常注重工程项目"信息"的收集和跟踪，这是合法的，有利于企业参与竞争。但往往在这个阶段潜在投标人和项目有关负责人员进行不正当交往，产生了内定串通的情况，主要有以下四种表现形式。

① 领导干部插手项目，招标人预先内定中标人。

② 项目有关负责人员向他人透露其他潜在投标人的有关投标信息或者泄露标底。

③ 招标人在开标前根据掌握的信息协助投标人撤换投标文件,更改报价。

④ 招标人与投标人商定抬高或压低报价,待中标签订合同后再给投标人或招标人补偿。

二、解决招投标存在问题的措施

为保证工程项目顺利开展,应针对招投标过程中存在的问题,分析产生这些问题的原因并提出解决问题的办法。加强有关法律法规体制建设,进一步完善项目投标操作机制,严肃违规处理,保证招投标依法健康发展。

(一)建立和完善测绘及其监理项目招投标法规体系

《招标投标法》颁布实施以来,对全国招投标工作奠定了坚实的法律基础。工程领域相关政府部门配套法规日益完善,包括招投标管理办法、资质管理、人员资格管理、收费标准及标准合同文本等。原国家测绘与地理信息局对引进招投标和监理机制非常重视,相当一部分省级测绘管理条例纳入了招投标管理的条款,《国务院关于加强测绘工作的意见》明确提出了建立测绘质量监理制度。为加强测绘市场的统一监管,保证测绘项目及其招投标有章可循,应抓紧建立和完善测绘及其监理项目招投标法规体系。

(二)遏制商业贿赂,保证市场公平竞争

招投标过程中违规违法的操作,多数和各种形式的商业贿赂有关。商业贿赂是一个世界性的问题,这种现象的存在严重干扰了公平竞争。相关行政管理部门应该做好对招投标活动的行政监督,制定相应的监督管理制度,完善监管手段,加大监管力度和深度,减少和消除产生商业贿赂的土壤。在政府部门监督的同时,应充分发挥社会监督功能,对举报有功者给予奖励。对于各种形式的串通投标,一经发现,依法给予严肃处理,体现法律的威慑性。

(三)建立行业单位基本信息数据库

为了加强招投标管理,使招标人和招标代理机构能够准确方便地获取投标人的资格和有关信息,避免虚假投标,节省招标人力和财力消耗,可由行业主管部门建立测绘单位资格和有关信息数据库。将可以公开的企业法人、企业经济性质、资质等级、注册资金、生产队伍规模、仪器设备数量等基本信息提供给招标人,便于进行资质审查。

(四)规范招标代理行为,建立代理机构信用制度

招标代理机构是从事招标代理业务并提供相关服务的社会中介组织,应以其专业化、信息化优势为业主寻求到质量更优、价格更低、服务更好的产品与服务供应商,靠自己的工作体现招标的组织性、法制性、规范性和公正性,维护招投标市场的公平竞争。建立健全招标代理市场准入和退出制度,实行信用管理,发放信用证,对工作人员实行持证上岗,自律与外部监督相结合,依法提供诚信服务,维护正常的招投标市场秩序。

(五)强化投标人自律,促进诚信行为

"诚实信用"是招投标必须遵循的原则,是招投标活动的道德规范。投标人应诚实对待招投标,不能歪曲或隐瞒真实情况,更不能弄虚作假欺骗招标人。应重视承诺,准备认真履行合同,不得损害招标人和其他投标人的利益。国家行业主管部门及有关社团组织应加强行业自律教育,推动行业诚信水平的提升。对于单方面不履行合同的应视情况依法处理并向社会公布。

（六）加强对评标专家的培训和监管，不断提高业务水平

建立评标专家管理机制，完善评标专家库的档案管理制度，为每位专家建立专门的个人档案，将每次评标的有关情况记入个人档案；建立一套评价体系，为评标专家打分，每年对评标专家进行综合考评；定期对评标专家进行全面培训。在有关法律法规颁布实施时，应及时组织学习，使专家能够更好地掌握新政策；组成专家委员会时，要注重评标专家的专业技术水平，更应注重专家的职业道德和自律能力。

习题和思考题

1. 测绘工程招标与投标应遵循的原则有哪些？
2. 简述测绘工程监理招投标的基本程序。

第六章　测绘工程实施阶段的监理工作

测绘工程实施阶段是测绘成果形成的重要阶段,是监理工作经历时间最长、工作量最大的阶段。该阶段进度、质量控制得如何,直接关系到成果能否按照招标文件中规定的工期和标准来完成和达到预期的投资效果。因此,监理工程师在该阶段的监理是测绘工程监理工作中关键的关键。

第一节　测绘工程实施阶段监理的内容

测绘工程实施阶段监理工作的主要内容可归纳如下。

一、确定工程实施阶段监理控制的目标

结合业主对项目的要求以及监理合同中规定的监理的权利和义务,需要制定项目在实施阶段的监理控制目标。测绘工程监理在实施阶段的主要目标就是进度控制目标和质量控制目标。围绕主要目标,进一步确定监理实现目标的方法、手段和措施,落实监理组织机构和监理人员、设备以及对上岗人员进行岗前培训等。

二、进度控制目标的实现

实施阶段进度控制的主要任务是通过完善测绘工程控制性进度计划、审查测绘生产单位的实际进度计划、做好各项动态控制工作、协调各单位关系,以求达到实际进度与计划进度一致的要求。为实现实施阶段进度计划的目标,总监理工程师要收集与进度有关的信息,进一步完善控制性进度计划,分析实际进度与计划进度不一致的原因,落实进度控制手段和措施,以及明确相关的责任等,使测绘工作的实施顺利进行。

三、质量控制目标的实现

实施阶段质量控制的主要任务是通过对测绘生产单位的生产投入、测绘生产实施、测绘输出成果的全过程控制,以及对中标后的测绘生产单位的人员资质、仪器设备、技术流程、生产工艺、作业环境等实施全面控制,以期达到约定的质量控制目标。为完成实施阶段质量控制目标,总监理工程师根据确定的质量目标,制定采取质量控制的方法、手段及措施,落实质量控制的内容,确定质量控制点等。

四、实施阶段的资料管理

在测绘生产实施阶段,监理单位与业主和测绘生产单位之间的沟通与交流相当频繁,在此期间形成了文件、会议纪要及各种形式的监理信息记录等资料,这些资料是监理服务工作

和自身价值的体现。因此,测绘生产实施阶段是形成监理资料的主要阶段,监理单位要注意收集和整理各种资料,及时掌握各种信息。做好监理资料的规范工作,使监理资料管理工作更加规范化和科学化,满足档案管理和信息化管理的要求。

五、实施阶段的合同管理

测绘工程监理工作涉及的合同一般只有两种,即测绘生产合同和委托监理合同。合同管理作为监理工作的内容之一,一方面是对施工合同的管理,维护业主和测绘生产单位的合法权益,保证测绘工程的顺利进行,达到监理目标,进而完成监理任务;另一方面是对委托监理合同的管理,维护自身的合法权益。在日常工作中,我们往往只重视对被监理方测绘生产合同的管理,而忽视了对关系监理切身利益的监理合同的管理。

第二节　测绘工程实施阶段监理目标控制

在管理学中,控制通常是指管理人员按计划标准来衡量所取得的成果,纠正所发生的偏差,以保证计划目标得以实现的管理活动。测绘工程监理的核心是控制和协调。控制就是指目标动态控制,它是达到监理目标的重要手段;协调是指协调业主和生产单位及其他方面之间的关系。

一、实施阶段监理目标控制

(一)控制及其重要意义

控制就是指"制约一个系统的行动,用最少的信息,实现最优的调控,使之适应于环境的变化,以取得最大的预期效果"。控制是管理的重要职能,是保证目标、决策、部署安排得以实现的手段。测绘工程实施阶段控制就是指项目实施过程中,经常地将进度目标值、质量目标值与实际进度值、实际质量值进行比较,若发现偏离目标,则采取纠偏措施,以确保项目总目标的实现。

监理受业主的委托以合同为依据,对工程项目实施进行监督与管理。控制是测绘工程监理目标实现的重要保证,是其目标实现的必要手段。在测绘工程项目实施过程中要使监理控制有成效,就必须坚持目标控制的程序化、标准化和科学化。控制程序化是做好监理控制工作的前提,标准化管理是做好控制工作的基础,控制科学化才能提高监理控制水平和成效。

(二)监理目标控制的构成及关系

测绘工程实施阶段监理目标包括进度目标和质量目标。合同管理、信息管理和全面的组织协调是实现进度目标、质量目标所必须运用的控制手段和措施。但只有确定了具体的目标,监理单位才能对工程项目进行有效的监督控制。进度和质量是一个既统一又相互矛盾的目标系统。进度与质量的关系是加快进度可能影响质量,但严格控制质量,可能出现返工,进度则会受到影响。对于一个测绘工程监理项目而言,其目标之间,在不同的时期,目标的重要程度是不同的。监理工程师要处理好在特定条件下测绘工程项目目标之间的关系及重要顺序。

（三）测绘工程监理目标控制的基本原理

测绘项目监理目标控制是一个系统工程，是按照计划目标和组织系统对系统中各个部分进行跟踪检查，以保证协调地实现总体目标。控制的主要任务是把计划执行情况与生产目标进行比较，找出差距，并对结果进行分析，排除和预防产生差异的原因，使总体目标得以实现。

将控制论的主要方法（控制方法、信息方法、反馈方法、功能模拟方法等）引入测绘工程监理中，有助于提高监理人员的主动监理意识和监理水平。控制方法分为被动控制和主动控制；反馈方法分为前馈控制和反馈控制。下面介绍一下前馈控制和反馈控制、被动控制和主动控制的基本原理。

（1）前馈控制和反馈控制

前馈控制又称开环控制，反馈控制又称闭环控制，如同 6-1 所示。

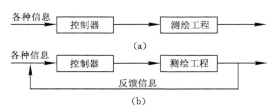

图 6-1　测绘工程项目前馈、反馈控制示意图
(a) 前馈控制；(b) 反馈控制

前馈控制是通过进入运行过程输入前就已掌握或预测到它是否符合计划的要求，如不符合，就要改变输入或运行过程。因此，前馈控制是在科学预测今后可能发生偏差的基础上，在偏差发生之前，就要采取措施加以控制，防止偏差的发生。比如为了提高精度，对一个量进行多次观测。

反馈控制，是把被控制对象的输出信息经过加工整理后回送到控制器输入并产生新的输出信息，再输入被控制对象，影响其行为和结果的过程。只有依赖反馈信息，才能对比情况、找出偏差、分析原因、采取措施、进行调解和控制。比如对一个量的多次观测中出现大的偏差需要重新观测。

当然，在管理过程中各方面的情况是极为复杂多变的，由于有些测绘项目本身的复杂性和不可预见的因素，前馈控制也可能造成偏差。因此，在监理控制过程当中，需要把前馈控制和反馈控制结合起来，形成整个工程项目在实施过程中的事前、事中、事后的全过程控制。

（2）被动控制与主动控制

测绘工程项目在实施监理过程中，控制是动态的，分为两种情况：一种是发现目标产生偏差，分析原因，采取纠偏措施，称为被动控制；另一种是预先分析目标产生偏差的可能性，估计工程项目可能产生的偏差，采取预防措施进行控制，称为主动控制，如图 6-2 所示。

监理人员要具有较强的主动控制能力，但是，影响测绘项目目标的因素是复杂的、多变的，作为监理人员应该认真分析、研究和决策，除采取主动控制之外，也要辅之被动控制方法。主动控制和被动控制相结合，是监理工程师做好监理工作的保证。

被动控制是一种反馈控制，它是监理工程师经常运用的重要控制方式。

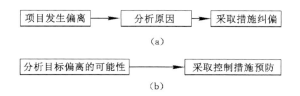

图 6-2　测绘工程项目主动、被动控制示意图
（a）被动控制；（b）主动控制

　　监理工程师在进行目标控制过程中,既要实施主动前馈控制又要实施被动反馈控制,并将两者有效地结合起来,方能完成项目目标控制的任务。要做到这点,关键有两条:一要扩大信息来源,即不仅从被控系统内部获得工程信息,还要从外部环境获得有关信息;二要把握住输入这道关,即输入的纠正措施应包括两类,既有防止将要发生偏差的措施,又有纠正已发生偏差的措施。

二、实施阶段监理目标控制的主要手段

（一）实施阶段监理目标控制的方式和方法

　　控制的方式和方法主要有:总体控制和局部控制,全面控制和重点控制,主管人员控制和全员控制,直接控制和间接控制,预算控制和非预算控制,事前、事中、事后控制,行政方法、经济方法和法律方法的控制,直接采取措施消除偏差的控制和避免或减轻外部干扰控制等。通过监理的实践,在实际监理过程中为了实施有效控制,在项目监理机构和测绘生产单位之间建立一种良好的信息反馈过程是十分重要的。这种反馈过程,实践上是各种控制方法的有机结合,不但有利于对项目的进度进行跟踪,检查监理控制结果并得到反馈信息,而且能够根据反馈信息调整控制的方法和手段,变被控制系统(生产单位)自身主动、及时而又全面地向控制系统(监理单位)反馈信息。

（二）实施阶段监理目标控制的主要措施

　　为了取得目标控制的理想结果,通常目标控制可以采取组织措施、技术措施、经济措施及合同措施四个方面。

　　组织措施是目标控制的重要保证。在目标控制当中,需要采取的组织措施有落实投资控制、进度控制、质量控制的部门人员,确定控制部门人员的任务和管理职能分工,制定目标控制的工作流程,监督按计划要求投入人力、设备等,巡视检查工程运行情况,对工程信息的收集、加工、整理、反馈,发现和预测目标偏差,采取纠正行动都需要事先委任执行人员,授予相应职权、职责,制定工作考评标准,采取各种激励措施以调动和发挥控制人员实现目标的积极性,以及培训人员等。

　　技术措施是目标控制的技术保证。项目监理机构应实施的技术措施包括对多个可能的技术方案作技术可行性分析,对各种技术数据进行审核、比较,通过科学试验确定新技术、新方法的适用性,在整个项目实施阶段寻求保障工期和保证质量的措施等。

　　经济措施是目标控制的经济手段。从项目的提出到项目的实现,始终贯穿着资金的筹集和运用工作。经济措施不但是实施投资控制的必要手段,也是对实施进度控制和质量控制必不可少的手段。为了实现工程项目的控制,监理工程师要收集、加工、整理工程经济方

面的信息和数据.对业主承诺的项目启动资金的落实情况,生产单位现场正常运作所必须提供的各种生活和生产开展的资金保证等。离开了经济措施,不但投资目标难以实现,而且进度目标和质量目标也同样难以实现。

合同措施也是目标控制的必要措施。工程项目建设需要业主、生产单位和监理单位分别承担提出要求、组织生产和满足监理合同要求的监理工作。业主要签订测绘生产合同和监理合同来实现项目的正常开展。测绘工程监理就是根据测绘生产合同和测绘工程委托监理合同来实现监督管理活动,监理工程师实施目标控制必须紧紧依靠这些合同来进行。因此,监理工程师要协助业主选择对目标控制有利的承发包模式和合同结构。拟订合同条款,参加合同谈判,处理合同执行过程中的问题,做好防止和处理索赔的工作等都是监理工程师重要的目标控制措施。所以,目标控制离不开合同措施。

第三节　进 度 控 制

监理工程师受业主委托在测绘工程实施阶段进行监理时,其进度控制的总任务就是在满足测绘工程项目总进度计划要求的基础上,编制或审核生产单位进度计划,并对其执行情况加以动态控制,以保证测绘项目按期完工并交付业主使用。

一、进度控制的含义和目标

（一）进度控制的含义

进度控制是指对项目各阶段的工作内容和工作程序、持续时间和衔接关系根据总目标及资源优化配置的原则编制计划并付诸实施。在进度计划实施的过程中经常检查实际进度是否按计划要求进行,对出现的偏差情况进行分析,采取补救措施或调整,修改原计划后再付诸实施。如此循环,直到建设工程完工验收交付使用。从本质上讲,进度控制是一系列动态控制的过程。

测绘工程实施阶段进度控制主要是通过完善工程控制性计划、审查生产单位的生产进度计划,做好各项动态控制工作、协调各单位关系,以求实际生产进度达到计划生产进度的要求。

工程进度是项目实施过程中受多种变数共同作用结果的具体体现。这不仅体现为影响工程进度的因素众多,而且还体现为工程进度与工程质量及工程成本之间的相互制约关系,由于这一关系的存在,工程进度目标的达成还必然会受到工程质量与工程成本管理目标的共同约束,因此,测绘工程项目的进度控制,是项目生产过程中一项重要而复杂的任务。控制测绘工程项目的进度,不仅能够确保测绘工程项目按预定时间完成,及时发挥业主投资的经济效益,而且能够收到良好的社会效益,进而维护国家良好的经济秩序。因此,监理工程师应采用科学的控制方法和手段来控制测绘工程项目的工作进度。

（二）进度控制的目标

（1）进度控制目标的含义

测绘工程进度目标可以表达为:通过有效的进度控制工作和具体的进度控制措施,在满足投资和质量要求的前提下,力求使工程实际工期不超过计划工期。但是进度控制往往强调的是项目的总计划工期,因此,概括来讲测绘工程项目进度管理的根本目标是尽量缩小计划工期与规定工期之间的偏差幅度以有效控制测绘项目的总工期。

为了提高进度计划的预见性和进度控制的主动性,在确定生产进度控制目标时,必须全面细致地分析与生产进度有关的各种有利因素和不利因素。只有这样,才能订出一个科学、合理的进度控制目标。

（2）影响进度目标实现的因素

控制进度目标能否实现,主要取决于项目关键环节上的工作内容能否按预定时间完成,比如用航测法生产 DLG 线划图,其关键环节就是控制测量、像控点联测及外业调绘,项目能否按时完成就取决于这三个环节的完成情况。当然,其他环节上的工作也不能有更多的延误,否则也就成为关键环节的延误。通过测绘工程监理的实践,可以归纳出以下几个影响实施阶段进度目标实现的因素:

① 业主因素。如业主对技术设计要求的变更;应提供的基础资料或必要的与生产相关的设施、设备、文件等没有及时提供。

② 测绘技术因素。如采用测量设备和方法不当;采用不成熟的生产技术等。

③ 监理因素。如总监理工程师指挥不利;监理工程师及监理人员的素质达不到本项目的监理需求等。

④ 参与项目人员情况。如业主对项目专业的熟悉程度,测绘一线人员的专业技能情况,监理的专业技能和协调管理水平等。

⑤ 组织管理因素。如合同签订时遗漏条款、表达失当;计划安排不周密、组织协调不利（在地籍测量中表现明显）等。

⑥ 资金因素。资金不到位,不能按合同支付生产单位或业主的启动资金等。

⑦ 自然环境因素。如洪水、台风、地震、流行疾病等不可抗力。

⑧ 不可预见因素。

（3）确定进度控制目标的依据

确定项目生产进度控制目标的主要依据有:项目总进度目标对生产工期的要求;工期定额、类似项目的实际进度;项目难易程度和工程条件的落实情况等。

（4）生产进度的总目标、分目标与阶段目标

要想对项目的生产进度实施控制,必须有明确、合理的进度目标,同时确定总目标、进度分目标及阶段目标,各目标之间相互联系,相互制约,只有这样才能将进度控制工作落实到实处;否则,进度控制便失去了意义。在确定生产进度各目标时,要充分考虑以下几方面的因素:

① 根据业主的需求,将急需用图地区优先考虑组织生产,然后再根据业主的需求顺序,分期分批地安排生产,以便投入使用,尽快发挥投资效益。

② 合理安排各道工序。按照项目的特点,合理安排测绘生产环节的先后顺序,做到各工序生产交叉或平行进行。比如在地籍测量中,权属调查和非地籍要素的测量就可以交叉和平行作业,可以合理地安排各自的进度控制。

③ 结合本项目的特点,参考同类工程的经验来确定生产进度目标。避免只按照主观愿望盲目制订进度目标,从而在生产过程中造成进度失控。

④ 考虑外部协作条件的配合情况。

⑤ 考虑项目所在地的自然环境条件等。

二、项目进度计划的体系、编制与认定

实施阶段进度计划是表示该项目的施工顺序、开始和结束时间的计划。它是生产单位进行生产管理的核心指导文件,也是监理工程师实施进度控制的依据。

（一）进度计划体系

按管理主体的不同,工程项目进度可区分为业主单位、监理单位及生产单位不同主体所编制的不同种类计划。这些计划既互相区别又互有联系,从而构成了工程项目进度管理的计划体系,其作用是从不同的层次和方面共同保证工程项目进度管理总体目标的顺利实现。这里对监理单位和生产单位的计划体系加以说明。

（1）监理单位的进度计划体系

监理单位的进度计划体系包括总进度计划和总进度计划目标分解计划。监理总进度计划是根据项目合同制订的工期和有关业主的正当要求编制的,其目的是对工程项目进度控制的总目标进行规划,明确生产各阶段的进度安排,其表示如表 6-1 所示。监理还要将总进度计划目标根据工程项目的进展阶段或按时间安排进行目标分解,使总目标更加具体化、可操作化和可实现化。进度计划一般包含文字部分和表格部分两项内容。

表 6-1　　　　　　　　　　　　　　　**监理总进度计划**

阶段名称	阶段进度（月）					
	1	2	3	4	5	…
前期准备						
生产实施						
检查验收						

（2）生产单位的进度计划体系

施工准备阶段工作的主要任务是为生产顺利展开提供必要的技术和后勤保障,统筹合理安排生产力量。生产单位进度计划包括:施工准备阶段工作计划、施工总进度计划和各工序阶段进度计划。

① 施工准备阶段工作计划包括:基础资料准备、技术准备、仪器设备准备、后勤保障准备等,其表示如表 6-2 所示。

表 6-2　　　　　　　　　　　　　　　**施工准备阶段工作计划**

序　　号	准备项目名称	负责单位	负责人	开始时间	完成时间	备　　注

② 实施阶段总进度计划是指生产单位根据工程总的方案和合同要求对该项目所涉及的生产单位（或各作业组）和工序做出一个总的时间计划。其目的在于确保各生产单位或各作业组能够按照开工日期和结束日期合理安排测绘生产任务。

③ 各工序进度计划是在既定施工方案的基础上,根据规定的工期和各种资源的配置情况,对各工序的施工顺序、起止时间及衔接关系等进行合理安排。如果工序间可以平行或交叉作业,工序间的进度计划的制订就更应该考虑全面,其表示如表 6-3 所示。

表 6-3　　　　　　　　　　　　　　　　工序进度计划表

序号	工序名称	生产单位	参加人数	负责人	进度(周/月)				备注
					1	2	3	…	
1	控制测量								
2	像控点联测								
…									

（二）进度计划的编制

对于规模较大、施工工期较长的测绘工程,若业主没有编制总进度计划,监理工程师就要编写总进度计划。若业主已经编制总进度计划,监理工程师只需对业主单位和生产单位提交的施工总进度计划进行审核,而不需要另行编制总进度计划。

（1）实施阶段总进度计划的编制

实施阶段总进度计划一般是该项目的施工进度计划。它是用来确定该项目中各工序的施工顺序、施工时间及相互衔接关系的计划。编制实施阶段总进度计划的依据有:招标文件、合同文件、业主的正当要求、政府批文和测区的自然状况等,同时生产单位投入的人员和设备情况也是编制总进度计划的一个重要因素。

实施阶段总进度计划的编制步骤和方法如下:

① 计算工程量。根据项目的具体要求,比如作业方法、任务范围、成图比例尺提交成果的种类、测区的困难类别等,一般应先根据生产单位作业力量及可能存在的平行作业等因素计算出需投入的实际工作量。这样不仅可以比较出当初制订投标文件时拟投入的人力和设备等是否满足实际业主的工期要求,反过来还可以再次配置合适的人力和物力资源。

② 确定各工序的开工和竣工时间以及相互衔接关系。根据项目特点,首先应集中优势力量做好整个测区的基础准备工作,比如基础控制测量。然后再根据业主的需求,是否有急需工程,如果有则还要集中优势力量提前施工,以保证工期;如果测区范围较大,是否将测区分成几个作业区,按照需求顺序集中力量突击某个作业区,或者将其中的一个或几个作业区分别承包给分包单位同时作业(在合同允许的情况下),而且如果效果好还可为其他工程借鉴,为以后其他作业区提供宝贵的经验;如果业主要求测区同时开工,就要合理地安排各工序的起始时间,合理地配置人力、物力资源,做到均衡施工全面覆盖。同时,还要考虑季节对测绘生产的影响,抓住对测绘外业有利的季节进行突击,避免因此而延误了工期,但不可抗力的自然灾害除外。

③ 编制实施阶段总进度计划。实施阶段总进度计划应按照全工序的流水作业来安排,比如测区范围较大又有业主特殊的需求,这时就应该考虑在具备开工条件的情况下,把急需的部分列在最先开工,然后根据测区情况将基础控制测量作为接下来的工作,再接下来就可以分区开展工作。施工总进度表如表 6-4 所示。在生产作业的同时,还对制订的总进度计划进行检查,主要是检查总工期是否符合要求,资源使用情况是否均衡,工期能否得到保证。

如果出现问题,则应进行调整。调整的主要方法是在该表中调整某些工序的起始时间或者增加人力、物力资源的配置等。

表 6-4   施工总进度计划表

序号	工序名称	生产单位	负责人	面积	开始时间	进度计划/(周/月)				备注
						1	2	3	...	
1	急需部分									
2	控制部分									
3	分区 1									
4	分区 2									
...	...									

（2）各工序进度计划的编制

各工序进度计划是在既定施工方案的基础上根据规定的工期和各种资源的配置情况,对各工序的施工顺序、起止时间及衔接关系等进行合理安排。其编制的主要依据有:施工总进度计划、合同工期、业主的正当要求、类似项目的经验、自然条件等。

① 各工序进度计划的编制程序。过程如下:

收集编辑依据→划分工作项目→确定施工顺序→计算工程量→计算投入人员和设备数量→确定工序持续时间→编制施工进度计划图(表)→进度计划的检查与调整→编制正式施工进度计划。

② 确定合理的施工顺序。确定施工顺序是按照通常的技术规律和合理的组织关系,解决各工序之间时间上的先后和衔接问题,以达到保证质量、安全生产、争取时间、实现合理安排工期的目的。一般来说,测量的工序是相对比较固定的。随着现代信息化产业飞速发展,给测绘人提出了更高的要求,那就是大量的非测量要素数据与测绘数据的挂接,一些属性数据的采集可以不受常规测量工序的影响,可以独立进行。这样制订工序进度计划的时候,就要充分考虑项目自身的特点和组织协调生产的难度,制订科学的进度计划。

（三）监理对进度计划的认定

为了保证工程项目的按期完成,监理工程师必须审核生产单位提交的生产进度计划。实施阶段进度计划认定的主要内容有:

① 进度安排是否符合工程项目总进度计划和各工序分目标的要求,是否符合合同中规定的开工、竣工时间。

② 实施阶段总进度计划中的项目是否有遗漏,测绘工程准备阶段的时间是否满足整体开工的必要配备条件。

③ 施工工序安排是否合理,是否符合施工工艺的要求。

④ 如果有分包队伍,总保、分包分别编制的实施阶段进度计划是否相协调,各项分工与计划是否合理。

⑤ 在各进度计划实施过程中是否有主要负责人。

⑥ 对于业主需要提供的施工条件(资金、基础资料等)在测绘实施阶段进度计划中安排得是否明确、合理,是否有造成因业主违约而导致工程延期的可能。

如果监理工程师在审核施工进度计划过程中发现问题,应及时向测绘生产单位提出书面修改意见(也称整改通知书),对于重大问题应及时向业主汇报。

还应当说明的是,编制和实施施工进度计划是生产单位的责任。生产单位之所以将进度计划交给监理工程师审核,就是为了听取监理工程师合理的建设性意见。因此,监理工程师对施工进度的审核和批准,并不解除生产单位对进度计划的责任和义务。此外,对监理工程师来讲,其审查施工进度计划的主要目的是为了防止生产单位计划不当,以及为生产单位保证实现合同规定的进度目标提供帮助。如果强制地干涉生产单位的进度计划安排,或支配测绘生产过程中所需要的人力、设备等,将是一种错误行为。

三、进度控制的基本方法和主要措施

(一)进度控制的基本方法

(1)行政方法

行政方法就是利用行政地位和权利,通过发布进度指令,进行指导、协调、考核,利用监督、督促等方式进行进度控制。

(2)经济方法

经济方法就是指有关单位利用经济手段对进度进行制约和影响。如在合同中写明工期和进度的条款,通过招标、投标的进度优惠条件鼓励承包方加快施工进度,业主通过工期提前奖励和延期惩罚条款实施对进度控制等。

(3)技术管理方法

技术管理方法主要是监理工程师的规划、控制和协调。在进度控制过程中,确定工程项目的总进度目标和分进度目标,并对计划进度与实际进度进行比较,发现问题,及时采取措施进行纠正。

(二)进度控制的主要措施

进度控制是一项全面的、复杂的、综合性的工作,原因是测绘生产的各个环节都影响工程进度计划,因此要从各方面采取措施,促进进度控制工作。采用系统工程管理方法,编制网络计划只是第一道工序,最关键的是如何按时间主线进行控制,保证计划的实现。为此,采取进度控制的措施包括:

① 加强组织管理。网络计划在时间安排上是紧凑的,要求参加施工的不同管理部门及管理人员协调配合努力工作。因此,应从全局出发合理组织,统一安排人员、材料、设备等,在组织上使网络计划成为人人必须遵守的技术文件,为网络计划的实施创造条件。

② 为保证总体目标的实现,对工期应着重强调工程项目各分级网络计划控制。严格界定责任,依照管理责任层层制定总体目标、阶段目标、节点目标的综合控制措施,全方位寻找技术与组织、目标与资源、时间与效果的最佳结合点。

③ 网络计划的实施效果应与经济责任制挂钩,把网络计划内容、节点时间要求具体落实,实行逐级负责制,使对实际网络计划目标的执行有责任感和积极性。同时规定网络计划实施效果的考核评定指标,使各分部、分项工程完成日期、形象进度要求、质量、安全均达到规定要求。

④ 网络计划的编制修改和调整应充分利用计算机,以利于网络计划在执行过程中的动态管理。

⑤ 加强合同管理,协调合同工期与进度计划之间的关系,保证合同中进度目标的实现。

严格控制合同变更,对各方提出的变更要求,监理工程师应严格审查后再补入合同文件中,同时在合同中应该充分考虑风险因素及其对合同进度的影响,明确双方的违约责任和赔偿。

四、进度计划的表示方法与分析

(一)进度计划的表示方法

进度计划的表示方法有很多种,常用的有横道图和网络图两种表示方法。

1. 横道图

横道图又叫甘特图,是美国人甘特(Gantt)在 20 世纪 20 年代提出的。由于其形象、直观,且易于编制和理解,因而长期以来被广泛应用于工程进度控制之中。用横道图表示的工程进度计划,一般包括两个基本部分,即左侧的工作名称及计划工作持续时间等基本数据部分和右侧的横道线部分。表 6-5 所示即为用横道图表示的某个镇地籍调查工程项目的施工进度计划。该计划明确表示出各项工作的划分、工作的开始时间和完成时间、工作的持续时间、工作之间的相互搭接关系,以及整个工程项目的开工时间、完工时间和总工期。

表 6-5　　　　　　　　　　　某镇地籍调查过程进度计划横道图

序号	工序名称	持续时间（天）	进　度/天								
			10	20	30	40	50	60	70	80	90
1	施工准备	7	▬								
2	地籍调查	70		▬▬▬▬▬▬▬							
3	控制测量	27		▬▬▬							
4	碎部测量	47			▬▬▬▬▬						
5	属性数据录入及图形编辑	50					▬▬▬▬▬				
6	资料整理	10								▬	

横道计划图是按时间坐标绘出的,横向线条表示工程各工序的施工起止时间先后顺序,整个计划由一系列横道线组成。它的优点是易于编制、简单明了、直观易懂、便于检查和计算资源,特别适合于现场管理。

但是,作为一种计划管理的工具,横道图有它的不足之处。首先,不能明确地反映出各项工作之间错综复杂的相互关系,因而在计划执行过程中,某些工作的进度由于某种原因提前或拖延时,不便于分析对其他工作及总工期的影响程度,不利于进行过程进度的动态控制。其次,不能明确地反映出影响工期的关键工作和关键线路,也就无法反映出整个工程项目的关键所在,因而不便于进度控制人员抓住主要矛盾。第三,不能反映出工作所具有的机动时间,看不到计划的潜力所在,无法进行最合理的组织和指挥。

2. 网络图

工程进度计划用网络图来表示,可以使工程进度得到有效控制。国内外实践证明,网络计划技术是用于控制工程进度的最有效的工具。无论是设计阶段的进度控制,还是测绘实施阶段的进度控制,均可使用网络计划技术。

（1）网络计划的种类

网络计划的种类包括时标网络计划、搭接网络计划、有时限的网络计划、多级网络计划、流水网络计划、多目标网络计划等。

（2）网络计划的特点

利用网络计划控制工程进度,可以弥补横道计划的许多不足。如图 6-3 所示为某镇地籍调查工程项目施工进度网络计划图。与横道计划相比,网络计划具有以下主要特点:

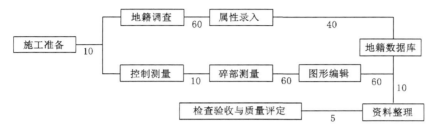

图 6-3 某镇地籍调查工程项目施工进度网络计划图

① 网络计划能够明确表达各项工作之间的逻辑关系。所谓逻辑关系,是指各项工作之间的先后顺序关系。网络计划能够明确地表达各项工作之间的逻辑关系,对于分析各项工作之间的相互影响及处理它们之间的协作关系具有非常重要的意义,这也是网络计划比横道计划先进的主要特征。

② 通过网络计划时间参数的计算,可以找出关键线路和关键工作。关键线路是指在网络计划中从起节点开始,沿箭线方向通过一系列箭线与节点,最后到达终节点为止所形成的通路上所有工作持续时间总和最大的线路。关键线路上各项工作持续时间总和即为网络计划的工期,关键线路上的工作就是关键工作,关键工作的进度将直接影响到网络计划的工期。通过时间参数的计算,能够明确网络计划中的关键线路和关键工作,也就是明确了工程进度控制中的工作重点,这对提高工程进度控制的效果具有非常重要的意义。

③ 通过网络时间参数的计算,可以明确各项工作的机动时间。所谓工作的机动时间,是指在执行进度计划时除完成任务所必需的时间外尚剩余的、可供利用的富余时间,亦称"时差"。在一般情况下,除关键工作外,其他各项工作均有富余时间。这种富余时间可视为一种"潜力",既可以用来支援关键工作,也可以用来优化网络计划,降低单位时间需求量。

④ 网络计划可以用电子计算机进行计算、优化和调整。对进度计划进行优化和调整是工程进度控制工作中的一项重要内容。现在人类已进入信息化的时代,我们生活当中的各个行业已经离不开计算机,网络计划的优化和调整可以用数学的方法建立某个项目进度计划的优化模型。正是由于网络计划的这一特点,使其成为最有效的进度控制方法,从而受到普遍重视。

然而,在实际工作中,应注意横道计划和网络计划的结合使用。即在应用电子计算机编制施工进度计划时,先用网络方法进行时间分析,确定关键工序,进行调整优化,然后输出相应的横道计划用于指导现场作业,进行直观的进度控制。

（二）进度计划的分析

进度计划的分析就是将测绘生产的实际进度与计划进度进行比较。施工进度分析的方法主要有对比法、横道图比较法、S形曲线比较法、香蕉型曲线比较法、前锋线比较法、列表比较法等,将经过整理的实际进度的数据与计划进度的数据相比较,从而发现是否出现偏差和偏差的大小。若偏差较小,可在分析其产生原因的基础上采取有效的措施,使矛盾得以解决,继续执行原计划;若偏差较大,经过努力不能按原计划实现时,则要考虑对计划进行必要的调整,即适当延长工期或改变生产速度。

影响工程进度目标的因素,有以下几个方面:

① 在估计工程的特点及工程实现的条件时,过高或过低地估计了有利因素。例如资金的保障情况,测区内的作业条件等。

② 在工程实施过程中各有关方面工作上的失误。例如业主的设计要求的变更、作业顺序的调整等。

③ 不可预见事件的发生。不可预见事件包括政治、经济及自然等方面。此时,监理工程师必须对各种不可预见事件进行预测分析,提出方法并对不可预见事件出现时给予恰当的处理。

（三）进度计划的调整

通过对进度计划的控制、检查及资料整理分析,如果发现原有进度计划已不能适应实际情况时,为了确保进度控制目标的实现或确定新的计划目标,就必须对原有进度计划进行调整,以形成新的进度计划,作为进度控制的新依据。

工程进度的调整一般是不可避免的,但如果发现原有的进度计划已落后且不适应实际情况时,为了确保工期,实现进度控制的目标,就必须对原有的计划进行调整,形成新的进度计划,作为进度控制的新依据。调整工程进度计划的主要方法如下。

压缩关键工作的持续时间:在不改变工作之间顺序关系前提下,通过缩短网络计划中关键线路上的持续时间来缩短已被延长的工期。具体采取的措施有:延长每天的工作时间、增加作业人员及生产设备的数量的组织措施;改进作业方法、采用更先进的生产技术的技术措施;实行包干奖励、提高奖金数额、对所采用的技术措施给予相应补偿的经济措施;改善外部配合条件、改善劳动条件等其他配套措施。在采取相应措施调整进度计划的同时还应考虑费用优化问题,从而选择费用增加较少的关键工作为压缩的对象。

平行作业:在不改变工作的持续时间的前提下,只改变工作的开始时间和完成时间。

五、监理在进度控制中的作用

① 监理参加由业主主持的第一次工地会议。了解项目双方(业主和生产单位)对开工的准备情况,确定是否都具备了开工条件,以便下达项目开工令。

② 协助生产单位实施进度计划。监理工程师要随时了解进度计划在施工过程中存在的问题,并帮助生产单位予以解决,特别是生产单位无力解决的内外关系协调问题。

③ 监督进度计划的实施。监理工程师不仅要及时检查生产单位报送的施工进度报表,同时还要进行必要的相应阶段成果的检查,核实所报送已经完成项目的时间和工作量是否属实,在对项目实际进度进行分析的基础上,监理工程师应将其与进度计划相比较,以判定实际进度是否出现偏差,如果出现偏差,监理工程师应进一步分析此偏差对进度控制的影响程度及产生的原因,以便研究对策,提出纠偏措施。必要时还应对后期工程进度计划做出适当的调整。

④ 组织现场协调会。监理工程师应每月(条件允许情况下每周)组织召开不同层级的现场协调会议,以解决生产过程中的相互协调及配合问题。当工期较紧、工序衔接频繁的情况下,监理工程师的协调会议还应该加大召开的密度,找出生产过程中的薄弱环节,以便为以后的正常生产创造有利条件。

⑤ 审查项目是否延期。找出工程进度拖延的原因,确定事故责任。造成进度拖延的原因通常有两种,一是生产单位自身的原因;二是生产单位以外的原因。前者造成的进度拖延,一般称为工期延误;而后者造成的进度拖延,一般称为工期延期。

六、进度违约责任的认定及工期延期

(一)进度违约责任的认定

从《合同法》中我们可以知道违约责任的概念,违约责任是指合同当事人不履行合同义务或者履行合同义务不符合约定时,依法产生的法律责任。在《合同法》中,违约责任仅指违约方向守约方承担的财产责任,与行政责任和刑事责任完全分离,属于民事责任的一种。测绘工程进度违约责任主要是指测绘项目主体(业主和测绘生产单位)不履行测绘合同中规定的进度义务或者履行测绘合同中的义务不符合进度约定时,依法产生的法律责任。那么,如何界定违约责任?应根据影响项目进度的因素来界定责任主体,试分析如下。

第一,由业主的因素造成的进度违约。如业主技术路线的变更、施工顺序的调整、合同中约定的保障没有落实或者落实不完全等造成的进度违约,违约责任应由业主来承担,在双方共同协商或按照合同中的约定给予测绘生产单位一定的经济赔偿或补偿。

第二,由测绘生产单位的因素造成的进度违约。如测绘生产单位现场组织不力、管理不善、执行技术方案失误、人员仪器设备不符合项目生产要求等因素造成的进度违约,违约责任应由测绘生产单位来承担,按照合同中约定给予业主一定的经济补偿或采取终止合同等违约处罚措施。

第三,由监理单位的因素造成的进度违约。如监理在监理过程中技术指导失误、监理协调不利等因素造成的进度违约,应按照测绘工程监理合同中的约定,确实属于监理因素造成的进度违约的违约责任应由监理单位来承担。按照监理合同及测绘合同中的有关条款给予双方一定的经济补偿或者采取其他的处罚措施。

第四,由于不可预见、不可抗力等因素造成的违约责任。如果合同中对该项内容结合地区的特点做出了明确的规定,由此产生的进度违约,双方都应该接受现实,协同监理共同探讨解决问题的方法。如果没有做出明确的规定,当事人双方协同监理共同协商解决落实责任主体,如果不能解决问题,必要时请司法机构介入。

造成进度违约的原因很多,有时候多种因素同时影响造成进度违约,所以当事人双方和测绘工程监理单位都应本着客观公正、保证工程顺利开展、问题得以最快解决的思想来处理问题。

(二)工期延期

工期延期是由于业主、监理单位、合同缺陷、工程变更等原因造成的;工期延误是测绘生产单位组织不力或因管理不善等原因造成的。工期延期是可以通过向业主、监理单位申请获得批准而增加工期的。我们在工作中,应注意区别工期延期和工期延误的概念。

工期延期获得批准的条件:

第一，必须符合合同条件，即导致工期拖延的原因不是测绘生产单位自身的原因引起的，如业主技术路线的变更、施工顺序的调整、合同中约定的保障没有落实或者落实不完全等。因上述原因导致的工期拖延是工期延期申请获得批准的首要条件。

第二，发生延期事件的作业工序，必须是在测绘生产进度计划的关键线路上，才能获得工期延期的批准。若延期事件发生在非关键线路上，且延长的时间未超过总时差时，即使符合批准为工程延期的合同条件，也是不能获得工期延期申请的。

第三，工期延期的批准还必须符合实际情况和注意时效。对延期事件发生后的各类有关细节进行详细记载，及时向业主代表（监理单位）或监理工程师提出申请，递交详细报告。通常是在延期事件发生的 14 天内提出申请；外商投资的项目则根据 FIDIC 合同条件的规定，在延期事件发生的 28 天内递交意向书，否则过期申请无效。

第四节　测绘工程监理实施阶段的质量控制

测绘工程质量是项目成功的基础，没有工程质量，就没有了工程项目投资效益。测绘工程实施阶段是业主意图得以实现并最终形成成果实体的过程。因此，在测绘项目实施阶段进行质量控制是测绘工程监理工作的重点和核心，是进行投资控制和进度控制结果的具体体现。监理工程师对测绘工程实施阶段的质量控制，就是要按照监理合同所赋予的权利，围绕影响工程质量的各种因素，对测绘工程项目的实施过程进行有效的监督和管理。

一、实施阶段质量控制的内容和手段

（一）实施阶段质量控制的内容

测绘实施阶段质量控制主要是通过生产单位对该项目的预期投入（主要是人员、设备、作业环境等）、组织生产过程和生产出来的测绘成果进行全过程的控制，以期按标准达到预定的成果质量目标。

为完成测绘实施阶段质量控制的任务，监理工程师应当做好以下工作：

① 检查生产单位的资质情况。

② 审查生产单位是否存在分包单位。若允许分包则核实中标单位申报的分包单位情况是否属实。审查分包单位的资质，作业能力，是否符合分包条件。

③ 做好生产单位上岗人员审查工作。从事测绘生产的人员数量必须满足测绘生产活动的需要，没有经过培训或经过培训不合格的作业人员不允许上岗。

④ 做好对生产单位投入生产的仪器设备检验情况的审定工作。监理单位应对测绘生产单位提交的测量仪器的型号、技术指标、精度等级、法定计量部门的标定证明经检查核实后，方可进行正式使用。在作业过程中，监理工程师也应经常检查和了解所用测量设备的性能、精度状况，使其处于良好的状态之中。

⑤ 审查生产单位的组织落实和制度制订情况。检查从事作业活动的组织者及管理者，以及相应的各种制度。直接负责人（包括技术负责人），专职检查人员，必须到位在岗。健全各种制度，如管理层和作业层各类人员的岗位职责；作业环境的安全、消防规定；资料保密管理规定；人身安全保障措施等相关制度。

⑥ 做好生产工序过程的质量控制工作。

⑦ 检查生产单位的质量控制情况和生产单位质量管理制度的落实情况。

⑧ 检查生产单位各项制度的执行情况。

⑨ 检查工序质量,严格执行工序交接检查制度。

⑩ 做好困难地区、隐蔽地区的质量检查工作。

⑪ 做好质量监督,行使好监理权利和义务;行使质量否决权,组织现场协调会,发挥好与业主和生产单位的桥梁作用。

⑫ 做好过程产品和中间产品的检查验收工作,不合格的产品不允许进行阶段性验收。

（二）质量控制的方法和手段

1. 监理控制方法和手段的科学化

监理的方式方法要讲究科学化。监理方法科学化包含监理工作方法和控制方法科学化。其一,监理工作方法的科学化首先表现在监理思想方法的科学性,就是要在监理实践中坚持"两点论",用辩证的观点去正确对待和处理测绘过程中遇到的问题,用公平、公正、客观、实事求是的工作态度去处理在测绘生产合同中发生的矛盾。工作方法的科学化就是抓主要矛盾和矛盾的主要方面,控制中分清主次,主要矛盾解决了,次要矛盾即可迎刃而解(如控制测量工作中的精度指标问题就是抓主要矛盾的典型);坚持严格监控与热情帮助相结合的具有中国特色的监理方法。其二,监理控制方法科学化,主要指在测绘生产过程中,监理对工程项目进行事前、事中、事后全过程的动态控制,以事前、事中控制为主,事后控制为辅相结合的控制方法,强调监理工作的预见性、计划性和指导性,最大限度地采用先进的网络技术,先进的计算机目标管理及科学化的统计资料分析,这些都构成控制方法的科学化。

2. 监理质量控制方法和手段

监理质量控制方法包括审核技术文件、旁站监理、签发指令性文件、召开各种协调会议、严格执行监理程序、实地测量平行检验、现场巡视、抽样检测、计算机辅助管理等手段,运用这些手段时要得当,有度、合理、有效、技术先进等构成控制手段的科学化。

通过测绘工程监理的实践,在对质量控制过程中的目的、作用及控制方法手段的适用范围进行分析时,对目前的测绘项目和大多数业主来说,认为旁站监理、现场巡视、实地测量平行检验是测绘工程监理质量控制的三种最为有效的方式,体现了质量控制的点线面相结合、以数据事实说话的科学工作方法,从而达到对成果质量的有效控制。对于有效的质量控制,无论何种方式,监理人员的素质是最重要的,要善于发现问题、解决问题并防患于未然,做到预防为主。

（1）实地测量平行检验

实地测量平行检验是测绘工程监理工程师获取数据的重要手段。平行检验是建设工程监理提出的概念。《建设工程监理规范》是这样释义平行检验概念的:项目监理机构利用一定的检查或检测手段,在生产单位自检的基础上,按照一定的比例独立进行检查或检测的活动。这个定义对于测绘工程监理来讲也是通用的。测绘工程监理的平行检验是在测绘生产单位自检合格的基础上进行的平行检验。项目监理机构或监理工程师可以采用与测绘生产单位相同的生产方法(同精度)采集数据,也可以采用高于测绘生产单位精度的方法进行采集数据。然后,依据技术规范或监理细则等技术规程评判部分或某工序合格或不合格,如果不合格,发监理工程师通知单,要求整改。

（2）现场巡视和旁站监理

现场巡视是相对于旁站而言的,是对于绝大多数的测绘项目(除数据整合、数据入库、系统建设等没有外业的项目)都需要进行的一种监督检查手段。项目监理机构或监理工程师为了了解生产单位各工序作业的具体情况,需要派监理人员到生产现场进行野外巡视,如测量控制点的选埋情况,调绘底图与实地的一致性,属性调查的正确性等。在监理工作中,巡视是旁站的前提,旁站是监理工作中必不可少的一种手段。监理人员不仅要知道何时该去旁站,重要的是要知道旁站时重点检查什么。

旁站监理从词义上解释,是指生产单位在测绘生产过程中,监理人员在一旁守候、监督生产单位操作的做法。由于项目在生产过程中所包含的内容非常丰富,作业区范围一般情况下又相当大,因此监理不可能也根本没有必要对每一个生产过程环节都进行旁站监理,而是应该在比较重要的、困难类别较高、容易出现问题的环节进行旁站监督。一般情况下,旁站监理应该是持续时间短的、抽查性质的,有时也可以是随机进行的,而不应该是持续不断的工作。旁站监理的对象可以是作业员,也可以是管理人员。旁站监理人员需要有实事求是、公正和科学的态度与工作作风,所用的方法主要是检查和督导。目前,有不少旁站监理只流于形式,即事无巨细,统统一"站"了之。表面上好像监理事事处处都有人在,实际上,因为监理的人数和精力都有限,不可能一直进行监督。所以,监理应该充分发挥旁站监理先行和督导的作用,为后续的监理工作和下一步的决策打下基础。

监理在进行现场巡视和旁站监理时,为了确保旁站和巡视的工作质量,应要求现场监理人员必须做到"五勤",即"腿勤、眼勤、脑勤、嘴勤、手勤"。具体说,"腿勤"是指监理人员不怕辛苦,加强现场巡视的覆盖面,对于重要工序,坚持全过程旁站,随时发现问题,防止质量失控。"眼勤"是指监理人员在现场巡视过程中,要注意看,要能看到问题,及时采取处理措施。"脑勤"是要求现场监理人员对看到的问题要动脑筋,认真分析,发挥自己的主观能动性,出主意,想办法。"嘴勤"是指监理人员经常不断地及时将自己的意见和发现的问题转达给测绘生产单位,督促测绘生产单位采取措施及时解决问题。"手勤"是要求监理人员要将现场看到的以及自己所做的指令,认真记录下来,以书面形式发布。

（五）影响质量控制的因素分析

测绘生产实施阶段影响质量的主要因素有人、仪器设备、方法、环境和监理。监理工程师在质量控制时,必须对什么人,用什么样的仪器设备,采用什么方法,什么样的环境进行控制,而且对影响质量因素的控制要做到事前控制,这是做好质量控制的关键。

1. 人的因素

人的因素主要指领导者(包含行政领导和技术领导)的素质,作业人员的理论、技术水平、责任心、违纪违章等。测绘生产实施阶段,首先要考虑到人的因素,因为人是施工过程的主体,工程质量的形成受到所有参加测绘生产实施的领导干部、技术骨干、操作人员共同作用,他们是形成测绘成果质量的主要因素。首先,应提高他们的质量意识。作业人员应当树立四大观念,即质量第一的观念,为用户服务的观念,用数据说话的观念以及社会效益、企业效益(质量、成本、工期相结合)综合效益观念。其次,是人的素质。领导层、技术骨干素质高,决策能力就强,就有较强的质量规划、目标管理、组织生产、技术指导和质量检查的能力;管理制度完善,技术措施得力,工程质量就高。作业人员应有精湛的技术技能、一丝不苟的工作作风、严格执行质量标准和操作规程的意识和观念。测绘成果质量的好坏实际上是生产出来的,不是检查出来的,所以作业员的素质和技术能力直接关系到成果的质量。后勤保障人员应做好生活等各方面的服务保障工作,以出色的工作质量,间接地保障测绘成果质量。提高人的素质,可以依靠质量教育、精神和物质激励的有机结合,也可以靠培训和优选,进行岗位技术练兵等。

2. 仪器设备因素

测量仪器设备是测绘工程必不可少的,仪器设备的性能、数量对工程质量也将产生影响。如进行控制测量时所用的卫星定位接收机的性能和指标,直接影响控制测量成果的精度;碎部测量时所用的全站仪的性能和指标,直接影响所测碎部点的精度;内业数据处理所使用的计算机的配置,直接影响数据处理的速度,进而影响人员的投入情况以及投入的现有人员能否满足项目生产进度的需求等。此外,所用测量仪器是否经过指定仪器鉴定部门进行鉴定,以及测量仪器是否在鉴定有效期内使用。因此,在测量实施阶段,监理工程师必须根据测绘各工序特点、技术设计的要求以及施测的方法,使测绘生产单位所用的仪器设备必须处于完好的可用状态,而且能够满足工程质量及进度的要求。

3. 方法因素

方法是指在测绘成果形成过程中测绘生产单位所采用方法的集合,它是通过生产单位质量管理体系、现场生产组织管理、技术方案等具体制度来体现的。

(1)审查测绘生产单位质量管理体系是否建立

质量管理体系是测绘生产单位保障工程质量的一套完整的质量管理系统,它阐明了生产单位总体管理要求、工程项目管理机构的工作要求以及专项工作要求。监理工程师审查的重点是工程项目管理机构设置、各类管理人员的配备、质量保证管理制度的制定。

工程项目管理机构制定的质量管理制度的审查要注意其必须符合该项目的特点和实际需要,符合有关测绘生产质量管理方面的法律、规范、法规性文件,各项管理制度要齐全完整,不留漏洞,各项工作要求明确,符合项目质量目标。制度之间不能互相矛盾,同时制度本身要有针对性和可操作性。

(2)审查现场生产组织管理

现场生产组织管理是指测绘生产单位负责该项目的直接领导对该项目组织生产、工序安排及作业人员等现场调度和管理的情况。负责人对现场生产组织管理工作落实得好坏将直接影响工程的质量、进度目标的实现。同时,现场负责人要制定生产组织管理制度。组织管理制度的主要内容有:工程特点、责任人、工期要求、质量目标等。监理工程师在对生产组织管理制度进行审查时,要分析其工期、质量之间的关系是否合理,是否有质量预控措施,能否满足成果质量要求,是否符合设计和规范要求等。

(3)审查技术方案

技术方案是为了保证成果质量而做出更详细的技术实施方案,是对组织生产过程中具体技术问题确定明确的施工步骤、方法以及质量控制目标的具体要求。监理工程师在工程施工前应熟悉设计文件及规范要求,在施工前及早同生产单位做好技术方案的沟通和探讨工作,落实方案的可行性。在审查技术方案时,监理工程师必须结合工程实际,从技术、组织、管理等全面进行分析、综合考虑,有利于确保工程质量。

4. 环境因素

环境是指测区的自然环境、项目管理环境、生产单位劳动环境等。在实际工作中影响项目质量的因素较多,有的将对质量产生重大影响,且具有复杂多变的特点。因此,监理工程师应根据项目的具体特点和现场环境的具体情况,对影响工程质量的环境因素,采取有效预防控制措施。对环境因素的控制是与现场生产组织管理紧密相连的,所以监理工程师在审查时要注意生产组织方案中是否考虑了环境对质量的影响。例如在夏季是否考虑如何避暑问题,在比较偏僻的地区冬季如何解决野外作业人员的保暖问题等,这些都将影响作业人员的工作效率和工作的积极性,进而影响工程的质量和进度。综上所述,环境的因素对工程影响涉及范围较广,复杂而多变。监理工程师在编制监理细则时,必须根据项目的地区特点全面考虑,综合分析,制定行之有效的监理细则,才能达到控制的目的。

5. 监理因素

(1) 编制监理方案

监理方案是对监理机构开展监理工作做出全面、系统的组织和安排,是指导监理工作的纲领性文件。它包括监理工作范围和依据、监理工作内容和目标、监理工作程序、监理机构组织形式和人员配备、监理工作方法和措施、监理工作制度等。因而,监理工程师在编制监理方案时,应按项目特点、项目要求有针对性地编制监理方案,并使其具有可操作性和指导性。在监理方案中应确定监理机构的工作目标,建立监理工作制度、程序方法和措施,明确监理机构在工程监理实施中应当做哪些工作,由谁来做这些工作,在什么时间和什么地点做这些工作,如何做好这些工作。只有这样,监理机构的各项工作才有依据,成果质量控制才能达到预期目标。

(2) 编制监理实施细则

监理实施细则是在监理方案基础上,结合工程项目的具体专业特点和掌握的工程信息制定的指导具体监理工作实施的文件。因而,监理实施细则必须做到详细具体、针对性强、具有可操作性。监理工程师在编制监理实施细则时要抓住影响成果质量的主要因素,制定相应的控制措施,根据监理检查生产单位作业工序的特点和质量评定要求,确定相应检验方法和检测手段,明确检测手段的时间和方式。监理实施细则编制完成后,监理工程师应明确告诉测绘生产单位监理检查的具体内容、时间和方式。测绘生产单位应提前通知监理工程师,监理工程师应在约定时间内对监理检查的内容按监理实施细则规定的方法和手段实施监理。只有这样,监理工程师才能有效地对工程质量进行控制。

二、作业规范性检查

测绘成果质量是在测绘生产过程中形成的,而不是最后检验出来的,测绘成果形成的整个过程是由一系列相互联系与制约的作业活动所构成。因此,保证作业活动过程的效果和质量是整个测绘成果得以保证的基础和前提。对于监理单位而言,就要认真做好作业规范性检查。

(一) 测绘生产单位自检与专检的检查

1. 测绘生产单位的自检系统

测绘生产单位是成果质量的直接实施者和责任者。监理工程师的质量监督与控制就是使测绘生产单位建立起完善的质量自检体系并能有效运行。

测绘生产单位的自检系统一般表现为以下几点:

① 参与测绘生产的作业员在作业结束后必须自检。

② 不同的作业员之间必须把经自检合格后的产品进行互检,互检要有相应的检查

记录。

③ 不同工序之间的材料交接和转换必须由相关人员进行交接检查,做好资料的交接记录。

④ 测绘生产单位要设置专职检查机构和专职检查人员进行专检,检查比例按照《测绘产品检查验收规定》(CH 1002—1995)、《数字测绘成果质量检查与验收》(GB/T 18316—2008)等有关规范执行,并做好检查记录。

⑤ 各个级别检查出来的问题的处理办法和意见,要有相应的整改记录。

为实现上述几点,测绘生产单位必须有整套的制度及工作程序,具有相应的专职质检人员、仪器设备等。

2. 监理工程师的检查

监理工程师的质量检查与验收,是对测绘生产单位作业活动质量的复核与确认;监理工程师的检查决不能代替生产单位的自检,而且监理工程师的检查必须是在生产单位自检并确认合格的基础上进行的。生产单位专职检查员没有检查或检查不合格的成果不能上报监理工程师,不符合上述规定,监理工程师一律拒绝检查。

(二) 生产单位实际作业过程的检查

监理工程师要对测绘生产的各个工序进行过程检查,主要检查生产的作业方法、作业流程、生产工艺以及野外实际问题的处理是否符合规范和设计要求,也就是监理所常用的旁站方式进行现场监理。旁站监理的内容在本节已有论述,这里就不再赘述了。

(三) 精度指标的检查

地形图的精度指标主要有数学精度和地理精度,其中数学精度在评判地形图的质量中占有的权重较其他指标更高。因此,测绘生产单位应该把自己检测的结果报送到监理工程师处,监理工程师应该把这项工作列入监理规划和质量控制计划中,并看作是一项经常性工作任务,贯穿于整个生产活动当中。

常规测量检核的要素有:平面绝对精度与相对精度、高程精度、属性精度、地理精度、整饰精度、逻辑精度等。

(四) 工程进度计划调整的检查

测绘生产过程中,由于种种原因可能会调整工作计划,工程计划变更的要求可能是生产单位自身提出的调整,也可能是业主或是监理单位提出的调整。不论什么原因导致计划调整,测绘生产单位都应做好变更生产计划的准备,这也是监理单位做好质量控制、检查生产单位规范性的一项重要内容。

如果是生产单位要求变更,生产单位就要说明相应修改的原因,做出变更后的生产计划,并将这些相关文件送给业主或总监理工程师,待批准后实施。如果是业主或监理工程师要求变更调整,除非合同条款中有明确规定业主可以随时更改计划,否则生产计划变更要征得生产单位的同意后方可进行更改,或者要给予生产单位一定的经济补偿后方可修改。允许变更后,业主或总监理工程师要给生产单位下达变更通知单并附有相应的时间调整计划。

(五) 仪器设备的检查

仪器设备是测绘生产的基本工具,仪器设备是否符合要求直接影响测绘成果的质量,因此,监理工程师要对作业过程中的仪器设备进行必要的质量控制。检查的主要内容有:投入生产使用的仪器是否与开工前准备使用的仪器一致;从事生产的人员是否具备操作仪器或使用其他设备的能力等；作业员实际操作仪器的方法是否得当，如仪器的使用、数据的判读、数据的处理、记录手簿等。

（六）现场会议情况的管理

现场例会是成果形成过程中参加生产建设各方沟通情况、解决问题、形成共识、做出决定的主要渠道，也是监理工程师进行现场质量控制的重要场所。

通过现场会议，监理工程师可以将监理过程中的质量状况指出存在的问题；测绘生产单位提出整改的意见和措施，并做出相应的保证。由于参加例会的人员一般既有管理人员又有技术人员，所以，对问题达成共识的可能性就大，利于生产的顺利进行。

此外，除了必要的会议以外，监理工程师还可以召开专题会议，对某个具体的问题进行探讨和决议。测绘生产单位本身也应多召开会议，各个作业组之间经常加强交流，互相学习彼此的工作方法和心得。

总之，作业规范性检查的内容包括方方面面，凡是与测绘生产活动有关的内容都应该进行必要的规范化和制度化，使管理者和被管理者行事有理有据、按章办事，不能摸着石头过河。

三、工序成果质量检查

工序成果泛指测绘生产过程中各工序生产出来的阶段性成果，该成果可能是测绘最终成果的组成部分，也可能是生产过程中的一个过程产品。

工序质量的检查检验，就是利用一定的方法和手段，对工序操作及其完成的产品的质量进行实际而及时的检查，并将所检查的结果同该工序质量特性的技术标准进行比较，从而判断是否合格或优良，这是对阶段性成果及最终成果质量控制的方式。只有作业过程中的中间产品质量都符合要求，才能保证最终测绘成果的质量。

以航测法生产数字线划图为例，介绍各工序质量检查的过程和内容如下。

（一）航空摄影成果检查

① 航摄计划的制定。这里包括的内容主要有：设计用图的选取；航摄分区的划分；航摄分区的平均高度；航摄方向和航线敷设方法；航摄季节和航摄时间的选定等是否合理。

② 航摄仪的鉴定。测绘单位是否根据其具有的技术装备条件和测图精度要求选择航飞单位及与之匹配的航摄仪；航飞单位是否提供了航摄仪鉴定表，鉴定日期是否在有效期内，鉴定表内的航摄仪检定项目是否齐全，检定数据的精度是否符合规范要求。

③ 航摄材料的选择。第一是航摄底片的选取；第二是复制摄影材料的选取。

④ 飞行质量。检查的主要内容包括：像片的重叠度、倾斜角、旋偏角、图廓及分区覆盖、航线弯曲度等飞行质量。

⑤ 摄影质量。检查的主要内容包括：像片的压平情况；底片的灰雾密度；光学框标是否清晰；显影定影是否充分；底片是否有划痕以及层次感等。

（二）控制测量成果检查

① 平面控制测量成果。主要包括：控制网的等级选择；起算控制点的选择；加密控制网点的布设层次及密度分布；公共控制点的设置；卫星定位控制网布设；导线网布设；加密控制点的编号；点位选择和标志埋设；观测手簿检查；观测数据处理；控制网平差计算和精度指标；控制网图；成果整理等。

② 高程控制测量成果。主要包括:高程起算点的选择;水准路线的布设;水准点的命名与编号;新测路线与已测路线的连接;高程系统和高程基准;水准点点位的选择、标石类型和埋设情况;外业观测过程;观测手簿检查;观测数据处理;水准网结点接测图;成果整理等。

（三）航空摄影测量检查

① 像控点联测检查。主要内容有:像控点的布点方案;野外像控点布点要求及整饰;观测的规范性和准确性;计算的正确性,成果精度;成果资料等。

② 像片扫描。主要内容有:扫描仪的检校记录、测试记录是否完整;扫描分辨率设置是否正确,检查记录是否完整;扫描影像质量检查记录是否完整等。

③ 空三加密。主要内容有:对空三加密准备工作的检查;外业控制点转点的正确性检查;内业加密点选择是否正确;精度指标是否符合要求等。

④ 内业 DLG 数据采集。主要内容有:检查项目参数文件、控制点文件(包括外业控制点和内业加密点)、航摄仪参数文件建立的正确性;建立模型参数文件的正确性;生成核线的范围和建立模型的方法是否正确;模型的清晰度是否满足立体观测的要求;内定向、相对定向和绝对定向的精度指标是否满足规范和设计要求;线划采集是否符合设计要求等。

（四）外业调绘检查

① 调绘工作底图是否符合设计要求。

② 各等级平面和水准点在地形图上的表示是否全面,位置是否准确。

③ 检查调绘的内容是否齐全。

④ 被阴影、烟雾、影等遮盖的地物;内业虽判读了其位置但注明"不准"、"不清"处的地物;外业通过巡视检查,发现内业遗漏的地物;补测业主要求外业实测的各种地物或新增地物。对补测的方法和内容进行检查。

⑤ 各种地物地貌的定性是否准确,图式使用是否恰当。

⑥ 采集碎部点高程采用的方法是否得当,展点位置是否准确。

⑦ 对调绘成果的检查。各类符号的运用是否正确,注记选择是否合理,名称是否准确,注记位置是否恰当;要素间交接是否清楚;图面是否清晰、整洁、易读、完好等。

（五）数字线划图的检查

① 文件名和数据格式。检查文件名格式与名称的正确性;检查数据格式、数据组织是否符合规定。

② 数学基础。检查采纳的空间系统的正确性;将图廓点、首末公里网、控制点等坐标按检索条件在屏幕上显示,并与理论值和控制点的已知坐标值核对。

③ 数学精度。数学精度包括平面的绝对精度、相对精度、高程精度和粗差率。

④ 地理精度。外业对所抽取的地形图进行野外巡视检查,检查地理要素表达是否齐全、正确,有无丢漏现象。

⑤ 图幅接边精度。接边要素几何上自然连接情况是否流畅;面域属性、线划属性是否一致;不同比例尺图幅之间的接边情况;与原有地形图的接边情况。

⑥ 属性精度。检查各个层的名称、要素归属(归层)及代码是否符合设计要求,是否有漏层;采用比对调绘片、原图等方式检查注记的正确性。

⑦ 完整性和现实性。检查数据源生产日期是否满足要求,检查数据采集时是否使用了最新的资料;对照调绘片、原图、回放图,必要时通过立体模型检查各要素及注记是否有

遗漏。

⑧ 整饰质量。检查各要素符号是否正确,尺寸是否符合图式规定;检查图形线划是否连续光滑、清晰,粗细是否符合规定;检查各要素关系是否合理,是否有重叠、压盖现象;检查各名称注记是否正确,位置是否合理,指向是否明确,字体、字号、字向是否符合规定;检查注记是否压盖地物或点状符号;检查图面配置、图廓内外整饰是否符合规定等。

（六）最终成果检查

① 文字报告检查。对测绘生产单位的质量检查报告和技术总结报告进行检查。

② 资料全面性检查。按照合同规定的要求,是否列出齐全的上交成果清单,各种成果资料是否与清单相符合。

③ 资料归档。各种文本成果整饰和装订质量是否良好,资料整理是否符合档案要求。

④ 成果保密情况。整个项目成果的保密情况检查,是否存在资料的泄密情况。

四、质量控制措施

为了取得目标控制的理想效果,达到质量控制的目标,监理应当从多方面采取措施实施质量控制,通常可以将这些措施归纳为组织措施、技术措施、经济措施和合同措施。

（一）组织措施

组织措施是从质量控制的组织管理方面实施控制,一般应从以下几方面制定具体的措施:

① 建立质量管理体系（ISO9001）,完善职责分工及有关质量监督制度,落实质量控制责任。

② 建立与监理工作任务相符合的组织机构,由项目总监理工程师负责,围绕质量这一中心工作展开全面的监理工作。

③ 设立专业监理工程师或专职人员。根据项目的特点安排各工序的专业工程师负责其质量与进度的控制工作;鉴定质量的资料收集和整理工作由专职人员负责;工程调度安排由专人负责等。

④ 在监理组织内部做好分工,建立相应的责任制,明确岗位及岗位责任。

⑤ 建立业主、监理单位、测绘生产单位三方的联系机制,随时互通各方情况,了解和解决影响质量因素的具体问题。

⑥ 协调好各方的关系,建立一个和谐、融洽的合作机制。

组织措施是其他各类措施的前提和保障,而且一般不需要增加什么费用,尤其是对由于业主原因所导致的目标偏差,这类措施可以成为首选措施,故应予以足够的重观。

（二）技术措施

技术措施不仅对解决项目实施过程中的技术问题是不可缺少的,而且对纠正质量目标偏差也有相当重要的作用。运用技术措施进行质量控制一般要做好以下工作:

① 在测绘生产单位进入现场前期,监理单位应协助生产单位完善和检验生产单位质量保证体系和质量控制措施。

② 测绘生产实施前严格检查检验所用仪器设备的各种性能和使用期限等,保证其按照工程实施方案、招标文件和投标文件中所承诺的使用设备,同时要求所用设备必须满足生产实际要求。

③ 以预防为主,加强野外现场巡视,互相沟通情况,掌握生产单位的实际作业能力和由此产生的质量动向,把质量的事后检查把关转为事前的预控和事中的工序检查。

④ 在有限的时间、人力、物力条件下,为能有效地控制成果质量,合理选择质量控制点是做好预控工作的一种手段,针对某些重要工序重点控制人的行为。

⑤ 将质量目标进行分解,确定阶段性质量控制目标,加大监理检查的技术投入。

⑥ 通过现场的巡视与旁站,检查施工人员的实际操作状况。判断施工是否在按照正确的工艺流程进行野外生产,便于及时采取措施。

⑦ 测绘生产实施过程是一个动态过程,运用动态控制的原理,从投入转化到产出,运用反馈原理做好实际值与计划值的比较。

不同的技术措施产生的质量控制效果也是不同的,因此监理单位要能提出多个不同的技术方案,同时要对不同的技术方案进行经济分析,达到技术控制质量和经济效益的最优化。

（三）经济措施

经济措施是最易为人接受和采用的措施。在市场经济条件下,经济措施是保证质量和进度最有效的措施。在实际应用中可以采取以下几种手段和方法:

① 严格质检和验收,不符合国家规范、招标投标文件及合同规定质量要求的拒付工程款。

② 工程进度的认可和工程进度款的签认,须以质量为前提,达不到合同要求质量标准的分项成果或阶段性成果业主或监理方不予签认,不支付工程进度款。

③ 充分发挥市场经济条件下的经济杠杆作用,利用经济效益在质量和进度关系中的相互影响关系,降低质量成本,减少返工损失,求得质量的最优点。

④ 在质量达不到要求时充分运用索赔手段。

⑤ 建立质量奖惩制度等。

经济措施绝不仅仅是审核工作量及相应付款和结算报告,还要从全局性和总体性的问题上加以考虑,对将来可能出现或不可预见的必要的投资要以主动控制为出发点,及时采取预防措施。

（四）合同措施

合同措施除了拟定合同条款、参加合同谈判、处理合同执行过程中的问题、防止和处理索赔等措施之外,还要协助业主确定对目标控制有利的工程组织管理模式和合同结构,分析不同合同之间的相互联系和影响,对每个合同做总体和具体分析等。具体归纳为以下几个方面:

① 将控制质量与合同管理工作结合起来,对合同中的有关质量条款进行集中整理,做细密科学的分析,为质量控制提供合同依据。

② 利用合同的约束力,调控和调整关系,保障质量工作。

③ 坚持合同的全面履行和实际履行的原则,保障工程质量。

由于投资控制、进度控制和质量控制均要以合同为依据,因此合同措施就显得格外重要,这些合同措施对目标控制更具有全局性的影响。另外,在采取合同措施时要特别注意合同中所规定的业主和监理的义务和责任。

第五节　测绘工程实施阶段的投资控制

一、实施阶段投资控制的目标和任务

确定建设项目在施工阶段的投资控制目标概值,包括项目的总目标值、分项目标值、各细目标值。在项目实施过程中要采取有效措施,控制投资的支出,将实际支出值与投资控制项目标值进行比较,并做出分析及预测,以加强对各种干扰因素的控制,及时采取措施,确保项目投资控制目标的实现。同时,要根据实际情况,允许对投资目标进行必要的调整,调整的目的是使投资控制目标处于最佳状态和切合实际。

（一）施工阶段投资控制的任务

① 编制建设项目招标、评标、发包阶段关于投资控制详细的工作流程图和细则。

② 审核标底,将标底与投资计划值进行比较;审核招标文件中与投资有关的内容(如项目的工程量清单)。

③ 参加项目招标的系列活动(如项目的发标、决标),对投标文件中的主要技术方案做出技术经济论证。

（二）施工阶段投资控制的经济措施

① 项目的工程量复核,并与已完成的实物工程量比较。

② 在项目实施进展过程中,进行投资跟踪。

③ 定期向监理总负责人、业主提供投资控制报表。

④ 编制施工阶段详细的费用支出计划,复核一切付款账单。

⑤ 审核竣工结算。

（三）施工阶段投资控制的技术措施

① 对设计变更部分进行技术经济比较。

② 继续寻求在项目建设中通过设计的修正挖潜实现节约投资的可能性。

（四）施工阶段投资控制对合同的控制

① 参与处理工程索赔工作。

② 参与合同修改、补充工作,着重考虑对投资控制有影响的条款。

二、工程款计量支付

（一）工程款计量周期

发包人支付工程进度款,应按照合同约定计量和支付,支付周期同计量周期。常用的方式为按月结算与支付,即实行按月支付进度款,竣工后结算的办法。合同工期在两个年度以上的工程,在年终进行工程盘点,办理年度结算。当采用分段结算方式时,应在合同中约定具体的工程分段划分,付款周期应与计量周期一致。

（二）工程计量的原则

工程计量时,若发现工程量清单中出现漏项、工程量计算偏差,以及工程变更引起工程量的增减,应按承包人在履行合同义务过程中实际完成的工程量计算。

（三）工程计量的要求

承包人应在每个月末或合同约定的工程段完成后向监理工程师递交上月或上一工程段已完工程量报告；监理工程师应在接到报告后 7 天内按施工图纸（含设计变更）核对已完工程量，并应在计量前 24 小时通知承包人。

如发、承包双方均同意计量结果，则双方应签字确认；如承包人收到通知后不参加计量核对，则由发包人核实的计量应认为是对工程量的正确计量；如发包人未按规定的核对时间内进行计量核对，承包人提交的工程计量视为发包人已经认可；如发包人未在规定的核对时间内通知承包人，致使承包人未能参加计量核对的，则由发包人所作计量核实结果无效；对于承包人超出施工图纸范围或因承包人原因造成返工的工程量，监理工程师不予计量；如承包人不同意发包人核实的计量结果，承包人应在收到上述结果后 7 天内向监理工程师提出，申明承包人认为不正确的详细情况。发包人收到后，应在 2 天内重新核对有关工程量的计量，或予以确认，或将其修改，经监理工程师（代表发包人）和承包双方认可的核对后的计量结果，应作为支付工程进度款的依据。

（四）进度款支付申请

承包人应在每个付款周期末，向监理工程师递交进度款支付申请，并附相应的证明文件。除合同另有约定外，进度款支付申请应包括下列内容：本周期已完成工程的价款；累计已完成的工程价款；累计已支付的工程价款；本周期已完成计日工金额；应增加和扣减的变更金额；应增加和扣减的索赔金额；应抵扣的工程预付款；应扣减的质量保证金；根据合同应增加和扣减的其他金额；本付款周期实际应支付的工程价款。

（五）支付工程进度款的原则

监理工程师应在收到承包人的工程进度款支付申请后 14 天内核对完毕；否则，从第 15 天起承包人递交的工程进度款支付申请视为被批准。

发包人应在批准工程进度款支付申请的 14 天内，按不低于计量工程价款的 60%、不高于计量工程价款的 90% 向承包人支付工程进度款。

发包人在支付工程进度款时，应按合同约定的时间、比例（或金额）拨出工程预付款。

（六）支付工程进度款时，发、承包双方进行协商处理的原则

发包人未在合同约定时间内支付工程进度款，承包人应及时向发包人发出要求付款的通知；发包人收到承包人通知后仍不按要求付款，可以与承包人协商签订延期付款协议，经承包人同意后延期支付；协议应明确延期支付的时间，以及从付款申请生效后按同期银行贷款利率计算应付工程进度款的利息。

（七）违约责任

当发包人不按合同约定支付工程进度款，且与承包人又不能达成延期付款协议，导致施工无法进行时，承包人可停止施工，由发包人承担违约责任。

三、工程索赔和现场签证处理

（一）工程索赔的处理

1. 索赔成立的条件

建设工程施工中的索赔是发、承包双方行使正当权利的行为，承包人可以向发包人索赔，发包人也可向承包人索赔。

合同一方向另一方提出索赔时,应有正当的索赔理由和有效证据,并应辅以合同的相关约定。即索赔应当具备三要素:一是正当的索赔理由;二是有效的索赔证据;三是在合同约定的时间内提出。

2. 索赔证据的要求

任何索赔事件的确立,其前提条件是必须有正当的索赔理由。对正当索赔理由的说明必须具有证据,因为进行索赔主要是靠证据说话。没有证据或证据不足,索赔是难以成功的。索赔证据必须符合以下要求:

① 真实性。索赔证据必须是在实施合同过程中确定存在和发生的,必须完全反映实际情况,经得住推敲。

② 全面性。所提供的证据应能说明事件的全过程。索赔报告中涉及的索赔理由、事件过程、影响、索赔数额等都应有相应证据,不能零乱和支离破碎。

③ 关联性。索赔的证据应当能够互相说明,相互具有关联性,不能互相矛盾。

④ 及时性。索赔证据的取得及提出应当及时,符合合同约定。

⑤ 具有法律证明效力。一般来说,证据必须是书面文件,有关记录、协议、纪要必须是双方签署的;工程中重大事件、特殊情况的记录、统计必须由合同约定的发包人现场代表或监理工程师签证认可。

3. 索赔证据的种类

① 招标文件、工程合同,以及发包人认可的施工组织设计、工程图纸、技术规范等。

② 工程各项有关的设计交底记录、变更图纸、变更施工指令等。

③ 工程各项经发包人或合同中约定的发包人现场代表或监理工程师签认的签证。

④ 工程各项往来信件、指令、信函、通知、答复等。

⑤ 工程各项会议纪要。

⑥ 施工计划及现场实施情况记录。

⑦ 施工日报及工长工作日志、备忘录。

⑧ 工程送电、送水及道路开通、封闭的日期及数量记录。

⑨ 工程停电、停水和干扰事件影响的日期及恢复施工的日期记录。

⑩ 工程预付款、进度款拨付的数额及日期记录。

⑪ 工程图纸、图纸变更、交底记录送达份数及日期记录。

⑫ 工程有关施工部位的照片及录像等。

⑬ 工程现场气候记录,如有关天气的温度、风力、雨雪等。

⑭ 工程验收报告及各项技术鉴定报告等。

⑮ 工程材料采购、订货、运输、进场、验收、使用等方面的凭据。

⑯ 国家和省级或行业建设主管部门有关影响工程造价、工期的文件、规定等。

4. 索赔通知的递交

① 承包人应在确认引起索赔的事件发生后 28 天内向监理工程师发出索赔通知,否则,承包人无权获得追加付款,竣工时间不得延长。

② 承包人应在现场或监理工程师认可的其他地点,保持证明索赔可能需要的记录。监理工程师收到承包人的索赔通知后,未承认发包人责任前,可检查记录保持情况,并可指示承包人保持进一步的同期记录。

③ 在承包人确认引起索赔的事件后 42 天内,承包人应向监理工程师递交一份详细的索赔报告,包括索赔的依据、要求追加付款的全部资料。如果引起索赔的事件具有连续影响,承包人应按月递交进一步的中间索赔报告,说明累计索赔的金额。承包人应在索赔事件产生的影响结束后 28 天内,递交一份最终索赔报告。

④ 监理工程师在收到索赔报告后 28 天内,应做出回应,表示批准或不批准并附具体意见。还可以要求承包人提供进一步的资料,但仍要在上述期限内对索赔作业回应。

⑤ 监理工程师在收到最终索赔报告后的 28 天内,未向承包人做出答复,视为该项索赔报告已经认可。

(二) 现场签证处理

1. 现场签证的含义

现场签证指发包人现场代表与承包人现场代表就施工过程中涉及的责任事件所做的签认证明。

承包人应发包人要求完成合同以外的零星工作或非承包人责任事件发生时,承包人应按合同约定及时向发包人提出现场签证。

2. 现场签证处理

承包人应在接受发包人要求的 7 天内向监理工程师提出签证,监理工程师签证后施工。若没有相应的计日工单价,签证中还应包括用工数量和单价、机械台班数量和单价、使用材料品种及数量和单价等。若发包人未签证同意,承包人施工后发生争议的,责任由承包人自负。

监理工程师应在收到承包人的签证报告 48 小时内给予确认或提出修改意见,否则,视为该签证报告已经认可。

第六节　测绘工程实施阶段形成的监理资料

测绘生产实施阶段形成的监理资料,是项目监理机构留下的监理工作记录和痕迹,它不仅是考量监理机构工作质量和业绩的重要依据,而且也是监理单位、监理工程师加强自我保护的有效手段。在测绘项目的生产实施阶段,监理人员除了要到作业现场,依照国家有关标准、规范、技术指导书及监理实施细则等规定,检查和处理解决质量、进度等问题外,还多让这些工作情况在监理资料上真实地反映出来。它既是全面了解项目情况本身不可或缺的部分,也是测绘工程一旦发生质量缺陷和质量事故等问题后,作为原因调查、事故分析乃至确定责任的重要依据。所以,测绘项目实施阶段监理资料的重要性是显而易见的。下面分别介绍监理资料构成中的主要组成部分。

一、监理日记和监理日志

(一) 监理日记

1. 监理日记的作用和意义

监理日记是监理资料的重要组成部分,是测绘生产实施过程最真实的工作证据,它也是总监理工程师检查监理工作和监理资料的重要线索。公正地记录好每天发生的实际情况是监理工程师及监理人员的重要职责,其内容涉及项目的全过程,时间要有连续性,内容要求详细、如实、全面,文字书写要整齐、规范,条理分明。监理日记充分体现记录人对各项活动、问题及其相关影响的表达。监理日记是监理人员工作质量的具体体现之一,由各专业监理人员填写。书写好监理日记后,要及时交总监理工程师审查,以便及时沟通和了解,总监理工程师也要逐日审阅,从而促进监理工作有序地开展。同时,也为测绘项目监理提供有价值的证据,为自己和公司树立良好的形象,以便让更多的人了解监理,提高监理活动的社会信誉。

2. 编写监理日记要点

监理人员在书写监理日记之前,必须运用各种监理手段,比如旁站、平行检验等,提高项目检查质量,认真书写监理日记,同时记录人要有签名。

在记录监理日记时,要注意不要写成"流水账",使用专业术语要准确,条理要清晰,语言要简洁,文字要正确。在目前情况下,监理人员除签字外,一般来说,只有监理日记是每位监理人员用笔手写的,它是监理人专业水平和文字表达水平的真实体现。所以,无论每个监理人员的字写得漂亮与否,但书写必须工整、整洁,要让大家都看得清楚。

在实际工作中,监理人员在做监理日记时,往往只记录项目的进度或是只记录存在较大的问题,而对认为较小问题或者认为已经解决的问题,没有必要记录,其实这就忽视监理记录的自身价值。监理记录是监理人员全面工作的具体体现,应该说,发现问题是监理人员经验和观察力的表现,解决问题是监理人员能力和水平的体现。在监理工作中,并不只是发现问题,更重要的是怎样科学合理地解决问题。

监理日记的格式因地区和项目的不同可能不尽相同,但是日记的主要内容还是相同的。这些主要内容包括记录的表头(表头一般包括工序名称、生产单位名称、监理工程师、日期以及编号等)、生产单位的作业情况、监理的工作情况、问题处理情况及其他情况。

(二)监理日志

1. 监理日志概述

监理日志又称监理工作日志,是监理资料中重要的组成部分,是监理服务工作量和价值的体现,是工程项目实施过程中最真实的工作基础。监理日志以项目监理部的监理工作作为记载对象,从监理工作开始至监理工作结束止,应由专人负责逐日记载,记载内容应保持连续和完整。监理日志的编写还要结合监理组内监理人员的监理日记,从不同的角度来体现监理工作的内容。监理日志在同一个监理项目中应使用统一的格式,装订成册。监理日志记录的内容和监理日记的内容基本相同。

2. 影响监理日志记录的原因分析

分析造成不符合要求的监理日志的原因,主要有以下几种因素:

① 监理单位内部管理存在问题。监理工作尚未形成一套规范化、科学化、制度化、程序化的管理模式。

② 因业主行为不规范,监理单位为了承揽任务,接受了业主的任意压价,由于监理费用低,监理单位无力承担高素质人员费用。

③ 少数监理单位未认真履行监理的义务和应承担的责任,运作不规范、监理人员不稳定、部分监理人员到岗不到位,配备的人员不符合要求,监理人员流动性大等。

④ 监理人员未经培训就上岗,不懂监理工作程序,不知如何履行监理职责,把监理工作混同一般的现场技术管理工作。还有少数监理人员责任心不强,工作不认真。

⑤ 由于不能合理安排工作时间,导致当天的监理日志不能当天填写,到第二天甚至更晚些时候写"回忆录",遗忘了一些需记录的内容。

二、会议纪要

会议是监理工程师组织协调最常用的一种方法,实践中常用的会议形式有监理例会会议和专题监理会议。开会前与会人员应做好会议准备工作,对主要议题及主要内容应列出提纲。要求与会人员既了解现场实际,又能够现场决策,达到会议的目的,解决会议中所提出的问题。

(一)监理例会

监理例会是由项目总监理工程师组织与主持的例行工作会议,监理例会是在项目开工以后,按照协商确定的时间,由有关人员参加。会议内容主要是履行各方沟通情况,交流信息,协调处理主要事项,研究解决合同履行中存在的各方面问题,对一些有关问题进行讨论,并做出决定,安排近期工作。在测绘生产实施阶段,总监理工程师应定期主持召开会议,它是监理工程师对生产过程进行监督的有效方式,它的主要目的是分析、讨论生产过程中的实际问题,并做出决定。监理工程师将会议讨论的问题和决定记录下来,形成会议纪要,供与会者确认和落实。会议纪要应由项目监理机构负责起草,并经与会各方代表会签。

监理例会的主要内容一般包括:检查上次例会议定的事项的落实情况,分析未完事项的原因;工程进度情况;确定下一阶段进度目标,通报前一阶段存在的质量问题及改进要求;通报工程质量和技术方面有关问题等。

(二)专题会议

除定期召开监理会议外,总监理工程师或专业监理工程师应根据需求及时组织专题会议,解决生产过程中的各种专项问题。还应根据实际需要组织召开一些专业性协调会议,对于技术方面等比较复杂的问题,以一般专题会议的形式进行研究和解决。专题会议需要进行详细记录,这些记录只作为变更令的附件或留档备查。专题会议的结论,总监理工程师应按指令性文件发出。

(三)会议记录的写法

会议记录由监理工程师形成纪要,经与会各方认可,然后分发给有关单位。会议记录要真实、准确,同时必须得到监理工程师及生产单位的同意。同意的方式,各单位代表可以在会议记录上签字,也可以在会议纪要后附会议签到单,为了方便实际中常用后一种方法。

会议纪要应包括以下内容:会议的时间、地点及序号;会议主持人、出席者姓名、职务及所代表的单位;会议中发言者的姓名及所发言的主要内容;会议内容及会议有关事项,包括负责落实单位、负责人及时限要求;其他内容等。

三、检查记录

监理检查记录是监理工作所留存的最重要资料,是监理工作成效和业绩的主要证明。监理检查记录一般包括监理巡视记录、旁站检查记录、监理抽查记录、监理测量记录、工程照片和声像资料以及其他检查记录等。检查记录的格式可以分别制定记录的样式,也可以统一制定通用的记录样式。结合测绘行业的特点,测绘项目都是按照固定的施工工序来作业,所以采用通用的记录格式比较常见。记录的表头多数是××阶段监理检查记录、测绘生产单位、监理员、编号、日期,内容为问题记录。

四、阶段监理小结与监理报告

阶段性监理报告是反映项目监理阶段性成果的重要记录,是监理单位对测绘生产单位对工程项目进度和质量阶段性的综合评述。测绘生产过程中一般每个工序监理都应出具一个阶段监理报告,或按照某一特定时间段出具监理报告。具体有关阶段性监理报告的讲述见后面有关章节。

阶段工作小结不同于监理的工作总结,它一般是某一阶段监理工作的总结,包括监理做了哪些工作,质量和进度控制情况,处理了哪些具体问题,下一步工作计划等。监理单位要随时做好阶段总结工作,既是对过去工作的总结和回顾,也是发现问题、总结经验、安排部署的文字性材料,利于监理工作的正常开展,更是改善监理能力、提高监理水平的重要手段。

此外,监理还应不定期地编写工作报告,以便使业主及时了解监理工作,掌握工作的开展动态。

五、监理工作有关函件

监理工作有关函件包括:监理工程师通知单,与测绘生产单位、业主单位、政府部门及其他相关部门有关的函件等。

监理工程师通知单(简称"监理通知单")是指监理工程师在检查测绘生产单位在施工过程中发现问题后,用通知单这一书面形式通知测绘生产单位并要求其进行整改,整改后再报监理工程师复查。监理通知单具有强制性、针对性、严肃性的特点。监理通知单一旦签发,测绘生产单位必须认真对待,在规定期限内按要求进行落实整改,并按时回复。

与测绘生产单位、业主单位、政府部门及其他相关部门有关的函件是以生产项目为中心的多方之间联系的重要依据,以函件形式沟通的问题多为重要问题。同时,在测绘项目实施过程中,监理单位、业主、测绘生产单位三方之间来往的函件也是监理的重要依据。

为了提高监理工作的规范化、标准化,监理所发放的函件也必须规范化和标准化。生产单位发给监理单位的函件必须符合监理单位要求的表格和形式。

第七节 测绘工程实施阶段监理报告的编写

阶段性监理报告是反映项目监理阶段性成果的重要记录,是监理单位对工程项目进度和质量阶段性的综合评述。阶段性监理报告一般以生产工序作为阶段性监理报告编写的控制点,对该工序的成果做出一个质量评价。也可以采取以某一时间段作为阶段性监理报告编写的控制点,比如采用建设工程监理中的监理周报和监理月报的形式进行编制。在某些大型测绘工程项目中,可能还要编写试点阶段监理报告或某一特定时间段的监理报告。

阶段性监理报告应由总监理工程师编制,签认后报给业主和监理单位。对于在测绘工程监理制度还不规范和成熟的情况下,阶段性监理报告的编写格式在不同地区和不同监理单位都有不同的格式要求,目前还没有一个统一的格式标准。

一、编制阶段性监理报告的作用和意义

阶段性监理报告是项目监理部阶段性地对监理工作的总结,是监理在进度控制、质量控制、合同管理及组织协调等方面工作情况的综合反映,是总监理工程师定期地阶段性地向业主反映工程项目在本报告期末的总体情况的书面报告,是业主了解、确认、监督监理工作的重要依据。

项目监理同业主之间的联系,除了平时口头的、会议的方式外,通过阶段性的监理报告反映监理工作,对比较全面地反映项目生产过程中存在的问题,及时了解和掌握项目的重点和难点问题有着重要的作用。同时,也是监理争取业主理解、信任和支持的重要手段。只有业主真正看到你在尽心尽力地为项目服务、替他操心和排忧解难时,业主才会更加信任和支持监理工作。

阶段性监理报告还应上报监理单位。阶段性监理报告是监理单位对项目实施监管的重要手段。项目监理部是监理单位派到测区的基层组织,监理单位要了解某一项目监理部对项目服务质量的好坏,做好对项目的监管,考核项目监理规范的程度,有效地规避责任风险,做好对阶段性监理报告的审核是一项非常重要的工作,也是树立企业形象的关键所在。

阶段性监理报告还可作为监理项目部阶段性的工作总结和对下阶段监理工作进行计划和部署的依据。阶段性监理报告对项目监理部工作也具有指导作用,通过总结过去,对今后监理工作进行改进和完善。

二、阶段性监理报告编写的基本要求

阶段性监理报告是监理文件档案资料的一种,而监理工作质量的优劣在很大程度上取决于监理资料的真实完整及规范性和可追溯性,这就要求阶段性监理报告编写应能客观、公正、真实、准确地反映工程项目进展情况和监理实施情况。

为了系统、全面地反映工程的实际情况,项目监理部应及时收集并记录工程项目实际产生的有效信息和数据。科学地应用统计技术,通过分析,确保数据可靠性,体现阶段性监理报告的科学化和专业化。

阶段性监理报告编写要层次分明、语言简洁、重点突出,易采用定型图表,使阶段性监理报告直观、简单易懂。报告编写的内容要完整、有效,体现报告的标准化、规范化,必要时附上必要的图表和照片等。

阶段性监理报告编写应做到有分析、有比较、有措施、有建议。

阶段性监理报告中要充分体现该阶段监理主要做了哪些工作,发现和解决了哪些问题,采取的措施和提出的意见和建议。在报告中要明确下一步监理的工作任务,明确监理工作的重点、难点和关键之处。

三、编写阶段性监理报告的基本内容

项目规模大小决定阶段性监理报告内容的详细程度,报告的基本内容包括以下几方面内容:

① 工程概况。介绍工程项目基本情况、测绘生产基本情况以及监理单位的投入情况等。

② 进度情况。该阶段完成情况与计划进度比较,进度控制采取的措施等。

③ 质量控制。阶段性成果的完成质量,监理在该阶段生产过程中采取的质量控制措施,对于发现的问题采用何种方式处理,对问题的处理结果以及今后采用质量控制的方法手段等。

④ 阶段性监理结论。对该阶段成果做出公正、客观的评判,能够满足该阶段成果要求以及下一道工序作业的需求等。

⑤ 建议。对原有工作计划部署中存在的问题提出合理化建议,对出现的问题提出整改要求等。

四、阶段性监理报告参考样本

封面:

××市航测数字化测绘工程阶段性监理报告

单位名称:××测绘工程监理有限公司

项目经理:×××

技术总监:×××

20××年×月×日

主要内容:

一、监理工作简要回顾

1. 监理机构的组成。

2. 监理措施及实施情况。

3. 设计阶段监理情况。

4. 生产组织方面的监理情况。

5. 目前完成的监理工作情况。

二、航空摄影监理检查情况

1. 摄影工作前期准备情况的监理。

2. 飞行质量情况的监理。

3. 摄影质量。

4. 航摄成果整理。

三、控制测量监理

1. 高等级基础控制资料监理。

2. 平面控制测量监理。

3. 高程控制测量监理。

4. 平高控制测量成果整理。

四、航空摄影测量监理

1. 像控点联测。

2. 像片扫描和空三加密。

3. 航测内业数据采集及编辑。

4. 外业调绘。

5. 地形图成果质量检查。

五、阶段性监理结论和建议

1. 阶段性监理结论。

2. 建议。

习题和思考题

1. 测绘工程实施阶段监理工作的内容有哪些？

2. 测绘工程实施阶段进度控制的基本方法和主要措施有哪些？

3. 测绘工程实施阶段质量控制的一般原则及其内容有哪些？

4. 简述测绘工程实施阶段投资控制的目标和任务。

5. 测绘工程实施阶段形成的监理资料有哪些？

第七章　测绘工程检查验收阶段的监理

检查验收阶段监理是测绘工程监理工作非常重要的环节,在一定程度上决定监理工作的成败。引进监理的测绘项目一般都是重大测绘项目,如航测法数字化测图、数据库建设和大型工程测量等项目。这一阶段的监理工作非常复杂,需要在质量控制、进度控制和关系协调等方面进行大量的工作。中心的工作是按照监理合同的约定进行质量检查及质量问题的处理,保证成果质量满足项目设计要求,为项目验收奠定基础。

第一节　检查验收阶段监理工作概述

按照国家规定,测绘项目必须通过验收,通过验收后的测绘成果方能投入使用。按照工程项目验收的一般规定,结合测绘项目的特点,监理在检查验收阶段的工作主要有:一是督促测绘生产单位完善测绘成果,二是对项目成果进行全面检查,三是准备资料和配合业主进行验收。测绘项目运行到后期,按照合同约定,提交成果资料的时间越来越临近。监理应根据过程监理掌握的情况,针对目前项目收尾阶段的实际情况,从进度和质量两个方面督促测绘生产单位。质量方面,监理单位应依据监理合同的规定,通过一定的方法和手段检查最终的成果质量。

一、检查验收阶段的工作进展

如果测绘生产单位在测绘项目生产过程中比较严格地按照合同要求和进度计划实施,此时进度应不是主要问题。但测绘市场中仍然存在不少这样的项目,合同规定的期限已经临近,但还有相当大的工作量没有完成,有关产生这方面的原因在有关章节已经加以分析,其中测绘生产合同中规定的上交资料期限不科学和测绘生产单位组织生产不利是最主要的原因。这时,业主特别是业主代表从成果需求或项目管理角度往往催促监理和测绘生产单位按时上交成果。出现这种情况的作业方有两种可能:一种是所剩工作量有限,该项目在测绘生产单位中属于常规生产项目,生产和检查力量比较容易调配,在不打破正常生产组织的情况下,进度和质量可以得到保障。另外一种情况则可能使监理单位和业主比较棘手,由于招投标或议标过程中生产单位为取得项目夸大自己的生产能力,评标委员会或业主没有发现;监理过程中发现,测绘生产单位的实际进度已经滞后于计划进度,但由于测绘生产的其他项目同期生产,经监理单位和业主催促但无能力增加有效作业力量投入;测绘生产单位对测绘项目后期数据处理工作量估计不足,造成手忙脚乱。出现这种情况时,监理应彻底详细地了解进度情况,尽可能准确统计剩余工作量,客观估计检查工作量及所需时间,并对目前的情况进行分析,提出后阶段的监理建议,及时编制监理报告提交业主。对测绘生产单位提出有关生产组织、进度和质量方面的要求和相关建议,确保后期生产在可控状态下加快进度。

二、检查验收阶段的质量控制

在检查验收阶段,如果进度正常,监理在该阶段的中心任务是质量监管控制,其中督促测绘生产单位尽快完善成果质量是非常重要的工作。

（一）检查督促测绘生产单位的自查自校工作

国家《测绘产品检查验收规定》(CH 1002—95)规定:测绘产品的质量检验实行二级检查一级验收制度。采用实地抽查或记录检查的方式,检查测绘生产单位各级检查的执行情况。各作业组是否对产品质量进行了自查互检;作业队是否按规定对成果进行了全数检查;测绘生产单位的质量管理机构是否按照质量体系文件和国家有关规定进行了最终检查。各级检查、验收工作应独立、按顺序进行,不得省略、代替或颠倒顺序。

（二）检查相关质检人员资质和业务能力能否满足本项目检查的需要

承担大型项目的测绘单位一般技术力量较强,项目主要技术人员合理配备时,一般不会存在问题。但当作业队伍承担项目较多,承诺的主要技术检查人员出现较多的调出时。各级成果检查人员的素质则难以保证。在某个测绘工程项目监理的检查过程中曾经发现过,从事最终检查的人员竟然对本项目成果基本技术要求都不掌握。监理人员应对此加强监理,及早发现,及时沟通解决,避免由于检查走过场而影响成果质量和总体进度。

（三）监督测绘生产单位对成果的检查工作

监理人员应对测绘生产单位成果检查工作进行监督。查看检查方法是否正确,检查的技术指标是否全面,技术参数是否合理,检查所采用的仪器设备精度指标是否满足精度需要,是否经过法定机构检定合格,成果检查数量是否符合要求,最终检查是否对过程检查记录进行了审核。

三、检查验收阶段的监理协调工作

检查验收阶段,在业主、测绘生产单位和监理单位之间需要监理做的协调工作比较多。协调的目的是在项目运行后期出现一些问题时,努力使项目正常开展,力求早日按合同实现项目目标。协调的前提是对项目运行情况的详细掌握,如工程款支付情况、实际进度情况、成果质量及存在的主要问题。同时,应了解业主和生产单位之间的合作情况,生产单位是否为业主做了合同外的工作。协调的方法前面已有介绍,在此不过多重复。但当由于多方在项目前期对有些技术问题没有掌握很透,对个别工序的难度估计不够,业主对项目成果并非立即全部需要时,力争在生产合同双方中间进行协调,力争取得工期的延期。

对照合同期限,按照正常工作经验,当工程进度出现滞后时,监理单位应及时组织召开有由业主和生产单位现场负责人参加的现场协调会议,会议一般要强调以下内容:

① 合同是严肃的法律文书,签约各方应严格履行合同义务,避免严重违约情况的出现;否则,应按相关合同条款追究违约责任。

② 强调国家测绘法律法规对质量方面的要求。测绘生产单位应当对其完成的测绘成果质量负责。测绘生产单位所交付的测绘成果,必须保证是合格品。

③ 督促测绘生产单位使其质量体系在本项目后期正常运行。测绘生产单位必须建立内部质量审核制度。经中队过程检查的测绘成果,必须通过生产单位的质量检查部门的最

终检查,评定质量等级,编写最终质量检查报告。

四、检查验收阶段的监理检查工作

测绘项目进入检查验收阶段,由监理进行以质量为中心的检查工作,是引进监理机制的重要原因,一般在监理合同中已经明确。该阶段的监理检查一般分为三部分:一是对测绘生产单位各级检查工作的检查,二是直接对测绘成果按照相应比例进行抽查,三是督促生产单位对存在质量问题的成果进行修改完善。该阶段的检查工作目的非常明确,判断成果质量是否满足项目设计和所引用国家规范的要求,弥补成果质量当中的不足,保证项目顺利通过验收。在测绘项目整个的监理过程中,该阶段的工作量最大且比较集中,需要监理单位根据需要合理调配各专业的技术人员。针对测绘成果部分质量指标不易量化的专业特点,监理单位此时应在监理实施细则的基础上结合实际成果检查案例统一一尺度。对于项目技术文件等资料的检查应由具有高级技术职务的监理工程师进行,对合格品上下质量水平的成果判别工作应由总监理工程师亲自承担。

第二节 监理对测绘生产单位自查工作的检查

在测绘生产实施阶段的监理工作中,已经对各工序的生产操作进行了旁站监理,对工序质量进行了控制,对工序成果进行了一定比例的抽查,为保证成果质量奠定了基础。多数测绘项目最后生产工序质量如何对成果质量具有直接影响,而最后作业工序的完成意味着成果形成,对最后工序的质量检查往往是伴随成果检查进行的。监理检查是建立在测绘生产单位各级检查修改基础上的,只有测绘生产单位切实履行了各级检查程序,才有可能保证成果质量。因此,在检查验收阶段,监理应按照有关合同规定加强对测绘生产单位自检自校和修改完善情况进行检查。

一、监理对测绘生产单位自查工作进行检查应具备的条件

为了体现监理检查的严肃性,分清工作责任,避免多次反复,测绘生产单位应按技术设计和监理实施细则的要求,在成果资料已经全部或某些项目完备的情况下,提请监理单位进行检查验收阶段的检查。根据多年来的监理经验,在项目检查验收阶段提请监理检查一般应具备以下四个方面的条件。

（一）成果资料齐全完备

测绘生产单位应依据项目技术设计书的规定和监理实施细则的要求,上交全部资料。应列出详细的成果资料交接清单,各种成果资料应与清单相符合。

（二）测绘生产单位自查资料齐全

测绘生产单位的检查资料,一般指测绘生产单位最后一级检查资料,个别可以是中队一级的检查资料,包括所检查的图件、检查记录、检查数据处理、计算、统计及质量等级认定等资料。

（三）文档资料齐全

测绘生产单位应提交的文档资料主要包括质量检查报告、技术总结报告和技术设计书中规定的各种文字资料。

（四）提交监理检查的书面申请

测绘生产单位应按监理有关要求,在自检合格的基础上,正式提出书面检查申请。

二、对测绘生产单位自查工作检查的内容

监理单位对测绘生产单位提交的各种自查资料进行检查的内容一般包括以下六个方面。

（一）检查测绘生产单位自检资料的全面性

监理要根据技术设计和监理实施细则的规定,列出测绘生产单位应进行检查项目的明细,对照测绘生产单位提交的检查报告中所列的检查项目,逐项对测绘生产单位提供的成果和检查资料进行对照,看是否缺项。同时对检查的原始资料进行检查,尤其对于各种图件,要看测绘生产单位自检的图纸并对应查看检查记录。

（二）自查程序是否完备

按照《测绘生产质量管理规定》,为了保证成果质量,测绘生产单位应实行两级检查制度,即在作业员自查的基础上,由中队级的专职检查人员对本部门的成果质量进行过程检查,检查合格并经修改完善后由测绘单位质量管理部门进行最终检查。各级检查顺序不能颠倒,不能替代。监理对测绘生产单位自查程序是否完备的检查可以通过了解情况、查看检查报告和检查记录等方法进行。

（三）检查测绘生产单位的自查方法是否正确

国家《测绘产品检查验收规定》(CH 1002—1995)对各种测绘产品的检查方法进行了详细的规定,主要包括哪些成果进行概查,哪些成果要进行详查,详查比例是否符合要求,哪些成果内业进行对照性检查,哪些成果要进行计算核对,哪些成果要进行实地查看,哪些成果要进行外业检测,检查哪些指标参数,采用什么精度等级的仪器设备进行数据采集,数据处理方式方法等。监理应对此进行全面检查,评判测绘生产单位自查方法是否符合要求。

（四）成果检查数量是否达到要求

为了实现客观准确地对成果质量做出判别,堵塞质量漏洞,各年代适用的测绘产品检查验收规定对各级检查各类成果的检查数量或检查比例做出了规定。小组对成果进行100%的自查,中队要进行100%的图面检查,承接任务的测绘生产单位要进行全面检查。特别是野外检查不应少于一定比例,对于数学精度要进行不少于一定比例的抽查。对于基础测绘成果明确规定要进行100%的概查,10%的详查,要进行一定比例的数学精度检查。测绘生产单位应该按照有关要求进行相应规定数量的检查,当发现成果质量出现不符合有关规范要求时,应加大检查数量。监理应对测绘生产单位对成果的自检数量或比例进行检查,当不符合要求时,应责令测绘生产单位补做工作。

（五）自查所反映的精度指标是否满足要求

测绘成果的精度指标是判断成果是否符合要求的最重要指标。当检查方法一致,检查等级相同时,按照数理统计的基本理论,样本数量越多,统计出的各种精度指标可信度越高。一般来说,按照国家检查验收规定和监理实施细则的要求,测绘生产单位进行的检查工作量较大。在客观真实的前提下,测绘生产单位进行的各种精度检查特别是现场实际数据能够比较客观地反映成果质量现状,至少可以对监理检查成果进行一致性比对。

（六）自查资料的真实性

测绘是对所测区域地物地貌及其他人文景观和社会经济情况的一种客观描述，客观真实是对测绘工作的基本要求，更是测绘质量检查工作的底线。由于测绘行业几十年的严格管理，测绘行业弄虚作假的现象极少，否则，会遭到严厉的制裁。进入市场经济之后，测绘成果作假的现象时有发生。这种情况在测绘单位自检成果中也有变异情况出现，如未进行各级检查而将生产作业的测量数据进行摘录作为检查数据，将检查中发现的错误或粗差没有理由地剔出，统计出符合要求的指标。监理应对测绘生产单位自检自校的成果进行有针对性的抽查，判断自查工作是否认真按规定进行，这也是评价测绘生产单位工作及其成果优劣的有效手段。

三、对测绘生产单位自查成果检查情况的处理

监理对测绘生产单位自查成果进行检查后的处理对保证测绘项目最后成果质量是非常重要的。当监理站在公正的立场，不受来自其他方面干扰的情况下，为了检查验收阶段监理工作的顺利进行，保证成果质量，处理应不存在过多困难。当自查工作完善成果质量较好时，应认定成果质量符合项目要求，对检查中发现的具体问题进行修改，完善后即可正式上交。当监理检查发现测绘生产单位的检查工作存在较为严重问题时，应将存在的问题进行归纳并向测绘生产单位现场负责人进行通报，退回所交资料责成其重新组织检查。

在目前的监理实践中，往往存在一些来自其他方面的干扰因素，主要有以下两种情况使监理的处理产生困难。业主单位以行政命令的方式管理测绘项目，人为过短地确定工期，使测绘生产单位片面追求进度，敷衍塞责地上交资料。生产合同金额较低，合同双方暗中达成默契，质量标准尺度已经放宽，测绘生产单位找借口以业主紧急需要成果又能满足需要为名进行软磨硬泡，业主代表又不表明态度。按照有关监理的法律法规要求和监理的职业道德，此时监理应明确向测绘生产单位和业主单位表明态度，保证检查质量。但在市场经济环境下，需要监理单位慎重对待。编者认为，出现监理自身难以解决的问题，应按照测绘法律法规的规定向各级测绘行政主管部门反映，能够得到支持。

第三节　监理对成果质量的检查

监理实施的成果质量检查属于广义的质量控制范畴，但根据测绘工程监理的特点并考虑该阶段工作量大、组织复杂和检查结果对成果质量评判的重要性对其进行专门的阐述。由于监理对测绘成果检查的结果和质量评判关系到成果能否上交，生产合同能否兑现的问题，所以，监理单位必须严肃对待对成果进行检查这道监理工序。由于测绘成果种类较多，成果的质量特性和技术参数差异较大。因此，本章不可能对各种测绘成果的检查内容和方法进行罗列。本节就监理在检查验收阶段对成果进行检查的基本要求谈四个方面的看去。

一、监理对成果质量进行检查的必要性

现代质量管理理论证明了"产品质量是设计生产出来的，不是检查出来的"。检查本身不能提高产品质量，但通过检查可以鉴别其质量的优劣，堵塞可能存在的质量漏洞，使得不合格的产品不能通过检查，更不能投入使用，防止不合格产品危害国家和业主的利益。在测绘项目检查验收阶段,测绘生产单位已经对成果进行了自检并自我评定了质量。测绘成果或称测绘产品,与一般工业产品有着很大的区别。它是不同的人利用不同的仪器设备对不同区域的描述,每个单元成果质量都可能存在差异。通过监理直接对测绘成果进行检查,可以验证测绘生产单位对成果检查的完备性和可靠性。为了掌握自己投资的测绘成果质量情况,业主单位一般要组织力量对成果进行一定程度的检查。引进监理的测绘项目,一般在验收前由监理单位对成果质量进行检查。同时,测绘项目验收时需要监理单位提供必要的检测数据,增强说服力。对测绘成果直接进行检查,也可以反映前期各环节监理的工作成效。

二、监理进行成果检查的基本要求

监理对作业成果的检查是进行测绘工程监理质量控制的重要手段,是整个测绘工程中的一个重要环节。为保证监理检查的科学性和公正性,监理单位对最终成果检查应严格按照监理方案和监理实施细则的规定进行。监理对最终成果检查方法与法定机构检查具有很多相同相近之处,但监理检查的比例一般来说高于法定检测机构抽检比例。由于测绘成果特别是外业测绘成果检查的特点,决定该阶段需要监理投入的人员数量较多,所用的检测仪器的精度等级一般应高于或等同于原观测作业使用的仪器,并要经过法定计量授权机构进行检定,监理单位在对成果检查中要注意以下几方面的内容。

（一）监理检查工作要独立进行

作为测绘工程监理工程师必须站在第三方公正的角度去开展工作,独立开展检查工作是基本要求。作为一种企业行为,监理要对业主负责,对成果精度指标的科学公正认定就是负责的具体表现。目前有的测绘工程监理在开展成果检查工作时,缺少独立性。如让测绘生产单位出人操作仪器和进行数据处理,最后把检查结果交给自己。这样的检查已经失去意义,作业可能存在的错误不可能被发现。在具体监理工作中,监理一定要独立开展检查工作,为客观评价成果质量打下可靠的基础。

（二）监理检查成果覆盖的全面性,处理好详查和概查的关系

监理单位应按比例或其他抽样方案所抽的样本进行详查,其余部分进行概查。详查部分应按国家有关规范和监理实施细则的要求,对抽检样本的全部检查项目和技术参数逐项进行检查。对于概查,一要保证100%的覆盖面,二要抓住最重要的、直接影响成果使用功能的和具有普遍性的问题。

（三）科学规范地检查各项技术指标

测绘成果种类繁多,每种成果都有特定的技术参数。监理应针对具体成果,对拟检查的样本列出检查项目清单,逐项安排检查。对《测绘产品检查验收规定》已经明确检查手段的,一般应遵照执行;对高新技术产品则应根据最新技术的发展,采用相对先进的检查手段,如对图形数据采用特定的检查软件辅助人工检查进行。对于多数测绘成果而言,只有按照规范的操作程序进行生产,才能达到精度指标的要求。对于监理检查而言,必须严格地按照规范要求的程序进行检测,特别是采用仪器设备进行比对性检测的参数更应严格,按照规范要求进行采集数据。某些测绘成果的技术参数,对监理规范的检测而言,需要付出较大的检查工作量,如航测法地形图地物点平面精度检测需要加密一定等级的控制点。

三、监理对成果检查方案的制定

宏观来讲,对测绘成果进行质量检查,无非有两种方式,全数检查和抽样检查。就监理

对成果检查而言,基本都要采用抽样检查的方法,对抽取的样本进行详查,对其他成果的重要要素进行概查,主要通过样本质量评价所查成果质量。由于项目情况千差万别,如何使抽样检查比较科学,比较客观地反映全部成果的质量,需要根据国家有关检查验收技术要求和监理合同的规定制定合理的检查方案。

对于特定的监理项目和作业成果,检查方案主要包括明确检查依据、确定抽样方法和规定检验操作程序三个方面的内容,下面分别加以介绍。

（一）明确检查依据

笼统地讲,监理检查的依据就是监理方案和监理实施细则。比较成熟的监理方案和监理实施细则都是针对项目要求制定并经过业主方审核批准的,对作业所引用的各种规范图式和国家有关测绘成果检查验收规定的适用范围进行了界定,对主要精度指标进行了明确。但监理实践中,也出现过引用标准过多,对于标准之间主要指标不一致处没有加以明确的现象。如现行的国家三、四等水准测量规范和城市测量规范,两者对于四等水准的要求存在明显差异。对于这类问题,如果项目运行前期没有明确,在监理检查时必须明确,确保主要技术指标具有唯一性。

（二）确定抽样方法

由于监理机制没有正式推出,没有测绘工程监理规范,和其他环节一样,监理对成果检查如何进行都在摸索之中。但对于评判一个项目的成果,特别是进行抽样检查,抽样方案比较科学合理的制定是非常重要的。目前监理进行抽样可以参考的资料只有《测绘产品检查验收规定》和《测绘成果质量监督抽查管理办法》,而这两个技术规定的抽样方法不同,前者采用百分比抽样,后者采用计数抽样方法。从理论上讲,传统的百分比抽样方法存在数学基础上的不合理性,造成同样严格度下宽严程度不一,对大批量很严,对小批量很宽。而计数抽样具有理论上的合理性,对不同批量在严格度相同的情况下宽严程度相同。因此,修订中的《测绘产品检查验收规定》也将采用计数抽样。但应该看到,测绘成果是不同的作业人员采用不同的仪器对不同的区域进行的量测,与工业产品有着一定的区别。应该说,计数抽样方法也同样存在两类评判风险。编者认为,在监理检查中,如果业主坚持,也可以采用百分比抽样法。

（三）合理确定检验技术参数

检验批的确定。检验批是在相同或基本相同条件下生产并提交检验的一定数量的单位产品,如同一技术设计书指导生产的同一个测区的相同比例尺的地形图。相同条件是相对的,因而检验批的确定也不是唯一的。监理检查确定检验批首先应考虑到批量,批量不宜过大,在大比例尺地图类成果检查时一般不宜超过300幅。同时应考虑到地形差异、作业时间和具体测绘生产单位的不同。

样本大小、合格判定数和不合格判定数。样本大小即所抽取样本的数量,如按百分比抽样即是批量与监理检查比例的乘积;如按计数抽样,则根据批量大小从表中查取。后面两个术语对传统测绘成果检查者来说可能比较生疏。合格判定数就是做出批质量合格判断时,所抽取检查的样本中允许的最大不合格品的数量;不合格判定数是做出不合格判断时,所抽取检查的样本中所允许的最小不合格品数。合格判定数和不合格判定数结合在一起,构成判定数组。

样本抽取。在抽样检查中,以样本质量来评价一批成果质量,为了能够实现评价客观,样本抽取应尽量科学合理。在一批成果中抽取样本的常用的方法主要有两种,简单随机抽样和分层随机抽样。从数理统计理论上讲,前者抽取样本方法科学,但需要成果质量比较均匀。后者人为因素较大,但如根据不同困难类别、不同作业队伍、不同测绘时间等进行分层,在反映实际质量状况上更具有客观性。因此,监理应根据自己的经验,遵循监理的职业道德,根据实际情况选用。

不论是测绘单位自查、监理单位检查还是验收单位组织的检查,在具体检查工作完成后都涉及对成果的评价问题。应该讲,由于测绘成果的自身特性,质量评价尺度不易掌握。传统质量检查和评价以定性为主,定量为辅。

20 世纪 80 年代以后,随着市场经济的迅速发展,测绘项目特别是测绘市场项目不论规模还是复杂程度都大幅度提升,对质量检查的科学性和质量评判的客观性要求日益强烈。质量检查和评判逐渐由定性评判向定量评判转化,目前对各种质量指标的量化已经比较全面,依靠最后评分判断成果是否合格成为主流评价方法。但也一定要看到,测绘成果检查包括经验比较丰富的监理检查相对于工业产品检查来讲还是存在很多人为因素,而且难以排除。不同技术水平、不同工作经历甚至性格不同的检查人员对同一个检查样本的评价都会存在一定的差异,即使采用分数量化也会带到评分当中去,个别指标的评分带有某种勉强性。由于监理检查成果的数量一般大于监督抽检和检查验收的数量,编者认为,监理对于所直接检查的测绘成果评价应以定量为主兼顾定性,当然定性应力求客观。关于定量评价的具体操作方法可参照国家有关测绘产品检查验收或监督检验规定。

第四节　监理对项目技术资料的检查

与测绘项目有关的技术文档资料主要有技术设计书及其补充规定、质量检查报告、技术总结报告和项目工作总结报告。技术设计书在项目开工前编制审批,有关监理审核的内容在本书有关章节已经进行了讲述。项目工作总结报告多数是业主单位编制,如需要,监理可以提出自己的参谋意见。质量检查报告和技术总结报告是对测绘项目进行检查总结回顾的技术文档,对于项目验收和成果的长期利用具有重要作用。因此,本节只对测绘生产单位编写提交的两个报告(以下简称"两个报告")的检查加以阐述。

一、"两个报告"应包括的内容

《测绘产品检查验收规定》中对质量检查报告和技术总结报告的编写做出了一般性规定,参照该规定,两个报告应包括的内容情况分述如下。

（一）质量检查报告

质量检查报告是检查工作情况的总结文档,是测绘成果质量情况的自我评价,既是一个独立技术文件,又应与技术设计书、技术总结报告有机结合。质量检查是测绘生产工序的组成部分,质量检查报告应包含生产过程中的各级检查和最终检查,应具有较好的完整性。

质量检查报告一般应包括以下内容:

① 项目概述,包括测区的自然地理情况,已有资料的分析检测情况。

② 检查所引用的技术依据。

③ 作业基本情况和生产质量控制措施。

④ 检查情况概述,包括检查方法,检查工作的组织(包括检查时间、检查人员配置和使用的仪器),检查范围及责成的检查工作量,数据处理统计方式。

⑤ 各种技术参数成果精度统计,质量情况汇总,附图附表。

⑥ 检查中发现问题的处理情况。

⑦ 对有关问题的建议。

（二）技术总结报告

技术总结报告是测绘单位在测绘项目完成后从技术角度对项目情况的总结性材料。其内容应包括测绘项目生产技术路线、全过程的生产安排、质量控制及成果质量、数量、样式等方面情况,侧重反映测绘项目生产中的工序组织、生产方法、有关技术问题的处理、精度指标的保证、存在的问题及建议等。参照《测绘产品检查验收规定》,技术总结报告一般应包括以下内容:

① 概述,包括测区的自然地理情况,工作范围,已有资料的分析检测情况,作业依据。

② 作业采用的生产技术路线,具体作业方法。

③ 作业使用的各种软硬件设备及其检定情况。

④ 各工序生产实施过程有关情况及采取的质量控制情况。

⑤ 成果精度统计、质量情况汇总、评定成果质量等级。

⑥ 成果检查与问题处理情况。

⑦ 上交资料清单。

⑧ 有关经验总结和建议。

二、"两个报告"常见的问题

监理实践表明,相当比例的质量检查报告和技术总结报告编制质量较低,对照项目要求在全面性、针对性和准确性等方面存在较多问题。

（一）检查项目少,甚至流于形式

监理对"两个报告"进行检查时,发现最为严重的问题就是相当一部分测绘生产单位对成果检查工作不够重视,成果检查项目不全、检查数量少。关于监理如何对测绘生产单位自查自校工作进行检查的问题已在前述章节中讲述,不再重复。监理在对"两个报告"进行检查时,应对照技术设计书并参照《测绘产品检查验收规定》结合具体检查材料逐项进行登记记录,准确掌握测绘生产单位检查工作的真实情况,保证质量检查报告的真实性,进而保证测绘生产单位自检工作的完备性。

（二）检查资料无法溯源,数据统计不规范

一些项目的总结报告表明,项目经过了两级检查,但没有进一步说明检查内容;表明了内业和外业的检查比例,但没有具体说明检查对象,也没有相应检查记录,这样的检查报告和自检工作缺乏可信度。有的项目总结只是罗列了检查内容,但没有质量情况统计分析,有的项目检查数据统计不够规范,中误差和错误统计方法存在问题,甚至存在统计数据造假的行为。如果出现上述情况,监理在对测绘生产单位自查资料和成果进行检查时应加以注意。

（三）"两个报告"多数内容照搬技术设计书和其他项目的总结报告

技术设计书是规定如何进行项目生产,"两个报告"是描述如何生产,做到什么程度,还存在什么问题。它们之间的区别是显而易见的,而有的技术总结报告相当部分照搬技术设计书,利用电子文档进行机械复制。在总结报告中反复出现"应如何做"的语句,技术设计书中的错别字原封不动地带到总结报告中。有的总结报告复制其他类似项目资料,缺少对本项目生产特性的总结,甚至复制到张冠李戴的程度,甲项目的总结报告中反复出现乙项目是如何做的。

（四）内容简单,重点问题阐述不清

有的项目"两个报告"内容简单,对作业方法和质量控制手段描述不全,对生产中遇到质量问题的处理方法缺少介绍,存在对重点技术问题阐述不够清楚的问题,影响今后使用。如航摄时间和调绘截止日期、坐标系统的投影面、控制网起算点优化选取的理由等。一些报告文字表述不够流畅,段落结构不够严谨,忽视装订质量。

（五）审批程序不正确

个别行业测绘单位"两个报告"起草审核签发程序不全,有的根本就没有审核,有的报告加盖内部测绘科室章。

三、对编制"两个报告"的三点看法

（一）重视报告的编制工作

"两个报告"是测绘生产单位对所承担项目的质量情况检查和技术工作的总结,是项目验收的重要资料,也是今后使用者分析利用资料的第一手材料。应该说,"两个报告"代表测绘单位的形象,在一定程度上体现测绘生产单位的实力和能力。部分是技术方面的问题,受测绘生产单位技术能力的限制;也有相当一部分不是单纯的技术问题,而是工作态度问题,如总结中存在的相关电子文档盲目复制问题。为了项目合同的顺利履行,取得较好的工作信誉,测绘生产单位应切实重视文字总结材料的编制工作。一般应由测区技术负责人或质量管理部门负责人起草,总工程师审核,分管质量工作的副院长签发。

（二）客观地对项目生产作业和质量情况进行总结

客观地总结分析生产作业情况和质量状况是对"两个报告"的基本要求。技术总结报告应对应技术设计的要求,针对每个工序生产作业的实际情况,讲清楚"怎么做的,做到什么程度,存在什么问题,成果是否符合设计要求,今后成果使用应注意什么"等问题。针对各个工序及最终成果检查的实际开展情况编制质量检查报告,讲清楚"怎么检查的,检查什么了,质量情况怎么样,发现的问题如何处理"等问题。总之,应使检查者和使用者阅读了"两个报告"后,对项目生产和成果质量情况产生一种全面的了解。

（三）质量指标总结要全面,数据统计方法要科学,相关图表要齐全

作为技术质量方面的总结材料,应对测绘成果各种指标进行评述,表明每项指标的具体情况。质量检查数据的统计方法要符合行业有关规范和检查验收规定的要求,尤其是地图类成果外业检测数据的统计一定要客观科学。总结文档应注意发挥统计图表的作用,使总结的文字评述与图表统计有机结合。

第五节　成果分析评定与监理工作总结

监理在对测绘生产单位自检工作进行检查的基础上,按照合同和相关技术文件的要求对上交的成果和资料进行全面的检查。在此基础上,监理应对检查资料进行整理分析,对照

项目技术设计书和有关技术规定,对所检查的成果做出是否合格的评定。对检查中发现的问题责成测绘生产单位及时进行修改完善,并根据需要安排复查。同时,应着手编制监理总结报告,为项目成果验收和监理合同的兑现做准备。

一、成果质量情况分析判定

对各种检查资料进行整理分析,对成果质量做出判定,是监理在检查验收阶段检查工作的重要组成部分,是最能体现监理高智能服务的环节,也是风险较大、后果较为严重的环节。

(一)质量分析判定的重要性

监理对项目质量的分析判定,对业主单位、测绘生产单位和监理单位都是至关重要的。对测绘生产单位而言,监理结论如何直接关系到交到监理检查的成果能否满足项目设计要求,关系到成果能否通过验收,涉及是否还需要投入作业和检查力量,直接关系到合同能否按时兑现,进而影响到测绘生产单位在市场中的信誉等方面的问题。对业主单位来说,监理对成果质量的判定直接关系到成果能否通过验收,成果质量是否符合项目设计书的要求。对监理单位而言,进行成果质量判定是存在风险的,特别是成果质量处于合格品上下时判定的风险更大。检查验收阶段反映出的成果质量如何也是对全程监理效果的检验,对成果的判定结论也是对监理能力和市场信誉的考验。如果在成果验收过程中发现成果质量与监理检查结论存在明显的不一致,业主对监理的科学公正作用就要打折扣,进而可能影响到监理合同的履行。因此,要求监理对所有检查资料进行全面认真的汇总分析,依据充分的检查数据和质量事实,对成果进行恰如其分、宽严适度的判定,使业主和测绘生产单位都感觉到监理检查是全面科学的,尺度掌握是合理的,质量评定是客观的,是经得起推敲和检验的。

(二)质量情况分类汇总分析

全面的质量情况分析是进行客观判定的前提。监理应对各种检查资料进行分类统计汇总,对质量情况进行分类汇总没有固定的模式,可依据监理实施细则按照单位工程成果或主要工序进行分类,将整个监理过程的检查资料通盘进行梳理。如地籍调查项目可按权属调查、控制测量、地籍测量、土地利用现状调查和技术文档资料五个部分分别逐项进行统计汇总;利用航测方法进行几种比例尺地形图测绘则可按航空摄影、控制测量和各种比例尺地形图进行分类。

在汇总的基础上,监理应对检查资料进行全面系统的分析。针对各项精度指标对照项目设计书和有关技术规定逐项进行比较,对相对模糊的技术指标可由相关富有经验的监理工程师集体研究,当成果质量出现异常时应采用必要的数理统计的方法进行分析,为决策提供辅助服务。对于单纯的控制测量项目,硬性要求多,技术指标对比分析相对简单。在全程监理检查的基础上,对内外业检测指标进行对照,比较容易做出是否满足技术要求的判断。而对于大面积的地图类成果,图件可能是几千幅,存在质量不足是必然的,而且图幅之间、批次之间可能存在一定的质量差异,评定质量风险显著提高。但监理必须要通过统计出的问题性质和数量进行分析,做出成果质量是否满足项目要求的评定。

(三)成果质量判定及后处理

测绘工程监理如何对成果质量进行评定目前还没有明确的依据,是进行合格不合格两级评定,还是按优秀、良好、合格和不合格四级进行评定,还需要在监理实践中积累经验。《测绘产品检查验收规定》可供监理质量评定时参考,但需要在监理方案和监理实施细则中进行规定。

现行的国家《测绘产品检查验收规定》对单位产品质量采用优秀、良好、合格和不合格四级进行评定，对批成果质量实行合格批、不合格批两级评定。在监理实践中，业主和测绘生产单位多数比较倾向四级评定。

经检查评定为合格以上的批成果，监理应明确项目成果可以满足设计要求，业主可以组织验收。对检查中发现的不符合技术要求的成果，监理经过归纳应及时提出处理意见，交测绘生产单位进行改正。

经监理检查评定为不合格的批成果，监理要将所检验的批成果全部退回测绘生产单位，令其重新检查和处理，然后再次申请检查。

二、监理总结报告的编写

监理报告是监理单位履行监理合同、完成监理任务的一项重要技术文件，是对自身监理工作的总结回顾，是监理成果的体现。监理报告可分为阶段性监理报告和监理总结报告。阶段性监理报告的编写在第六章中已经讲述，现对监理总结报告的编写谈些体会。

（一）编写监理总结报告的要求

① 监理总结报告应以总监理工程师为主，及时组织编写。工程监理项目进入检查验收阶段，总监理工程师就应将监理总结报告的编写列入工作日程中。随着监理检查工作的进展，及时组织有关监理人员对监理过程进行总结，为报告的编写积累素材。

② 监理总结报告应全面、客观、真实地反映监理工作的全过程。为实现质量控制、进度控制、投资控制等监理目标，阐述监理组织和采用的监理手段的有效情况，总结监理过程中对质量和进度等方面问题的处理协调，对监理效果进行综合描述和客观评价。

③ 突出质量监理的首要地位，这是目前测绘工程监理的重点工作所决定的。在总结回顾全程质量监理行为的基础上，统计各种监理检查工作量，分析质量监理措施的有效性，客观准确地反映成果质量状况及监理质量评定。

④ 坚持实事求是的原则。对各项监理指标的统计要准确，质量参数要能够逐级溯源，成果存在的问题归纳全面。要利用精练的语言和准确的专业术语编制监理总结报告。

（二）监理总结报告应包括的主要内容

监理总结报告内容一般包括工程概况、监理组织和人员设备投入、监理履行合同情况、监理工作效果、经验教训与建议五个部分。

1. 工程概况

应说明测区的基本概况、地理位置、项目种类和工程量情况、测绘生产单位情况、进入测区时间、工程进度及完成情况。

2. 监理组织机构和人员设备投入情况

① 监理组织体系情况，针对监理合同和监理目标建立何种形式的组织机构，建立了哪些工作制度，如何规范监理工作程序，保证监理工作得以规范化、制度化开展。

② 项目监理组织机构图。

③ 监理人员一览表。

④ 监理设备投入情况，如卫星定位接收机、全站仪、水准仪、计算机等。

3. 监理履行合同情况

① 对测绘项目实施总的评价。

② 目标控制情况，目标完成情况。

③ 关于进度、质量控制及合同管理、组织协调情况。

④ 结合工程情况，说明监理单位如何提高监理人员素质和水平，如何努力工作实现监理目标。

4. 监理工作成效

对测绘项目实施监理的质量控制、进度控制和组织协调是测绘工程监理的基本内容，需着重说明在这几项工作中如何进行有效控制，采取何种措施和技术方案，要有相应的统计数据和依据资料。根据监理合同和监理方案、监理实施细则规定的基本工作内容，采取了哪些措施来保证监理目标的实现。

① 质量控制方面。要体现督促测绘生产单位建立完善的质量体系和质量责任制，坚持全程监理，重视关键环节的监管，如何进行质量控制和质量检查，质量检查项目及比例等。

② 进度控制方面。如何依据合同和业主要求，加强并细化进度计划的监督管理，掌握作业进度的变化，做出进度预测、保证进度的作业力量评估，及时督促测绘生产单位调整作业力量，提高作业效率，保证进度指标的实现，从而达到监理进度控制目标等情况。

③ 合同管理与组织协调情况。说明熟悉、执行合同情况，协调好业主和测绘生产单位各方面关系的情况。参加项目工作例会，及时全面掌握情况。

5. 存在的问题及建议

6. 各种附表

测绘生产单位工作进度一览表、测绘生产单位提交成果资料一览表、监理检测数据精度统计一览表、成果存在的问题一览表、质量评定表等内容。

（三）监理总结报告参考样本

考虑到篇幅原因，下面仅以地籍调查工程监理总结报告为例，列出监理总结报告参考样本主要内容。

封面：

××县地籍调查工程监理总结报告

编制单位：××测绘工程监理有限公司

编制者：×××

编制时间：××××年××月××日

主要内容：

一、地籍调查工程概况

二、监理组织机构和人员设备投入情况

1. 监理组织机构及人员配置、设备投入。

---

2. 监理保障措施。

3. 规定项目部和监理组的职责。

三、监理履行合同情况

1. 质量监理的内容。

2. 监理方法和控制手段。

3. 完成的主要监理工作量。

4. 监理提交资料种类一览表。

四、成果质量综述

1. 权属调查。

2. 地籍调查。

3. 土地利用现状更新调查。

4. 成果资料的全面性。

5. 监理质量综合评价。

五、存在的问题及建议

三、监理资料的整理与提交

监理资料是监理工作的具体反映,是评价监理工作和界定监理责任的证据。监理单位在全程监理完成后,应按合同要求及时将监理工作中形成的具有归档保存价值的资料进行全面整理,分类装订,准备提交验收。监理资料应字迹清楚、图表清晰、签名齐全、整饰和装订良好。

监理成果资料主要包括以下四个方面内容。

(一)监理依据

监理合同、监理工作方案、监理实施细则等。

(二)会议材料

包括各种监理会议的报告、会议纪要、工作简报和照片等

(三)监理总结

监理总结报告、阶段性监理报告和质量检查报告等。

(四)各种监理表格记录

根据具体的测绘项目监理所用的表格可以有所不同,常规的测绘项目一般需要以下表格,具体表格样式详见附录。

① 测绘工程监理通知书;

② 工程监理实施计划表;

③ 监理工程师通知书;

④ 测绘生产单位现场组织机构情况表;

⑤ 测绘生产单位作业现场全体人员名单;

⑥ 主要作业人员资质登记表;

⑦ 仪器设备调查表;

⑧ 作业场所监理表;

⑨ ××阶段监理记录；

⑩ 监理日志；

⑪ 监理日记；

⑫ 报验单；

⑬ 质量监理问题处理意见；

⑭ 会议纪要；

⑮ 资料管理监理表；

⑯ 质量保证体系运转监理表；

⑰ 数据成果和附件质量监理表；

⑱ 地物点精度检测表；

⑲ 地物点间距精度检测表；

⑳ 控制测量起算点一览表；

㉑ 资料交接记录表。

第六节　测绘成果验收

测绘工程项目完成后必须进行成果质量验收,验收合格的成果才能提供使用。在监理检查合格并提交了监理总结报告后,成果验收就应该列入日程。测绘成果验收应按国家《测绘成果检查验收规定》和项目有关文件规定进行。按照国家有关规定,测绘成果的验收工作由任务的投资方组织实施,或由投资方委托具有资格的法定检验机构实施。监理应按照业主安排,参加成果验收工作,在测绘成果验收中,监理也是被检查单位,监理成果也是被检查成果的一部分。

一、测绘成果验收的条件和原则

（一）测绘成果验收应具备的条件

① 验收申请。按合同或计划规定,测绘成果经监理检查合格,测绘生产单位对成果进行修改完善后,测绘生产单位应以书面形式向委托单位或任务下达部门申请验收。验收单位对申请报告、申报材料进行审核后,决定能否进行验收。

② 成果资料齐全。成果种类、数量满足合同要求,测绘生产单位的检查资料完整,技术文档符合要求,仪器设备检定证书齐全。如成果的覆盖范围、成果资料不符合设计要求或成果未通过监理检查,验收单位有权拒绝检查验收。

③ 监理单位签署了质量合格文件,监理报告和其他监理资料齐全。

（二）测绘成果验收的原则

测绘成果验收必须坚持实事求是、科学规范、客观公正、注重质量、讲求实效的原则,确保验收工作的严肃性和科学性。对验收过程中出现的法律问题按国家有关法律程序处理。

二、测绘成果验收的依据和流程

（一）测绘成果检查验收的依据

① 测绘项目任务书、合同书或委托检查验收文件。

② 有关法规和国家有关技术规定。

③ 技术设计书。

（二）验收工作程序

根据测绘工程项目的规模大小和复杂程度，成果验收可分为一次性验收和首先进行预检然后再行验收两种方式。不管采用哪种形式，工作程序和实际内容基本一致。

① 举行验收首次会议，由验收组组长主持，介绍验收组织、工作程序等，业主代表致辞。

② 测绘工程项目汇报。测绘生产单位汇报生产组织和技术质量情况；监理单位汇报监理工作情况，侧重质量控制和成果质量情况。

③ 成果检查。

（a）成果审查和质询。测绘生产单位和监理单位对验收组成员的提问进行解答。

（b）验收人员审核最终检查记录和监理检查记录。验收应对监理单位进行的成果检查进行认定。

（c）现场对内外业成果进行抽检，抽检数量由验收单位决定。在对监理单位成果检查情况进行可信验证后，实地抽检数量可减少。

（d）质量情况汇总，做出验收结论。

④ 举行验收末次会议，验收组宣布成果验收结论。

⑤ 编制验收报告，随成果归档。

习题和思考题

1. 检查验收阶段监理应做好哪些工作？

2. 简述监理总结报告应包括的主要内容。

第八章 测绘工程监理的管理工作

本书第三章"测绘工程监理组织"、第二章"测绘工程监理的核心内容"中简述了测绘工程监理的管理措施。本章详细论述测绘工程项目合同管理、测绘工程委托监理合同管理以及信息管理的具体内容。

第一节 测绘工程项目合同管理

一、测绘工程项目合同的内容

按照《合同法》规定,合同是平等主体的自然人、法人、其他组织之间设立、变更、终止民事权利义务关系的协议,所以测绘合同的制定应在平等协商的基础上对合同的各项条款进行规约,应当遵循公平原则来确定各方的权利和义务,并且必须遵守国家的相关法律和法规。

按照《合同法》规定,合同的内容由当事人约定,一般应包括以下条款:当事人的名称或者姓名和住所、标的、数量、质量、价款或者报酬、履行期限、地点和方式、违约责任、解决争议的方法。当事人可以参照各类合同的示范文本(如原国家测绘与地理信息局发布的《测绘合同示范文本》等)订立合同,也可以在遵守《合同法》的基础上由双方协商去制定相应的合同。测绘项目的完成一般需要项目委托方(甲方)和项目承揽方(乙方)共同协作来完成,在项目实施过程中存在多种不确定因素,所以测绘合同的订立又和一般的技术服务合同有所区别,特别是在有关合同标的(包括测绘范围、数量、质量等方面)的约定上,以及报酬和履约期限等约定上,一定要根据具体的项目及相关条件(技术及其他约束条件)来进行约定,以保证合同能够被正常执行,同时,也有利于保证合同双方的权益。

鉴于测绘项目种类繁多,其规模、工期及质量要求存在较大差异,所以合同的订立也存在一定的差异,合同内容自然也不尽相同。为不失一般性,这里仅对测绘合同中较为重要的内容进行较详细的描述。

（一）测绘范围

测绘项目有别于其他工程项目,它是针对特定的地理位置和空间范围展开的工作,所以在测绘合同中,首先必须明确该测绘项目所涉及的工作地点、具体的地理位置、测区边界和所覆盖的测区面积等内容,这同时也是合同标的的重要内容之一。测绘范围、测绘内容和测绘技术依据及质量标准构成了对测绘合同标的的完整描述。对于测绘范围,尤其是测区边界,必须有明确的、较为精细的界定,因为它是项目完工和项目验收的一个重要参考依据。测区边界可以用自然地物或人工地物的边界线来描述,如测区范围东边至××河,西边至××公路,北至××山脚,南至××单位围墙;也可以由委托方在小比例尺地图上以标定测区范围的概略地理坐标来确定,如测区范围地理位置为东经 116°45′～117°12′,北纬 34°16′～34°36′。

（二）测绘内容

合同中的测绘内容是直接规约受托方所必须完成的实际测绘任务,它不仅包括所需开展的测绘任务种类,还必须包括具体应完成任务的数量(或大致数量),即明确界定本项目所涉及的具体测绘任务,以及必须完成的工作量。测绘内容也是合同标的的重要内容之一,测绘内容必须用准确简洁的语言加以描述,明确地逐一罗列出所需完成的任务及需提交的测绘成果,这些内容也是项目验收及成果移交的重要依据。例如,某测绘合同为某市委托某测绘单位完成该市的控制测量任务,其测绘内容包括：① 城市四等 GPS 测量约 60 点；② 三等水准测量约 80 km；③ 一级导线测量约 80 km；④ 四等水准测量约 120 km；⑤ 5″级交会测量 1～2 点；⑥ 城市四等 GPS 网点和三等水准网点属××市城市平面、高程基础(首级)控制网,控制面积约 120 km²；⑦ 一级导线网点和四等水准网属××市城市平面、高程加密控制网,控制面积约 30 km²。

（三）技术依据和质量标准

测绘项目的技术实施过程和所提交的测绘成果必须按照国家相关技术规范(或规程)执行,需依据这些规范及规程来完成测绘生产的过程控制及质量保证。所以,测绘合同中需对所采用的技术依据及测绘成果质量检查及验收标准有明确的约定,这是项目技术设计、项目实施及项目验收等的主要参照标准。一般情况下,技术依据及质量标准的确定需在合同签订前由当事人双方协商认定；对于未作约定的情形,应注明按照本行业相关规范及技术规程执行,以避免出现合同漏洞导致不必要的争议。

另一个重要的内容是约定测绘工作开展及测绘成果的数据基准,包括平面控制基准和高程控制基准。例如,某测绘合同中该部分文本为：经双方协商约定执行的技术依据及标准为：①《城市测量规范》CJJ/T 8—2011；②《卫星定位城市测量技术规范》CJJ/T 73—2010；③ 对于本合同未提及情形,以相应的测绘行业规范、规程为准；④ 平面控制测量采用 1954 年北京坐标系,并需计算出 1980 年国家大地坐标系坐标成果,以满足甲方今后多方面工作的需要；⑤ 测区 y 坐标投影,需满足长度变形值不大于 2.5 cm/km；⑥ 高程控制采用 1956 黄海高程系,并需计算出 1985 国家高程基准高程。

（四）工程项目费用及其支付方式

合同中工程费用的计算,首先应注明所采用的国家正式颁布的收费依据或收费标准,然后需全部罗列出本项目涉及的各项收费分类细项,然后根据各细项的收费单价及其估算的工程量得出该细项的工程费用。除直接的工程费用外可能还包括其他费用,都需在费用预算列表中逐一罗列,整个项目的工程总价为各细项费用的总和。

费用的支付方式由甲乙双方参照行业惯例协商确定,一般按照工程进度(或合同执行情况)分阶段支付,包括首付款、项目进行中的阶段性付款及尾款几个部分。视项目规模大小不同,阶段性付款可以为一次或多次。阶段性付款的阶段划分一般由甲乙双方约定,可以按阶段性标志性成果来划分,也可以按照完成工程进度的百分比来划分,具体支付方式及支付额度需由双方协商解决。如《测绘合同示范文本》对工程费用的支付方式描述如下。

① 自合同签订之日起××日内甲方向乙方支付定金人民币××元,并预付工程预算总价款的××％,人民币×××元。

② 当乙方完成预算工程总量的××％时,甲方向乙方支付预算工程价款的××％,人民币×××元。

③ 当乙方完成预算工程总量的××％时,甲方向乙方支付预算工程价款的××％,人民币×××元。

④ 乙方自工程完工之日起××日内,根据实际工作量编制工程结算书,经甲、乙双方共同审定后,作为工程价款结算依据。自测绘成果验收合格之日起××日内,甲方应根据工程结算结果向乙方全部结清工程价款。

（五）项目实施进度安排

项目进度安排也是合同中的一项重要内容,对项目承接方（测绘单位）实际测绘生产有指导作用,是委托方及监理方监督和评价承接方是否按计划执行项目,以及是否达到约定的阶段性目标的重要依据,也是阶段性工程费用结算的重要依据。进度安排应尽可能详细,一般应将拟定完成的工程内容罗列出来,标明每项工作计划完成的具体时间,以及预期的阶段性成果。对工程内容出现时间重叠和交错的情形,应按照完成的工程量进行阶段性分割。概括来说,进度计划必须明确,既要有时间分割标志,也应注明预期所获得的阶段性标志成果,使项目关联的各方都能准确理解及把握,避免产生分歧。

（六）甲乙双方的义务

测绘项目的完成需要双方共同协作及努力,双方应尽的义务也必须在合同中予以明确陈述。

1. 甲方应尽的义务

① 向乙方提交该测绘项目相关的资料。

② 完成对乙方提交的技术设计书的审定工作。

③ 保证乙方的测绘队伍顺利进入现场工作,并对乙方进场人员的工作、生活提供必要的条件,保证工程款按时到位。

④ 允许乙方内部使用执行本合同所生产的测绘成果等。

2. 乙方的义务

① 根据甲方的有关资料和本合同的技术要求完成技术设计书的编制,并交甲方审定。

② 组织测绘队伍进场作业。

③ 根据技术设计书要求确保测绘项目如期完成。

④ 允许甲方内部使用乙方为执行本合同所提供的属乙方所有的测绘成果。

⑤ 未经甲方允许,乙方不得将本合同标的全部或部分转包给第三方。

在合同中一般还需对各方拟尽义务的部分条款进行时间约束,以保证限期完成或达到要求,从而保障项目的顺利开展。

（七）提交成果及验收方式

合同中必须对项目完成后拟提交的测绘成果进行详细说明,并逐一罗列出成果名称、种类、技术规格、数量及其他需要说明的内容。成果的验收方式须由双方协商确定,一般情况下,应根据提交成果的不同类别进行分类验收,在存在监理方的情况下,必须由委托方、项目承接方和项目监理方三方共同完成成果的质量检查及成果验收工作。

（八）其他内容

除了上述内容外,合同中还需包括下列内容。

① 对违约责任的明确规定。

② 对不可抗拒因素的处理方式。

③ 争议的解决方式及办法。

④ 测绘成果的版权归属和保密约定。

⑤ 合同未约定事宜的处理方式及解决办法等。

二、测绘项目合同的订立、履行、变更、违约责任

（一）合同的订立

（1）合同订立的概念

合同的订立是指两方以上当事人通过协商而于互相之间建立合同关系的行为。

（2）合同订立的内容

合同的订立又称缔约，是当事人为设立、变更、终止财产权利义务关系而进行协商、达成协议的过程。

测绘合同订立的内容包含项目的规模、工期及质量要求、付款方式、提交的成果、违约责任等详尽内容。

（3）合同订立的过程

① 测绘合同的双方（项目委托方与项目承揽方）或多方当事人必须亲临订立现场。

② 测绘合同的订立双方相互接触，互为意思表示，直到达成协议。

③ 双方当事人之间须以缔约为目的。

（4）合同订立的结果

合同订立过程结束会有两种后果：

① 双方当事人之间达成合意，即合同成立。

② 双方当事人之间不能达成合意，即合同不成立。

（二）合同的履行

1. 合同履行的概念

合同的履行，指的是合同规定义务的执行。任何合同规定义务的执行，都是合同的履行行为；相应地，凡是不执行合同规定义务的行为，都是合同的不履行。因此，合同的履行，表现为当事人执行合同义务的行为。当合同义务执行完毕时，合同也就履行完毕。

2. 合同履行的内容

① 合同履行是当事人的履约行为。测绘合同双方应严格按照合同约定履行各自的义务，保证合同的严肃性。

② 履行合同的标准。履行合同，就其本质而言，是指合同的全部履行。只有当事人双方按照测绘合同的约定或者法律的规定，全面、正确地完成各自承担的义务，才能使测绘合同债权得以实现，也才使合同法律关系归于终结。

测绘合同履行主要包括三个方面的内容：项目承揽方按要求完成测绘工作，测绘项目委托单位按时交付项目酬金，合同约定的附加工作和额外测绘工作及其酬金给付。

（三）合同的变更

1. 合同变更的概念

有效成立的测绘合同在尚未履行完毕之前，双方当事人协商一致而使测绘合同内容发

生改变,双方签订变更后的测绘合同。测绘合同内容变更包括测绘的范围、测绘的内容、测绘的工程费用、项目的进度、提交的成果等。

2. 测绘合同变更的条件

① 原测绘合同关系的有效存在。测绘合同变更是在原测绘合同的基础上,通过当事人双方的协商或者法律的规定改变原测绘合同关系的内容。

② 当事人双方协商一致,不损害国家及社会公共利益。在协商变更合同的情况下,变更合同的协议必须符合相关法律的有效要件,任何一方不得采取欺诈、胁迫的方式来欺骗或强制他方当事人变更合同。

③ 合同非要素内容发生变更。合同变更仅指合同的内容发生变化,不包括合同主体的变更,因而合同内容发生变化是合同变更不可或缺的条件。当然,合同变更必须是非实质性内容的变更,变更后的合同关系与原合同关系应当保持同一性。

④ 须遵循法定形式。合同变更必须遵守法定的方式,我国《合同法》第七十七条第二款规定:法律、行政法规规定变更合同应当办理批准、登记等手续的,依照其规定。

3. 合同变更的效力

① 就合同变更的部分发生债权债务关系终结的后果。合同变更的实质在于使变更后的合同代替原合同。因此,合同变更后,当事人应按变更后的合同内容履行。

② 仅对合同未履行部分发生法律效力,即合同变更没有溯及力。合同变更原则上向将来发生效力,未变更的权利义务继续有效,已经履行的债务不因合同的变更而失去合法性。

③ 不影响当事人请求赔偿的权利。合同的变更不影响当事人要求赔偿的权利。原则上,提出变更的一方当事人对对方当事人因合同变更所受损失应负赔偿责任。

(四)合同的违约与责任

1. 合同违约

合同违约是指违反合同债务的行为,也称为合同债务不履行。合同债务,既包括当事人在合同中约定的义务,又包括法律直接规定的义务,还包括根据法律原则和精神的要求,当事人所必须遵守的义务。仅指违反合同债务这一客观事实,不包括当事人及有关第三人的主观过错。

在测绘合同履行过程中,双方都可能不同程度地出现违约行为,多数比较轻微的违约行为对方可以谅解,严重违约主要有以下三种表现:

① 项目委托方不按合同约定及时支付工程款。

② 增加额外工作量或变更技术设计的主要条款造成工作量增加而不增加费用。

③ 不能在合同约定时间提交成果或提交的成果质量不符合要求。

2. 合同违约责任

除了合同违约免责条件与条款之外的违约行为,可按合同约定进行正常的索赔。

目前的测绘市场中合同违约的解决方式也存在一些不正常的现象,如不通过合同约定进行正常索赔,而是游离于合同之外进行利益较量,致使工程质量和进度难以保证。

三、测绘项目成本预算

测绘单位取得与甲方签订的测绘合同后,财务部门根据合同规定的指标、项目施工技术设计书、测绘生产定额、测绘单位的承包经济责任制及有关的财务会计资料等编制测绘项目成本预算。测绘项目成本预算一般分为两种情况：如果项目是生产承包制，其成本预算由生产成本预算和应承担的期间费用预算组成；如果项目是生产经营承包制，其成本预算由生产成本预算、应承担承包部门费用预算和应承担的期间费用预算组成。

（一）成本预算的依据

根据测绘单位的具体情况，其成本管理可分为三个层次：为适应测绘项目生产承包制的要求，第一层次管理的成本就是测绘项目的直接生产费用，它包括直接工资、直接材料、折旧费及生产人员的交通差旅费等，这一层次的项目成本合计数应等于该项目生产承包的结算金额。为适应测绘项目生产经营承包制的要求，第二层次管理的成本不仅包括测绘项目的直接生产费用，还包括可直接记入项目的相关费用和按规定的标准分配记入项目的承包部门费用。可直接记入项目的相关费用包括项目联系、结算、收款等销售费用、项目检查验收费用、按工资基数计提的福利费、工会经费、职工教育经费、住房公积金、养老保险金等。分配记入项目的承包部门费用包括承包部门开支的各项费用及根据承包责任制应上交的各项费用。为了正确反映测绘项目的投入产出效果，及全面有效地控制测绘项目成本，第三层次管理的成本包括测绘项目应承担的完全成本，它要求采用完全成本法进行管理。鉴于会计制度规定采用制造成本法进行成本核算，可在会计核算的成本报表中加入两栏，直接记入项目的期间费用和分配记入项目的期间费用，全面反映和控制测绘项目成本。

（二）成本预算的内容

如前所述，成本预算除了直接的项目实施工程费用外，还包括多项其他的内容（如员工他项费用及机构运作成本等）。成本预算方式也包括多种形式，其具体采用的方式依赖于所在单位的机构组织模式、分配机制和相关的会计制度等。总的来说，成本预算的主要内容包括以下几个部分。

1. 生产成本

生产成本即直接用于完成特定项目所需的直接费用，主要包括直接人工费、直接材料费、交通差旅费、折旧费等，实行项目承包（或费用包干）的情形则只需计算直接承包费用和折旧费等内容。

2. 经营成本

除去直接的生产成本外，成本预算还应包含维持测绘单位正常运作的各种费用分配，主要包括两大类：① 员工福利及他项费用，包括按工资基数计提的福利费、职工教育经费、住房公积金、养老保险金、失业保险等分配记入项目的部分；② 机构运营费用，包括业务往来费用、办公费用、仪器购置、维护及更新费用、工会经费、社团活动费用、质量及安全控制成本、基础设施建设等反映测绘单位正常运作的费用分配记入项的部分。

（三）成本预算的注意事项

成本预算具体操作需视情况而定。如前所述，它和单位的组织形式、用工方式和会计制度都有直接关系。当然，严格的、合理的项目成本预算有利于调动测绘人员的积极性，同时能最大限度地降低成本，创造相应效益。

第二节　测绘工程监理合同管理

一、监理合同概述

引进监理机制后,业主为实现测绘项目目标,委托监理单位对测绘工程项目进行监督与管理,为达到此目的二者之间所签订的合同称为委托监理合同。

（一）有关委托监理合同的法律规定

《合同法》规定:"建设工程实行监理的,发包人应当与监理人采用书面形式订立委托监理合同。发包人与监理人的权利和义务以及法律责任,应当依照本法委托合同以及其他有关法律、行政法规的规定。"

《招标投标法》规定:"招标人和中标人应当自中标通知书发出之日起三十日内,按照招标文件和中标人的投标文件订立书面合同。招标人和中标人不得再行订立背离合同实质性内容的其他协议。"

《工程建设监理规定》规定:"监理单位承担监理业务,应当与项目法人签订书面工程建设监理合同。"

（二）监理合同具有的特征

① 测绘工程监理合同属于委托合同范畴,具有委托合同的普遍性特征。

② 监理合同的标的是测绘技术服务,监理单位和监理人员凭借自己的知识、经验和技能等综合能力在业主授权范围内对测绘工程项目进行监督管理,以实现测绘生产合同中制定的目标,属于典型的高智能技术服务。

③ 监理合同是一种有偿合同。虽然《合同法》中对委托合同是否有偿没有规定,但引进监理机制的测绘项目一般规模较大,监理业务较为复杂,都是有偿服务。

（三）监理合同起草的原则

① 签约双方应重视合同签订工作。合同是对双方都有约束力的法律文书,是规定双方权利义务及有关问题处理方式的正式合约,是维护双方合法权益的基本文件,应给予应有的重视。

② 签约双方在合同谈判和签订中要坚持法律主体地位平等的原则。《合同法》规定,合同当事人的法律地位平等,一方不得将自己的意志强加给另一方。因此,业主和监理单位要就监理合同的主要条款进行对等谈判。业主不应利用手中测绘项目的委托权,以不平等的态度对待监理方,而应立足于充分发挥监理的功能,以其为项目带来较大的综合效益的监理初衷来谈判。监理单位应利用法律赋予的平等权利进行对等谈判,对重大问题不能迁就或无原则让步。

③ 监理合同中应明确签约双方的权利和义务。签约双方的权利义务非常重要,在国家还没有正式出台测绘工程监理标准合同文本的情况下,应该参考委托合同类似文本进行起草。

④ 体现监理合同的特征。监理合同的形式与生产合同形式上相似,但内涵有相当大的区别,要体现出监理工作成果的特殊性、体现监理服务优劣的评价措施以及奖惩条款的针对性和可行性,内容要具体,责任要明确。

二、测绘委托监理合同的管理

合同管理作为监理工作的内容之一,一方面是对测绘生产合同的管理,维护业主和测绘生产单位的合法权益,保证工程建设的顺利进行,进而完成监理任务,达到监理目标;另一方面,是对委托监理合同的管理,维护自身的合法权益。

测绘生产合同则是业主与测绘生产单位为完成一项测绘生产任务而订立的协议,它规定了业主与生产单位之间的经济关系、义务和权利,规定了项目的总体目标,即完成的内容、质量、工期和所需的费用以及解决合同争执的方法和途径。然而,测绘生产合同所规定的总体目标并不等于监理的工作目标。监理的合同管理人员必须在综合分析这两份合同的基础上确定监理的工作目标,编制监理实施细则,与测绘生产合同发生变更或在监理委托合同发生变更的情况下,监理的合同管理人员都必须采取相应的管理措施,调整监理管理目标等。

（一）测绘委托监理合同基本条款

委托监理合同的条款形式和内容表达方式多样,但基本内涵并不存在本质性区别。完善的监理合同一般都包括以下内容:

① 签约双方的确认。主要指测绘工程监理中标人与招标人的法人单位、法人代表姓名和联络方式等;为了合同表述方便,一般规定招标人为"甲方",中标人为"乙方"。

② 合同的一般说明。委托监理项目概况的一般性说明,包括项目性质、投资来源、工程地点、工期要求及测绘生产单位等情况,便于规定监理服务的范围。

③ 监理提供服务的基本内容。监理合同应以专门的条款对监理单位提供服务的内容进行详细说明,要体现出委托监理合同的特定服务程度。如监理的范围和内容、监理方式及成果检查比例、提交的监理成果种类等。

④ 监理费用的计取及支付方式。测绘工程监理各项目的单价和总价;开工费的支付、阶段性支付款和工程余款的支付比例和方式。

⑤ 签约双方的权利义务。该部分内容较多,且多是实质性内容,应视项目具体情况制定。

⑥ 其他条款。主要包括预防性条款,如业主违约、拖欠受罚的规定、监理人违约的罚款等;保证性条款,如履约保函、保险、工程误期与罚款、质量保证性条款等;法律性条款,如法律依据、税收规定、不可抗拒因素规定、工程合同生效和终止的规定等;保密性条款,如按照国家有关法律法规保障测绘成果保密安全;双方约定的其他事项。

⑦ 签字。签约双方盖章,法定代表人或其委托人签字。

（二）签订测绘委托监理合同应注意的问题

1. 必须坚持法定程序

委托监理合同的签订,意味着委托代理关系的形成,委托与被委托的关系也将受到合同的约束。在合同开始执行时,业主应将监理的权利以书面的形式通知监理单位,监理单位也将派往该项目的总监理工程师及其助手的情况告知测绘生产单位。委托监理合同签订以后,业主授予监理工程师的权限应体现在业主与测绘生产单位签订的生产合同上,为监理工程师的工作创造条件。

2. 不可忽视的替代性文件

有时候,业主或监理单位认为没有必要正式签订一份委托监理合同,双方达成一份口头协议就可以了,以代替繁杂的合同商签工作,讲究的是相互信任。但在这种情况下,监理单位也应该拟写一封简要信件来确认与业主达成的口头协议。这种把口头协议形成文字以保证其有效的信件,包括业主提出的要求和承诺,也是监理单位承担责任、履行义务的书面证据。所以,它是一个不可忽视的替代性文件。

3. 合同的修改和变更

在项目实施过程中难免出现需要修改或变更合同条款的情况,如改变工作服务范围、工作深度、工作进程、费用支付等。特别是当出现需要改变服务范围和费用问题时,监理单位应该坚持修改合同,口头协议或临时性交换函件都是不可取的。一般情况下,如果变动较大,应该重新制定一个新的合同来取代原有合同,这对于双方来说都是好办法。

4. 其他问题

测绘委托监理合同是双方承担义务和责任的协议,也是双方合作和相互理解的基础,一旦出现争议,这些文件,也是保护双方权利的法律基础。因此签订的合同应做到文字简洁、清晰、严密,以保证意思表达准确。

(三)测绘委托监理合同的履行

测绘工程监理合同签订双方应严格按照合同约定履行各自义务,保证合同的严肃性。监理合同履行主要包括三个方面内容:监理单位按要求完成监理工作,测绘项目业主单位按时支付监理酬金,合同约定的附加工作和额外监理工作及其酬金给付。

① 监理单位按要求完成监理工作。按照合同约定,监理单位对测绘生产项目进行质量控制、进度控制及其他管理协调。按照监理方案及监理实施细则的规定,投入相应的监理人员、利用自身的专业技能,采用应有的监理方法和检查手段,保证测绘生产处于正常状态,测绘成果符合质量要求,进度满足合同约定。处理生产中发现的问题及时得当,保证监理资料全面真实。

② 业主方及时支付监理酬金。按照合同金额和支付比例按时支付。

③ 附加工作和额外监理工作及其酬金给付。附加工作是指合同内规定的附加服务或合同以外通过双方书面协议附加于正常服务的工作。额外工作是指正常监理工作和附加工作以外的、非监理单位原因而增加的工作。按照合同约定,监理单位应很好地完成该类工作,业主单位应按照约定及时支付该类工作酬金。

(四)实施阶段委托监理合同管理的一般内容

项目总监理工程师全面负责委托监理合同的履行,监理机构全体监理人员了解、熟悉相关的合同条款并正确履行。在合同履行过程中,项目总监理工程师随时向监理单位报告相关情况,监理单位相关职能部门予以跟踪、备案。

项目总监在此阶段的合同管理,首先应做好相关基础性工作,包括:监理单位在合同签订后十天内将项目监理机构组织形式、人员构成及对总监理工程师的任命书、法人授权书书面通知测绘生产单位;收集齐全相关合同文件(包括监理投标书、中标通知书、委托监理合同、有关协议),明确管理责任和管理制度等。

在基础性工作完备的前提下,进行以下各项工作:

① 对来往函件进行合同法律方面的审查,并及时进行处理。

重视对合同文件的日常管理,一般要设专用档案盒,建立索引和台账,归档保存,发文必须做签收记录且一并保存。常见业主来函包括变更指令、确认函、传阅件、批复函等,对业主的任何口头指令,要及时索取书面证据(采取令业主可接受的方式获得),并养成书面交往的习惯,减少日后不必要的争执,在对业主指令不理解或不认同的情况下,应及时与业主沟通,达成共识,并请业主确认。"立个字据"在监理合同执行过程中是非常有必要的。对业主来函,需要处理和回复的应尽快处理和回复。对与被监理方之间来往函件,更要注意这些函件的可靠性和及时性,避免给监理自身和测绘生产单位带来不必要的麻烦,同时也会给业主留下不信任或按合同规定进行处罚等。

② 主动和正确行使合同规定的各项权利,严格履行监理责任和义务,树立监理威信,为业主提供满意的服务。监理合同中规定的权利有:定期提交监理工作报告;发放监理工程师通知书等。

③ 督促和指导各岗位监理人员严格执行监理合同中相关内容。

总监理工程师在工作中,应随时向各监理人员传达合同实施情况,并对相关人员的工作提出建议、意见,督促和指导其正确履行监理合同中的相关内容。

第三节　测绘工程监理信息管理

学习本节,要掌握工程监理信息管理的概念、任务、内容、分类和作用;掌握工程监理信息的加工整理、储存和传递;了解工程项目各阶段的文件组成;掌握测绘工程监理中的文档资料管理。

一、测绘工程监理信息管理的概念和任务

(一) 工程监理信息管理的概念

工程监理信息管理是指在整个工程监理的管理过程中,监理人员收集、加工和输入、输出的信息的总称。信息管理的过程包括信息收集、信息传输、信息加工和信息储存,是监理人员为了有效地开发和利用工程建设的信息资源,以现代信息技术为手段,对信息资源进行计划、组织、领导和控制的社会活动。

(二) 测绘工程监理信息管理的任务

1. 实施最优控制

控制的主要任务是把计划的执行情况与目标进行比较,找出并分析差异,进而采取有效的措施预防和排除差异的产生。为了控制工程建设项目的进度、质量及费用目标,监理工程师应掌握有关项目三大目标的计划值,及时了解执行情况,实施最优控制。

2. 进行合理决策

工程监理决策直接影响工程建设项目总目标的实现,以及监理单位和监理工程师个人的信誉。建立决策的正确与否,其决定因素之一就是信息。为此,在工程的设计、招标和施工等各个阶段,监理工程师都必须充分地收集、分析以及整理各种信息。只有这样,方能做出科学的、合理的监理决策。

3. 妥善协调关系

工程建设项目涉及众多的方面和单位,如地方政府部门、施工单位及周边相关的单位及民众等,这些单位和人员都会对工程建设项目目标的实现带来一定的影响,为了支持工程顺利进行,就需要妥善协调好各单位、部门之间的关系。

4. 提供参考信息

根据监理工作进展，监理工程师应随时向业主及总监提供有参考价值的信息，以便业主和总监综合考虑，进行正确决策。此项任务亦是监理工程师在监理工作中应重视的、应努力完成的任务。

二、工程监理信息的作用

监理行业属于信息产业，监理工程师是信息工作者，他们在工作中生产的是信息，使用和处理的都是信息，主要体现监理成果的也是信息，监理信息对监理工程师开展监理工作、对监理工程师进行决策具有重要的作用。

（一）信息是监理工程师开展监理工作的基础

① 监理信息是监理工程师实施目标控制的基础。工程监理的目标是以计划的投资、质量和进度完成工程项目。监理目标控制系统内部各种要素之间、系统和环境之间都靠信息进行联系；信息贯穿在目标控制的环节性工作之中，包括信息的投入；转换过程是产生工程状况、环境变化等信息的过程；反馈过程则主要是这些信息的反馈；对比过程是将反馈的信息与已知的信息进行比较，并判断是否有偏差；纠正过程则是信息的应用过程；主动控制和被动控制也都是以信息为基础；至于目标控制的前提工作——组织和规划，也离不开信息。

② 监理信息是监理工程师进行合同管理的基础。监理工程师的中心工作是进行合同管理。这就需要充分掌握合同信息，熟悉合同内容，掌握合同双方所应承担的权利、义务和责任；为了掌握合同双方履行合同的情况，必须在监理工作时收集各种信息；对合同出现的争议，必须在大量信息基础上做出判断和处理；对合同的索赔，需要审查判断索赔的依据，分清责任原因，确定索赔数额。这些工作都必须以自己掌握的大量准确的信息为基础，监理信息是合同管理的基础。

③ 监理信息是监理工程师进行组织协调的基础。工程项目的建设是一个复杂和庞大的系统，涉及的单位很多，需要进行大量的协调工作，监理组织内部也要进行大量的协调工作，这都需要大量的信息作依据。

协调工作一般包括人际关系的协调、组织关系的协调和资源需求关系的协调。人际关系的协调需要了解人员专长、能力、性格方面的信息，需要岗位职责和目标的信息，需要人员工作绩效的信息；组织关系的协调需要组织设置、目标职责、权限的信息，需要开工作例会、业务碰头会、发会议纪要、采用工作流程图来沟通信息，需要在全面掌握信息的基础上及时消除工作中的矛盾和冲突；需求关系的协调需要掌握人员、材料、设备、能源动力等资源方面的计划信息、储备情况以及现场使用情况等信息。信息是协调的基础。

（二）监理信息是监理工程师决策的重要依据

监理工程师在开展监理工作时要经常进行决策，决策是否正确直接影响着工程项目建设总目标的实现及监理单位和监理工程师的信誉。监理工程师做出正确的决策是建立在及时准确的信息基础上的，没有可靠的、充分的信息作为依据就不可能做出正确的决策。例如，对工程质量行使否决权时，就必须对有问题的工程进行认真细致的调查、分析，还要进行相关的试验和检测，在掌握大量可靠信息的基础上才能进行决策。

三、测绘工程监理信息的表现形式及内容

监理信息的表现形式就是信息内容的载体,也就是各种各样的数据。在工程建设监理过程中,各种情况层出不穷,这些情况包含了各种各样的数据。这些数据可以是文字,可以是数字,可以是各种表格,也可以是图形、图像和声音。

（一）文字数据

文字数据是监理信息一种常见的表现形式,文件是最常见的用文字数据表现的信息。管理部门会下发很多文件,工程建设各方通常规定以书面形式进行交流,即使是口头上的指令也要在一定时间内形成书面的文字,这也会形成大量的文件。这些文件包括国家、地区、部门行业、国际组织颁布的有关工程建设的法律法规文件,如《经济合同法》、政府建设监理主管部门下发的通知和规定、行业主管部门下发的通知和规定等,还包括国际、国家和行业等制定的标准和规范,如合同标准、设计和施工规范、材料标准、图形符号标准、产品分类及编码标准等。具体到每一个工程项目,还包括招投标文件、工程承包（分包）单位的情况资料、会议纪要、监理月报、洽商及变更资料、监理通知、隐蔽及预检记录资料等,这些文件中包含了大量的信息。

（二）数字数据

数字数据也是监理信息一种常见的表现形式。在工程建设中,监理工作的科学性要求"用数字说话",为了准确说明各种工作情况,必然有大量数字数据产生。各种计算成果和各种试验检测数据,反映着工程项目的质量、投资和进度等情况。用数据表现的信息常见的有:设备与材料价格;工程概预算定额;调价指数;工期、劳动的施工定额;地区地质数据;项目类型及专业和投资的单位指标;大宗主要设备的配合数据等。具体到每个工程项目,还包括:设备台账、设备检验数据;工程进度数据;进度工程量签证及付款签证数据;专业图纸数据;质量评定数据;施工人力数据等。

（三）各种报表

报表是监理信息的另一种表现形式,工程建设各方都用这种直观的形式传播信息。

① 承包商需要提供反映工程建设状况的多种报表。这类报表有:开工申请表、施工技术方案申报表、进场设备报验单、施工放样报验单、分包申请单、合同外工程单价申报表、计日工单价申报表、合同工程月计量申报表、额外工程月计量申报表、人工与材料价格调整申报表、付款申请表、索赔申请表、索赔损失计算清单、延长工期申请表、复工申请、事故报告单、工程验收申请单、竣工报验单等。

② 监理组织内部采用规范化的表格作为有效控制的手段。这类报表有:工程开工令、工程清单支付月报表、暂定金额支付月报表、应扣款月报表、工程变更通知、额外增加工程通知单、工程暂停指令、复工指令、现场指令、工程验收证书、工程验收记录、竣工证书等。

③ 监理工程师向业主反映工程情况也往往用报表形式传递工程信息。这类报表有:工程质量月报表、项目月支付总表、工程进度月报表、进度计划与实际完成报表、施工计划与实际完成情况表、监理月报表、工程状况报告表等。

（四）图形、图像和声音等

图形、图像信息还包括工程录像、照片等,这些信息直观、形象地反映了工程情况,特别是能有效反映隐蔽工程的情况。声音信息主要包括会议录音、电话录音以及其他的讲话录

音等。

以上这些只是监理信息的一些常见形式,而且监理信息往往是这些形式的组合。了解监理信息的各种形式及其特点,对收集、整理信息很有帮助。

四、工程监理信息的分类

不同的监理范畴,需要不同的信息,可按照不同的标准将监理信息进行归类划分,以满足不同监理工作的信息需求,并有效地进行管理。

监理信息的分类方法通常有以下几种:

(一)按照工程建设监理控制目标划分

工程建设监理的目的是对工程进行有效的控制,按控制目标将信息进行分类是一种重要的分类方法。按这种方法,可将监理信息划分如下:

① 投资控制信息,指与投资控制直接有关的信息。属于这类信息的有一些投资标准,如类似工程造价、物价指数、概算定额、预算定额等;工程项目计划投资的信息,如工程项目投资估算、设计概预算、合同价等;项目进行中产生的实际投资信息,如施工阶段的支付账单、投资调整、原材料价格、设备费、人工费、运杂费等;还有对以上这些信息进行分析比较得出的信息,如投资分配信息、合同价格与投资分配的对比分析信息、实际投资与计划投资的动态比较信息、实际投资统计信息、项目投资变化预测信息等。

② 质量控制信息,指与质量控制直接有关的信息。属于这类信息的有与工程质量有关的标准信息,如国家有关的质量政策、质量法规、质量标准、工程项目建设标准等;与计划工程质量有关的信息,如工程项目的合同标准信息、设备的合同质量信息、质量控制工作流程、质量控制的工作制度等;项目进展中实际质量信息,如工程质量检验信息、设备的质量检验信息、质量和安全事故信息。还有由这些信息加工后得到的信息,如质量目标的分解结果信息、质量控制的风险分析信息、工程质量统计信息、工程实际质量与质量要求及标准的对比分析信息、安全事故统计信息、安全事故预测信息等。

③ 进度控制信息,指与进度控制直接有关的信息。这些信息有与工程进度有关的标准信息,如工程施工进度额信息等;与工程计划进度有关的信息,如工程项目总进度计划、进度控制的工作流程、进度控制的工作制度等;项目进展中产生的实际进度信息;上述信息加工后产生的信息,如工程实际进度控制的风险分析、进度目标分解信息、实际进度与计划进度对比分析、实际进度与合同进度对比分析、实际进度统计分析、进度变化预测信息等。

(二)按照工程建设的不同阶段分类

① 项目建设前期的信息。项目建设前期的信息包括可行性研究报告提供的信息、设计任务书提供的信息、勘测与测量的信息、初步设计文件的信息、招投标方面的信息等,其中大量的信息与监理工作有关。

② 工程施工中的信息。施工中由于参加的单位多,现场情况复杂,信息量大。业主作为工程项目建设的负责人,对工程建设中的一些重大问题不时要表达意见和看法,下达某些指令;业主对合同规定由他们一方提供的有关测区情况、已有测绘等资料;承包商作为施工的主体,必须收集和掌握施工现场大量的信息,其中包括经常向有关方面发出的各种文件,向监理工程师报送的各种文件、报告等;设计方面根据设计合同及供图协议发送的施工图纸,在施工中发出的为满足设计意图对施工的各种要求,根据实际情况对设计进行的调查和

更新等;项目监理直接从施工现场获得有关投资、质量、进度和合同管理方面的信息,还有经过分析整理后对各种问题的处理意见等。

③ 工程竣工验收阶段的信息。在工程竣工阶段,需要大量的竣工验收资料,其中包含了大量的信息,这些信息一部分是在整个施工过程中长期积累形成的,一部分是在竣工验收期间通过对大量的资料进行整理分析而形成的。

（三）按照工程建设监理信息的来源划分

① 来自工程项目监理组织的信息。如监理记录、监理报表、工地会议纪要、各种指令、监理试验检测报告等。

② 来自承包商的信息。如开工申请报告、质量事故报告、施工进度报告、索赔报告等。

③ 来自业主的信息。如业主对各种报告的批复意见。

④ 来自其他部门的信息。如政府有关文件、市场价格、物价指数、气象资料等。

（四）其他分类方法

① 按照信息范围,把监理信息分为精细的信息和摘要的信息。

② 按照信息时间,把监理信息分为历史性的信息和预测性的信息。

③ 按照监理阶段,把监理信息分为计划的、作业的、核算的及报告的信息。在监理工作开始时,要有计划的信息;在监理过程中,要有作业的和核算的信息;在某一工程项目的监理工作结束时,要有报告的信息。

④ 按照对信息的预期性,把监理信息分为预知的和突发的信息。

⑤ 按照信息的性质,把监理信息分为生产信息、技术信息、经济信息和资源信息。

⑥ 按照信息的稳定程度,把监理信息分为固定信息和流动信息等。

五、测绘工程监理信息的收集

（一）收集信息的作用

在测绘生产过程中,每时每刻都产生着大量的多种多样的信息,但是要得到有价值的信息,只靠自发产生的信息是不够的,还必须根据需要进行有目的、有组织、有计划地收集,才能提高信息质量,充分发挥信息的作用。

收集信息是运用信息的前提。各种信息产生以后,会受到传输条件、人们的思想意识和各种利益关系的影响,所以信息有真假、虚实、有用无用之分。测绘监理工程师要取得有用的信息,必须通过一定渠道、采取一定的方法和措施收集测绘生产信息,然后经过加工、筛选,从中选择出对测绘生产决策有用的信息。

收集信息是进行信息处理的基础。信息处理的全过程包括对已经取得的原始信息进行分类、筛选、分析、加工、评定、编码、储存、检索、传递。没有信息的收集就没有信息处理的资源,而信息收集工作的好坏,也直接决定着信息加工处理的质量高低。在一般情况下,如果收集到的信息时效性强、真实度高、价值大且全面系统,那么再经过加工处理后质量就会更高,否则加工后的信息质量必然会较低。

（二）收集测绘监理信息的基本原则

① 主动及时。测绘监理工程师要取得对测绘生产控制的主动权,就必须积极主动地收集信息,善于及时发现、取得、加工各类测绘生产信息。只有工作主动,获得信息才会及时。监理工作的特点和监理信息的特点都决定了收集信息要主动及时。监理是一个动态控制的

过程,测绘工程又具有流动性的特点,实时信息量大、时效性强,稍纵即逝。

② 全面系统。监理信息贯穿在测绘生产工作的各个阶段和全过程。各类监理信息和每一条信息,都是监理内容的反映或表现,所以收集监理信息不能挂一漏万、以点代面,把局部当成整体,或者不考虑事物之间的联系。同时,测绘生产并不是杂乱无章的,要注意各阶段的系统性和连续性,全面系统就是要求收集到的信息具有完整性。

③ 真实可靠。收集信息的目的在于对测绘项目进行有效控制。由于测绘工程项目中人们的经济利益关系,由于信息在传输过程中会发生失真等主客观原因,难免产生不能真实反映测绘工程实际情况的假信息。因此,必须严肃认真地进行信息收集工作,要将收集到的测绘信息进行严格核实、检测、筛选,去伪存真。

④ 重点选择。收集信息要全面系统和完整,不等于不分主次、缓急和价值大小,必须要有针对性,坚持重点收集的原则。针对性首先是指有明确的目的性或目标;其次是指有明确的信息源和信息内容。还要做到适用,所取信息符合测绘监理工作的需要,能够应用并产生好的监理效果。所谓重点选择就是根据工作的实际需要,根据不同层次、不同部门、不同阶段对信息需求的侧重点,从大量的信息中选择使用价值大的主要信息。

(三)测绘监理信息收集的基本方法

测绘监理工程师主要通过各种方式的记录收集监理信息,这些记录统称为监理记录,它是与测绘工程项目监理相关的各种记录资料的集合。通常可以分为以下几类:

1. 现场记录

现场测绘监理人员必须每天利用特定的表格或日志的形式记录测绘现场所发生的事情。所有记录应始终保存好,供监理工程师及其他监理人员查阅。这些记录每月由测绘专业监理工程师整理成为书面资料上报。

现场记录通常记录以下内容:

① 详细记录所监理的测绘工程项目所需仪器设备、人员配备和使用情况。如测绘承包人现场人员和设备与计划所列的是否一致;工程量和进度是否因某些资源的不足而受影响,受影响的程度如何;是否缺乏专业技术人员或专业设备,有无替代方案;承包商设备完好率和使用率是否令人满意;是否存储有足够的备件等。

② 记录气候及水文情况。记录每天的最高、最低气温,降雨和降雪量,风力,河流水位;记录有预报的雨、雪、台风及洪水到来之前对永久性或临时性工程所采取的保护措施;记录气候、水文的变化影响施工及造成损失的细节,如停工时间、救灾的措施和财产的损失等。

③ 记录承包商每天的工作范围、完成工程数量以及开始和完成工作的时间,记录出现的技术问题,采取了怎样的措施进行处理,效果如何,能否达到技术规范的要求等。

④ 简单描述工程施工中每步工序完成后的情况,如此工序是否已经被认可等;详细记录缺陷的补救措施或变更情况等。在现场特别注意记录隐蔽工程的有关情况。

⑤ 记录现场设备供应和储备情况。设备来源、数量、质量、检查等情况。

⑥ 记录并分类保存一些必须在现场进行的试验。

2. 会议记录

由专人记录监理人员所主持的会议,且形成纪要,并经与会者签字确认,这些纪要将成为今后解决问题的重要依据。会议纪要应包括以下内容:会议地点及时间;出席者姓名、职务及他们所代表的单位;会议中发言者的姓名及主要内容;形成的决议;决议由何人及何时执行等；未解决的问题及其原因等。

3．计量与支付记录

包括所有计量及支付资料。应清楚地记录哪些工程进行过计量，哪些工程没有进行计量，哪些工程已经进行了支付；已同意或确定的费率和价格变更等。

4．试验记录

除正常的试验报告外，试验室应由专人每天以日志形式记录试验室工作情况，包括对承包商的试验的监督、数据分析等。

记录内容包括：

① 工作内容的简单叙述。如做了哪些试验，监督承包商做了哪些试验，结果如何等。承包商试验人员配备情况，试验人员配备与承包商计划所列是否一致，数量和素质是否满足工作需要，增减或更换试验人员的建议。

② 对承包商试验仪器、设备配备、使用和调动情况记录，需增加新设备的建议。监理试验室与承包商试验室所做同一试验，其结果有无重大差异及原因如何。

5．工程照片和录像

以下情况，可辅以工程照片和录像进行记录：

① 科学试验。重大试验，如标石埋设等。

② 工程质量。能体现高水平的工程总体或部分；对工程质量较差的项目，指令承包商返工或须补强的工程的前后对比；能体现不同施工阶段的照片。

③ 能证明或反证未来会引起索赔或工程延期的特征照片或录像；能向上级反映即将引起影响工程进展的照片。

④ 工程试验、试验室操作及设备情况。

⑤ 隐蔽工程。如地下工程等。

⑥ 工程事故。工程事故处理现场及处理事故的状况；工程事故及处理和补强工艺，能证实保证了工程质量的照片。

⑦ 监理工作。重要工序的旁站监督、验收现场监理工作实况；参与的工地会议及参与承包商的业务讨论会，班前、班后会议；被承包商采纳的建议，证明确有经济效益及提高了施工质量的实物。

拍照时要采用专门登记本标明序号、拍摄时间、拍摄内容、拍摄人员等。

六、测绘工程监理信息的加工整理

（一）监理信息加工整理的作用和原则

监理信息的加工整理是对收集来的大量原始信息，进行筛选、分类、排序、压缩、分析、计算等过程。

信息的加工整理作用很大。首先，通过加工，将信息聚同分类，使之标准化、系统化。收集来的信息往往是原始的、零乱的和孤立的，信息资料的形式也可能不同，只有经过加工后，使之成为标准的、系统的信息资料，才能进入使用、储存，以及提供检索和传递。其次，经过收集的资料，真实程度、准确程度都比较低，甚至还混有一些错误，经过对它们进行分析、比较、鉴别，乃至计算、校正，使获得的信息准确、真实。另外，原始状态的信息，一般不便于使用和储存、检索、传递，经过加工后，可以使信息浓缩，以便于进行以上操作。还有，信息在加工过程中,通过对信息的综合、分解、整理增补,可以得到更多有价值的信息。

信息加工整理要遵循标准化、系统化、准确性、时间性和适用性等原则进行。为了适应用户使用和交换信息,应当遵守已制定的标准,使来源和形态多样的各种各样信息标准化。要按监理信息的分类系统有序地加工整理,符合信息管理系统的需要。要对收集的监理信息进行校正、剔除,使之准确、真实地反映工程现状。要及时处理各种信息,特别是对那些时效性强的信息。要使加工后的监理信息符合实际监理工作的需要。

（二）监理信息加工整理的成果——监理报告

监理工程师对信息进行加工整理,形成各种资料,如各种来往信函、来往文件、各种指令、会议纪要、备忘录或协议和各种工作报告等,工作报告是最主要的加工整理成果。这些报告包括:

1. 现场监理日报表

这是现场监理人员根据现场记录加工整理而成的报告,主要有以下内容:当天的施工内容;当天参加施工的人员（工种、数量、施工单位）;当天施工用的仪器设备的名称和数量等;当天发现的施工质量问题;当天的施工进度和计划进度的比较,若发生进度拖延,应当说明原因;当天天气综合评语;其他说明及应注意的事项等。

2. 现场监理工程师周报

这是现场监理工程师根据监理日报加工整理而成的报告,每周向项目总监理工程师汇报一周所发生的重大事件。

3. 监理工程师月报

这是集中反映工程实况和监理工作的重要文件,一般由项目总监理工程师组织编写,每月一次报给业主。大型项目的监理月报往往由各合同或子项目的总监理工程师代表组织编写,上报总监理工程师审阅后报给业主。监理月报一般包括以下内容:

① 工程进度。描述工程进度情况,工程进度和累计完成的比例;若拖延了计划,应分析其原因以及这种原因是否已经消除,就此问题承包商、监理人员所采取的补救措施等。

② 工程质量。用具体的测试数据评价工程质量,如实反映工程质量的好坏,并分析承包商和监理人员对质量较差项目的改进意见,如有责令承包商返工的项目,应当说明其规模、原因以及返工后的质量情况。

③ 计量支付。出示本期支付、累计支付以及必要的分项工程的支付情况,表达支付比例、实际支付与工程进度对照情况等;承包商是否因流动资金短缺而影响了工程进度,并分析造成资金短缺的原因（如是否未及时办理支付等）;有无延迟支票、价格调整等问题,说明其原因及由此而产生的增加费用。

④ 质量事故。质量事故发生的时间、地点、项目、原因、损失估计（经济损失、时间损失、工伤事故情况）;事故发生后采取了哪些补救措施,在今后工作中避免类似事故发生的有效措施。由于事故的发生,影响了单项或整体工程进度情况等。

⑤ 工程变更。对每次工程变更,应说明引起变更设计的原因、批准机关、变更项目的规模、工程量增减数量、投资增减的估计;是否因此变更影响了工程进展,承包商是否就此已提出或准备提出延期和索赔等。

⑥ 民事纠纷。说明民事纠纷产生的原因,哪些项目因此被迫停工,停工的时间,造成窝工的设备、人力情况;承包商是否就此已提出或准备提出延期和索赔等。

⑦ 合同纠纷。合同纠纷情况及产生的原因,监理人员进行调解的措施;监理人员在解决纠纷中的体会;业主或承包商有无要求进一步处理的意向等。

⑧ 监理工作动态。描述本月的主要监理活动,如工地会议、现场重大监理活动、延期和索赔的处理、上级布置的有关工作的进展情况、监理工作中的困难等。

七、测绘工程监理信息的储存和传递

（一）监理信息的储存

按照规定,经过加工处理后的监理信息记录在相应的信息载体上,并把这些记录信息的载体按照一定特征和内容性质,组织成为系统的、有机的集合体,供需要的人员检索。这个过程称为监理信息的储存。

监理信息的储存可汇集信息,建立信息库,有利于进行检索,可以实现监理信息资源的共享,促进监理信息的重复利用,便于信息的更新和剔除。

监理信息储存的主要载体是文件、报告报表、图纸、音像材料等。监理信息的储存,主要就是将这些材料按不同的类别,进行详细的登录、存放。监理资料归档系统应简单和易于保存,但内容应足够详细,以便很快查出任何已经归档的资料。

监理资料归档,一般按以下几类分别进行:

① 一般函件。与业主、承包商和其他有关部门来往的函件按日期归档;监理工程师主持或出席的所有会议记录按日期归档。

② 监理报告。各种监理报告按次序归档。

③ 计量与支付资料。每月计量与支付证书,连同其所附资料每月按编号归档;监理人员每月提供的计量及与支付有关的资料应按月归档;物价指数的来源等资料按编号归档。

④ 合同管理资料。承包商对延期、索赔和分包的申请、批准的延期、索赔和分包文件按编号归档;变更设计的有关资料按编号归档;现场监理人员为应急发出的书面指令及最终指令应按项目归档。

⑤ 图纸。按分类编号存放归档。

⑥ 技术资料。现场监理人员每月汇总上报的现场记录及检验报告按月归档;承包商提供的竣工资料分项归档。

⑦ 试验资料。监理人员所完成的试验资料分类归档;承包商所报试验资料分类归档。

⑧ 工程照片。反映工程实际进度的照片按日期归档;反映现场监理工作的照片按日期归档;反映工程质量事故及处理情况的照片按日期归档;其他照片如工地会议和重要监理活动的照片按日期归档。

以上资料在归档的同时,要进行登录,建立详细的目录表,以便随时调用、查寻。

（二）监理信息的传递

监理信息的传递是指监理信息借助于一定的载体（如纸张、软盘等）从信息源传递到使用者的过程。监理信息在传递过程中,形成各种信息流。信息流常有以下几种:

① 自上而下的信息流:是指由上级管理机构向下级管理机构流动的信息,上级管理机构是信息源,下级管理机构是信息的接受者。它主要是有关政策法规、合同各种批文、各种计划信息。

② 自下而上的信息流:是指由下一级管理机构向上一级管理机构流动的信息,它主要

是有关工程项目总目标完成情况的信息,也即投资、进度、质量、合同完成情况的信息。其中有原始信息,如实际投资、实际进度、实际质量信息,也有经过加工、处理后的信息,如投资、进度、质量对比信息等。

③ 内容横向信息流:是指在同一级管理机构之间流动的信息。由于工程监理是以三大控制为目标,以合同管理为核心的动态控制系统,在监理工程中,三大控制和合同管理分别由不同的组织进行,由此产生各自的信息,并且相互之间又要为监理的目标进行协作、传递信息。

④ 外部环境信息流:是指在工程项目内部与外部环境之间流动的信息。外部环境指的是气象部门、环保部门、交通部门等。

为了有效地传递信息,必须使上述各信息流畅通。

八、测绘工程监理信息系统简介

(一)监理信息系统的概念与作用

1. 监理信息系统的概念

信息系统是根据详细的计划,为预先给定的定义十分明确的目标传递信息的系统。一个信息系统,通常要确定以下主要参数:

① 传递信息的类型和数量:信息流有由上而下及由下而上,或是横向的等等。

② 信息汇总的形式:如何加工处理信息,使信息浓缩或详细化。

③ 传递信息的时间频率:什么时间传递,多长时间间隔传递一次。

④ 传递信息的路线:哪些信息通过哪些部门等。

⑤ 信息表达的方式:书面的、口头的还是技术的。

监理信息系统是以计算机为手段,以系统的思想为依据,收集、传递、处理、分发、存储监理各类数据、产生信息的一个信息系统。它的目标是实现信息的系统管理与提供必要的决策支持。

监理信息系统为监理工程师提供标准化的、合理的数据来源,提供一定要求的、结构化的数据;提供预测、决策所需要的信息以及数学、物理模型;提供编制计划、修改计划、调控计划的必要科学手段及应变程序;保证对随机性问题处理时,为监理工程师提供多个可供选择的方案。

2. 监理信息系统的作用

监理信息系统是信息管理部门的主要信息管理手段,主要作用有:

① 规范监理工作行为,提高监理工作标准化水平。监理工作标准化是提高监理工作质量的必由之路,监理信息系统通常是按标准监理工作程序建立的,它带来信息的规范化、标准化,使信息的收集和处理更及时、更完整、更准确、更统一。通过系统的应用,促使监理人员行为更规范。

② 提高监理工作效率、工作质量和决策水平。监理信息系统实现办公自动化,使监理人员从简单烦琐的事务性作业中解脱出来,有更多的时间用在提高监理质量和效益方面;系统为监理人员提供有关监理工作的各项法律法规、监理案例、监理常识的咨询功能,能自动处理各种信息,快速生成各种文件和报表;系统为监理单位及外部有关单位的各层次收集、传递、存储、处理和分发各类数据和信息,使得下情上报、上情下达左右信息交流及时、畅通,

沟通了与外界的联系渠道。这些都有利于提高监理工程师的决策水平。

③ 便于积累监理工作经验。监理成果通过监理资料反映出来,监理信息系统能规范地存储大量的监理信息,便于监理人员随时查看工程信息资料,积累监理工作经验。

（二）监理信息系统的一般构成和功能

监理信息系统一般由两部分构成:一部分是决策支持系统,借助知识库及模型库的帮助,在数据库大量数据的支持下,运用知识和专家的经验进行监理,提出监理各层次,特别是高层次决策时所需的决策方案及参考意见。另一部分是管理信息系统,它主要完成数据的收集、处理、使用及存储,产生信息提供给监理各层次、各部门和各个阶段,起沟通作用。

1. 决策支持系统的构成和功能

（1）决策支持系统的构成

决策支持系统一般由人—机对话系统、模型库管理系统、数据库管理系统、知识库管理系统和问题处理系统组成。

人—机对话系统主要是人与计算机之间交互的系统,把人们的问题变成抽象的符号,描述所要解决的问题,并把处理的结果变成人们能接受的语言输出。

模型库系统给决策者提供的是推理、分析、解答问题的能力。模型库需要一个存储模型库及相应的管理系统。模型有专用模型和通用模型,提供业务性、战术性、战略性决策所需要的各种模型,同时也能随实际情况变化、修改、更新已有模型。

决策支持系统要求数据库有多重的来源,并经过必要的分类、归并、改变精度和数量及一定的处理,以提高信息含量。

知识库包括工程建设领域所需的一切相关决策的知识。它是人工智能的产物,主要提供问题求解的能力,知识库中的知识是独立、系统的,可以共享,并可以通过学习、授予等方法扩充及更新。

问题处理系统实际完成知识、数据、模型、方法的综合,并输出决策所必需的意见和方案。

（2）决策支持系统的功能

决策支持系统的主要功能是:

识别问题:判断问题的合法性,发现问题及问题的含义。

建立模型:建立描述问题的模型,通过模型库找到相关的标准模型或使用者在该问题基础上输入的新建模型。

分析处理:根据数据库提供的数据或信息,根据模型库提供的模型及知识库提供的处理该问题的相关知识及处理方法进行分析处理。

模拟及择优:通过过程模拟找到决策的优化方案。

人—机对话:提供人与计算机之间的交互,一方面回答决策支持系统要求输入的补充信息及决策者主观要求,另一方面也输出决策方案及查询要求,以便作最终决策时的参考。

模型库、知识库更新:根据决策者最终决策导致的结果,修改、补充模型库和知识库。

2. 监理管理信息系统的构成和功能

监理工程师的主要工作是控制工程建设的投资、进度和质量,进行工程建设合同管理,协调有关单位间的工作关系,监理管理信息系统的构成应当与这些主要的工作相对应。另外,每个工程项目都有大量的公文信函,作为一个信息系统,也应对这些内容进行辅助管理。

因此，监理管理信息系统一般有文档管理子系统、合同管理子系统、组织协调子系统、投资控制子系统、质量控制子系统和进度控制子系统构成。各子系统的功能如下：

① 文档管理子系统：公文编辑、排版与打印；公文登录、查询与统计；档案的登录、修改、删除、查询与统计。

② 合同管理子系统：合同结构模式的提供和选用；合同文件的录入、修改、删除；合同文件的分类查询和统计；合同执行情况跟踪和处理过程的记录；工程变更指令的录入、修改、查询、删除；经济法规、规范标准、通用合同文本的查询。

③ 组织协调子系统：工程建设相关单位查询；协调记录。

④ 投资控制子系统：原始记录的录入、修改、查询；投资分配分析；投资分配与项目概算及预算的对比分析；合同价格与投资分配、概算、预算的对比分析；实际投资支出的统计分析；实际投资与计划投资（预算、合同价）的动态比较；项目投资计划的调整；项目结算与预算、合同价的对比分析；各种投资报表。

⑤ 质量控制子系统：质量标准的录入、修改、查询、删除；已完工工程质量与质量要求、标准的比较分析；工程实际质量与质量要求、标准的比较分析；已完工工程质量的验收记录的录入、查询、修改、删除；质量安全事故记录的录入、查询、统计分析；质量安全事故的预测分析；各种工程质量报表。

⑥ 进度控制子系统：原始数据的录入、修改、查询；编制网络计划和多级网络计划；各级网络间的协调分析；绘制网络图及横道图；工程实际进度的统计分析；工程进度变化趋势预测；计划进度的调整；实际进度与计划进度的动态比较；各种工程进度报表。

目前，国内外开发的各种计算机辅助项目管理软件系统，多以管理信息系统为主。

第四节　测绘工程监理文档管理

测绘工程文件档案资料由工程文件和工程档案组成。工程文件是指在工程建设过程中形成的各种形式的信息记录，包括工程准备阶段的文件、监理文件、施工文件、竣工图和竣工验收文件等五大类。工程档案是指在工程建设活动中直接形成的具有归档保存价值的文字、图表、声像等各种形式的历史记录，简称工程档案。

一、测绘工程项目文件的组成

测绘工程项目文件由以下五大类文件组成：

（一）测绘工程准备阶段的文件

这类文件指在测绘工程开工以前的立项、审批、勘察、设计、招投标等工程准备阶段形成的文件。

1. 立项文件

① 项目建议书；② 项目建议书审批意见及前期工作通知书；③ 可行性研究报告及附件；④ 可行性研究报告审批意见；⑤ 关于立项有关的会议纪要、领导讲话；⑥ 专家建议文件；⑦ 调查资料及项目评估研究材料。

2. 测绘勘察、设计文件

① 测绘工程地理自然条件调查；② 收集已有地形测量成果报告；③ 初步设计图纸和说

明、技术设计图纸和说明;④ 审定设计方案通知书及审查意见;⑤ 有关行政主管部门批准文件或取得的有关协议。

3. 招投标文件

① 勘察设计招投标文件;② 勘察设计承包合同;③ 施工招投标文件;④ 施工承包合同;⑤ 工程监理招投标文件;⑥ 监理委托合同。

4. 开工审批文件

① 工程项目列入年度计划的申报文件;② 项目列入年度计划的批复文件或年度计划项目表;③ 规划审批申报表及报送的文件和图纸;④ 工程规划许可证及其附件;⑤ 工程开工审查表;⑥ 工程施工许可证;⑦ 投资许可证、审计证明等证明;⑧ 工程质量监督手续。

5. 财务文件

① 工程投资估算材料;② 工程设计概算材料;③ 施工图预算材料;④ 施工预算。

6. 建设、施工、监理机构及负责人

① 工程项目管理机构(项目经理部)及负责人名单;

② 工程项目监理机构(项目监理部)及负责人名单;

③ 工程项目施工管理机构(施工项目经理部)及负责人名单。

(二) 监理文件

监理单位在工程设计、施工等监理过程中形成的文件,具体包括:

① 监理规划、细则;② 工程暂停令;③ 监理工程师通知单、联系单、备忘录;④ 监理日记、月报、会议纪要、旁站记录;⑤ 质量评估报告、工作总结。

(三) 施工文件

施工单位在工程施工过程中形成的文件,具体包括:

设备进场、检测、使用记录,施工中执行的国家和地方规范、规程、标准等,施工过程中的工程数据及处理记录、工序间交接记录、隐蔽工程检查记录等。

(四) 竣工图

工程竣工验收后,真实反映工程项目施工结果的图样。

(五) 竣工验收文件

工程项目竣工验收活动中形成的文件,有工程竣工总结、竣工验收备案表等。

1. 竣工验收备案表

由建设单位在提交备案文件资料前按实填写。

2. 备案目录

由备案部门填写,其中备案日期由备案部门填写,竣工验收日期与《竣工验收证明书》竣工验收日期一致。

3. 工程概况

工程规划许可证(复印件)(原件提交验证);

工程施工许可证(复印件)(原件提交验证);

公安消防部门出具的验收意见书;

工程施工图设计审查报告。

4. 单位工程验收通知书

由建设单位加盖公章,项目主监员签名,并要求详细填写参建各方验收人员名单,其中包括建设(监理)单位、施工单位、勘察设计单位人员。

5. 单位工程竣工验收证明书

① 由建设单位交施工单位填写,并经各负责主体(建设、监理、勘测、设计、施工单位)签字加盖法人单位公章后,送质监站审核通过后,提交一份至备案部门。

② 验收意见一栏,须说明内容包括:该工程是否已按设计和合同要求施工完毕,各系统的使用功能是否已运行正常,并符合有关规定的要求;施工过程中出现的质量问题是否均已处理完毕,现场是否发现结构和使用功能方面的隐患,参验人员是否一致同意验收,工程技术档案、资料是否齐全等。

6. 整改通知书

上面要求记录质量监督站责令整改问题的书面整改记录,工程是否存有不涉及安全和主要使用功能的其他一般质量问题,是否已整改完毕。

7. 整改完成报告书

要求详细记录整改完成情况,并由建设方签字加盖公章、主监员确认整改完成的情况,若在工程验收过程中,未有整改内容,也需要业主(监理)单位签字盖章确认。

8. 工程质量监理评估报告

① 监理单位在工程竣工预验收后,施工单位整改完毕,由总监理工程师填写;② 质量评估意见一栏明确评定工程质量等级;③ 质监站出具的工程竣工验收内部函件。

9. 建设工程质量评估报告

评估报告注意事项:

① 监理单位在工程竣工预验收后,施工单位整改完毕,由总监理工程师填写;② 质量评估意见一栏明确评定工程质量等级。

注:该评估报告,表式由监理单位或建设单位自制,但报告内容必须含以上注意事项内容。

10. 工程质量保修书

① 由施工单位和建设单位在工程竣工验收合格后签订;② 工程保修项目一栏,除六项保修项外,其他应根据设计文件和合同约定增加,如国家有关法规需增加新项目的,应补充齐全;③ 建设工程档案资料接收联系单,提供由国家认证的检测部门出具的功能性试验检测报告。

11. 其他文件资料

① 规划部门认可的文件,通常要求提供工程规划许可证(复印件),但须提供原件验证,复印件加盖建设单位公章注明原件存何处;② 工程项目施工许可证,提供复印件,提交原件验证,复印件加盖建设单位公章注明原件存何处;③ 施工图设计文件审查报告,根据有关规定提供原件。

12. 其他法规、规章规定必须提供的其他文件

二、测绘工程监理文档资料管理

(一)概述

测绘工程文件档案资料特征:具有分散性、复杂性、继承性、实效性、全面性、真实性、随机性、多专业性和综合性。

建设工程文件档案归档:包括三个方面的含义,即建设、勘察、设计、施工、监理等单位将本单位在工程建设过程中形成的文件向本单位档案管理部门移交;勘察、设计、监理、施工等单位将本单位在工程建设过程中形成的文件向建设单位档案管理机构移交;建设单位按照现行《建设工程文件归档整理规范》要求,将汇总的该建设工程文件档案向地方档案管理部门移交。

测绘工程文件归档范围:对于工程建设有关的重要活动、记载工程建设主要过程和现状、具有保存价值的各种载体的文件,均应收集齐全,整理立卷后归档;工程文件的具体归档范围按照现行《建设工程文件归档整理规范》中"建设工程文件归档范围和保管期限表"执行。

测绘工程档案编制质量要求:归档的文件应为原件;工程文件的内容必须真实、准确,与工程实际相符合;应采用耐久性强的书写材料;所有竣工图均应加盖竣工图章;利用施工图改绘竣工图,必须标明变更修改依据,凡施工图有重大改变或变更部分超过图面三分之一的,应当重新绘制竣工图。

（二）测绘工程监理文件档案资料管理

测绘工程监理文件档案资料管理是指监理工程师受建设单位委托,在进行测绘工程监理的工作期间,对测绘工程实施过程中形成的与监理相关的文件和档案进行收集积累、加工整理、立卷归档和检索利用等一系列工作。测绘工程监理文件档案资料管理的对象是监理文件档案资料,它们是测绘工程建设监理信息的主要载体之一。

三、实施阶段形成的监理资料

实施阶段形成的监理资料有:监理规划、监理实施细则;监理月报中的有关质量问题、监理会议纪要中的有关质量问题;进度控制中工程开工、复工审批表和暂停令;质量控制中不合格项目通知、质量事故报告及处理意见;投资控制中预付款报审与支付、月付款报审与支付、设计变更、洽商费用报审与签认、工程竣工决算审核意见书;分包单位资质材料、供货单位资质材料、试验单位资质材料;有关进度、质量、投资控制的监理通知;合同管理中工程延期报告及审批资料、费用索赔报告及审批、合同变更材料、合同争议、违约报告及处理意见;监理工作总结,如专题总结、监理月报总结、工程竣工总结;工程质量评估报告等。

习题和思考题

1. 简述工程监理信息管理的概念。
2. 工程监理信息的表现形式及内容是什么?
3. 工程监理信息的作用有哪些?
4. 如何收集、加工、整理、分析、储存、查询工程监理信息?
5. 简述监理信息系统的概念及作用。
6. 工程项目文件由哪几大类文件组成?

第九章　测绘工程项目监理实例

多年来,编者参加了一些城市的基础测绘、城市与农村的地籍调查、高速公路测量、城市地下管线普查、城市轨道交通测量等测绘工程项目的监理工作。本章通过对基础测绘中的控制测量、数字测图、地籍调查以及高速公路测量、地下管线普查等测绘工程监理案例的学习,了解测绘工程项目监理的技术要点和质量控制要点,用以指导实际的测绘监理工作。

第一节　控制测量监理

一、控制测量监理概述

基础测绘、数字测图及各种工程测量中,首先要做的是控制测量。控制测量包括平面控制测量和高程控制测量,是各种测绘工作的基础。按用途来分,控制网的种类可分为区域性基础控制测量、城市控制测量、工程控制网等。由于控制点成果用途的差异,各种控制测量具有不同的特点。但就控制网建立的多个方面而言,特别是各种范围较大的区域性控制测量,仍然具有很多共性。由于控制测量的基础作用,在对测绘工程项目进行监理过程中,应对其给予足够的重视。控制测量的技术主要有 GNSS(全球导航定位系统)定位测量、导线测量、水准测量等,控制测量技术含量较高,工序较多,操作规定严格,项目检核复杂,监理难度较大,需要通过内、外业检查及现场巡视等方式进行控制测量监理。

二、控制测量监理的质量控制

(一)坐标系统的选择

坐标系统是测绘工作的重要基础。坐标系统一旦投入使用,一般不会轻易更改,所以,坐标系统的建立或者选择应严格按照国家测绘法律法规和规范要求进行。在控制测量项目特别是首级平面控制测量中,目前相当一部分涉及坐标系统的建立或改变,要求监理从技术角度上给业主当好参谋,指导设计单位进行设计,达到坐标系统的优化选择目标。

1. 收集分析资料

首先,应根据有关技术资料确认所收集到的平面和高程基础控制点的坐标系和高程系统。对于平面系统,应认定是属于国家坐标系、地方坐标系还是工程坐标系,应掌握坐标系的椭球参数、中央子午线、投影带的宽度和投影面等基本情况。对于地方坐标系或工程坐标系的成果,应努力收集该坐标系与国家坐标系之间的转换参数。对高程系统而言,要分析是哪个高程系统,起算点是什么,是否为独立的高程系统。

2. 认定坐标系统是否符合国家法律法规的要求

首先,如果一个区域坐标需要新建或改建坐标系统,应在国家坐标系统框架内进行,由于某些困难,应与国家坐标系统相连接,一般要求取得具有一定精度的转换参数。一个区域或一个城市,坐标系统是唯一的,不允许建立两套以上的坐标系统。在平面和高程坐标系统中,平面坐标系统的建立涉及问题较多,高程系统相对简单。但在 GNSS 技术普及应用的今天,建立满足国家要求的平面控制网已经不存在过多困难。监理按照业主的委托,应在建立坐标系统满足法律法规要求方面做好参谋。

3. 优化坐标系统的技术指标

从技术方面来看,投影变形是建立坐标系统的最重要指标。首先,根据区域分布的经纬度和平均高程情况,按照国家统一分带,计算最大变形值。如果变形值符合国家有关要求,最为理想,则应选择与国家坐标系统相一致的坐标系。如果该区域原有的国家高等级控制点精度较低,可以对控制点进行优化选择,至少采用必要的定位与定向数据,否则应考虑改变投影面。最后考虑改变中央子午线,成为任意带平面直角坐标系。该项内容专业性较强,需要监理单位特别是总监理工程师注意。

4. 实例

某市位于投影带的中央子午线附近,地面高程较小,在做基础测绘控制测量时,选择的坐标系与国家坐标系一致。但实际应用中,会遇到如 1954 年北京坐标系、1980 年国家大地坐标系、2000 国家大地坐标系等不同的大地坐标系。从对已有的地形图的利用、顾及测量坐标系的精度等方面的因素,实际进行控制测量时,往往要求提供各种不同的大地坐标系成果。

再如某市地理位置距投影带的中央子午线经度之差约 1.5°,地面高程较小,在做基础测绘时,如果采用国家坐标系,则投影变形较大。考虑测图的方便,选用了变更中央子午线的任意带平面坐标系。

对于精度要求较高的工程测量,如城市轨道交通测量,轨道位于地下几十米处,地面控制测量需要选择的坐标系需要经过认真的论证,往往需要选择某一高程面作为投影面的平面坐标系。

(二)控制网的布设

控制网包括平面控制网和高程控制网,在控制网布设过程中需要考虑的因素很多,如 GNSS 测量、GNSS 水准高程测量等,需要监理在丰富的理论知识和实践经验的基础上,按照项目的总体要求认真做好检查和参谋工作。由于项目具体情况的不同,需要考虑的问题差异也很大,但就常见案例应注意以下几个方面的内容。

(1)控制网布设的基本原则

在布设控制网时,一般要遵守先整体后局部、高级控制低级的原则。合理确定各等级控制点的布设层次,就一个具体测绘工程而言,布设层次不宜过多。

(2)控制网的等级选择

在坐标系统确定的同时,控制网特别是首级测量控制网的等级选择是否合理非常重要,关系到资金投入、工作量、完成工期。从技术角度上看,关系到整个控制测量能否满足各种图件测绘和其他工程测量的精度需要,一般应考虑到具有必要的精度储备。在等级选择和精度指标方面应以满足区域内最高测量精度为前提。在目前测量技术和仪器设备条件下,可以采用越级布网。监理应针对业主单位提出的测量控制网等级及发展次数的基本构想,根据《测绘法》、国家和有关部门发布的规范,结合城市或工程项目对控制网的要求提出控制网等级选择建议。

（3）高等级控制点的分布情况

在监理工作中，应对生产单位提供的测区内及其附近地区的高等级基础控制点的数量、密度情况进行分析，判断能否符合控制网建立的要求；查看高等级基础控制点的分布状况是否相对均匀，是否能够较好地控制整个测区，起算点之间的跨度不宜过大。

（4）控制网精度及点位分布

平面控制以及高程控制网都必须有足够的精度。精度方面主要包括与起算点的连接形式如何、结构是否坚强、检核条件是否充分。控制点的分布与密度应合理，首先，控制网对测绘区域的覆盖是否完整，密度是否相对均匀，可按大比例尺测图区域（工程重点区域）密度大、小比例尺区域密度小的需要布点。当测区较大，由两个以上测绘单位同步作业或不同期作业时，首级控制网应统筹设计，应在相邻区域设置公共点。

（5）控制网的规格

平面控制网的边长及其变化情况，高程控制网的测段长度，闭合环的环长、节点之间的长度等。对于一些情况比较特殊的控制网，应进行必要的精度估算，判定设计方案的优化程度。

（6）常见几种控制网布设时应注意的问题

对于 GNSS 控制网，往往需要将 GNSS 控制测量的卫星坐标（如 WGS84 坐标等）转换为国家或地方坐标，为了保证控制网的坐标转换精度，应对已知的国家高等级的控制点、水准点以及 GNSS 点与水准点联测的合理性和正确性进行检查。为了保证控制网的多方面使用，一般要求每个 GNSS 点应至少与另一个 GNSS 点通视，应满足全站仪测量时定向和检核需要。

采用导线网进行高等级控制测量的较少，用于加密控制测量的占有相当的比例。监理要检查导线网布设规格是否符合要求，主要包括：附合导线的边数是否符合规定，导线总长或导线网中节点与节点之间的长度是否超限，各级导线相邻边长之比是否超过规定要求。

高等级的高程控制网一般利用水准测量方法进行。要注意各高等级点之间的连接，注意线路总长及节点与节点之间的长度是否超限。

值得指出的是，控制网展点图的制作应齐全正规，如果基础资料较为丰富，应尽量做到直观形象。可以利用正射影像为背景，甚至可以在影像图和矢量线画图的复合成果基础上制作。

（7）实例

某市测区面积约 4 000 km²，首级平面控制网选择二等控制网，平均边长 8 km，布设了约 80 个控制点。观测方案采用 GNSS 卫星定位测量，利用测区均匀分布的 GNSS 连续运行参考站构成的框架网的高精度定位成果，为二等控制网提供起算数据。控制网布设中联测了具有不同大地坐标系的已有国家控制点，进行坐标转换后，最后提供了不同坐标系的控制点成果。

（三）点位选择和标志埋设

在控制测量项目监理中，监理单位对控制点的选择和标石埋设要进行重点检查，按一定比例进行外业旁站监理检查。

控制点的点位选择好坏与保证测量精度、加密发展和长期保管具有直接关系。在利用

GNSS 技术观测的控制点时,控制点应具有良好的对天通视条件,点位附近不应有强电磁场干扰,能够满足与相邻点的通视要求。利用全站仪观测时,控制点是否利于进一步发展加密。同时,控制点尤其是等级较高的控制点,选点时应将点位是否利于较长时间的保存作为重要条件。对于高等级平高控制点应检查点位所在地的地理和地质条件。

检查标石标志规格是否符合规范要求,标石的坚固性如何,埋设深度和稳定性是否符合要求,采用现场浇筑的是否存在较为严重的倾斜现象。

控制点的点之记是否完整、清楚、准确,高等级控制点是否办理了委托保管,委托保管书的格式和内容是否符合要求。

对控制点的点之记和测量标志委托保管书检查,内外业按较高的比例进行检查,从目前项目实际检查情况来看,控制点的点之记项目填写不够全面,所标注的定位数据不够准确的情况较为普遍。对于需要长期保存的基本控制点未办理委托保管的比例较高,监理应对此依据项目规定进行内外业抽查。

(四)外业观测

在控制测量外业观测前,测绘仪器应按《测绘计量管理暂行办法》和有关规范规定进行全面的检定,主要设备应在省级以上测绘计量检定部门检定。监理检查应对本控制测量项目所用仪器设备进行逐台登记,认真核对其检定资料,核实证书的真实性、检定指标的全面性和检定参数的符合性。对于等级以上水准测量,应检查作业队伍是否按规定的检测频次进行测前、测后和作业过程之中的检验,检验主要技术指标是否超限等。

采用旁站监理的方法检查外业观测是否按照作业要求进行,接收机、天线、电缆、电池能否正常工作。GNSS 观测时主要包括接收卫星的数量和几何位置分布、卫星高度角控制情况,重点查看 PDOP 值是否符合要求,以及仪器高的量取、接收卫星信号的时间、数据采样间隔、一组观测中同步接收时间、观测时段数、重复设站率等;当 GNSS 网的精度要求较高时,观测时段的分布尽可能日夜均匀,以减少电离层、对流层和多路径效应的折射影响。仪器高的量取是否符合要求。

对导线测量旁站监理,侧重全站仪边长和角度测量的测回数、测站观测限差、观测时气象元素的读取、外业观测手簿记录等。应该注意,对于较高等级的控制测量,不宜使用全站仪操作软件中所带的自动气象改正方式。

检查观测方法的正确性、观测时间控制的严格度和观测成果中上、下午重站数的合理性。

(五)手簿检查

控制测量手簿是观测的第一手原始记录,生产单位和监理必须给予重视。对于手工记簿应保证计算的正确性、注记的完整性和数字记录、划改的合理性,对于电子手簿应保证记录程序的正确性和输出格式的标准化。

监理人员检查 GNSS 和导线测量原始记录手簿,查看生产单位是否履行了各级检查程序,检查记录是否齐全等问题。对于原始记录手簿监理单位要按一定比例进行内业抽查,重点检查是否存在连环涂改,记录中是否存在对结果有重大影响的计算错误,验算项目是否缺项。在传统手簿检查中,对角度观测中的"秒"、距离和高程测量中的"毫米"位记录数字,检查记录应全面。

对于 GNSS、全站仪和电子水准仪的原始记录检查,应按旁站监理的方式抽查下载数据时是否对原始记录数据进行改动,对于电子记录程序应进行必要的鉴定。

（六）观测数据预处理

对于各种控制测量观测数据必须按照规定进行检核,应保证验算项目的齐全性、验算方法的正确性和验算结果的符合性。

GNSS 基线解算置信度是否符合要求,首先对解算软件情况做到了解,应顾及观测值的噪声、星历误差、接收卫星的数量及几何位置分布和大气折射误差等。

基线向量解算往往不是一次成功的,可能出现一些问题,生产单位的计算人员应认真加以分析,采取相应的改进措施。认真检查接收时间的长短,观测期间星座变化情况,整周跳变探测是否准确,整周模糊度求解的准确情况。当计算舍去某段观测值时,监理应检查取舍是否合理。

同步环闭合差是检验一个时段观测质量好坏的标志,同步环的检核项目应齐全,同步环闭合差必须符合要求。造成同步环闭合差超限的原因很多,如观测条件、有关测站没有完全同步及各测站周跳修复不同等,应加以具体分析。

在 GNSS 控制网计算中,若各同步环闭合差均符合限差要求,异步环闭合差一般不会超限。若出现超限,应主要分析观测条件方面的原因。

控制网采用导线测量方法时,应检查导线边长改正项目是否齐全。一般应进行加乘常数改正、气象改正、倾斜改正、进行高程归化和投影改化等各种改正,检查改正计算是否正确。

（七）平差计算

控制网的平差计算是各级平面或高程控制网测量项目中非常重要的工序。除观测数据符合国家有关规范和项目技术要求外,起算数据的精度情况、软件的选取对保证平差计算的精度具有直接关系。监理应对控制网平差后的精度指标及可靠性要进行全面检查。

（1）起算控制点的选择

要保证起算点选取的合理性和起始数据的正确性。生产单位是否对测区内部及附近区域的高等级控制点进行了全面查找和分析检测,结果是否符合相应等级控制网起算精度要求。当测区及其附近地区高等级控制点较多特别是在起算点来源和等级较为复杂时,优化选择显得更加必要,使起算控制点具有良好的兼容性。当 GNSS 网无约束平差精度指标较高,有关技术指标正常,利用起算点进行约束平差后精度下降过多,甚至达不到现行规范要求时,应认真进行起算点的优化选择。在分析各起算点的等级、精度和标志保存情况的前提下,有针对性地进行试算。这种优化性的计算,往往要按照起算点的组合计算多次,进而选择最优方案。当发现个别起算点与其他点之间相容性较差,则应将其作为待定点纳入控制网中。监理应该对照控制网图认真分析比较各种试算结果,确定主产单位是否采用了最优方案。

GNSS 网中已知点的可靠性直接影响 GNSS 定位成果的精度。在实际生产中,由于没有发现已知点的坐标含有粗差而引起的返工现象很普遍。因此,对 GNSS 网中已知点一定要进行必要的可靠性检验,以便发现并剔除含有粗差的已知点。这方面主要是测绘生产单位的工作,但作为监理在生产过程中进行技术指导,监理工程师应该掌握技术要点。在现行的 GNSS 测量规范中对已知点的检测仍然是传统的边长和角度检测,而在 GNSS 控制网测量中,多数在设计时已将检测内容考虑到观测方案之中,在内业解算时对已知点很少再进行校核。

（2）控制网平差后的精度指标

监理单位应掌握生产单位选择的平差软件是否通过国家有关部门的鉴定，软件性能如何。如对 GNSS 网数据处理软件，框架网及高精度的控制网应选用精密基线解算软件，一般控制网可以采用接收机随机软件进行基线解算及其网平差。监理应重点检查平差后提供成果的全面性，各项精度指标是否满足规范要求、是否齐全。对于 GNSS 控制网而言，主要包括点位中误差、边长相对精度。对于导线网包括测角中误差、边长相对中误差或绝对中误差、导线闭合差、最弱点的点位中误差等。对于水准网，主要精度指标包括每千米高差中数中误差、每千米高差中数全中误差和最弱点高程中误差。在内业分析检查的基础上，监理单位可根据具体情况进行必要的外业项目抽查。对于几个单位同步作业的大型控制网，应选用品质优良的软件进行解算，统一平差计算，避免损失精度。

（八）成果整理

在控制测量项目监理工作中，应对成果整理情况的检查给予应有的重视，评判成果的全面性和资料整饰的美观性是否符合项目要求。控制测量成果主要包括各种原始观测记录、测绘仪器检定资料、各种概算改算资料、平差计算资料、成果表、控制网图、计算说明及项目检查报告等。对于成果资料的全面性，监理应对照项目合同书、技术设计书逐项核对，查看生产单位是否履行了各级检查程序，有关问题的处理是否合理；平面、高程控制网图上各等级控制网点是否齐全，相互连接关系是否清楚，等级是否分明，点号是否齐全；改算资料、过程计算资料、平差成果表是否齐全，是否编制了计算说明，监理单位要对此进行全面的内业抽查。

第二节　数字测图项目监理

一、数字测图项目监理概述

数字测图是随着计算机、地面测量仪器和数字测图软件的应用与发展而迅速发展起来的现代测图新技术，是反映测绘技术现代化水平的重要标志之一，极大地促进了测绘行业的自动化和现代化进程。城市基础测绘及一些工程测量中，数字测图技术将逐步取代人工模拟测图，成为地形测量的主导技术。

广义的数字测图又称为计算机成图。数字测图是以计算机为核心，在输入和输出硬件及软件的支持下，通过计算机对地形空间数据进行处理得到数字地图，需要时也可用数控绘图仪绘制所需的地形图或各种专题地图。

获得数字地图的方法主要有三种：原图数字化法、数字摄影测量成图法、地面数字化成图法。不管哪种方法，其主要作业过程有三个步骤：数据采集、数据处理和成果输出（打印图纸提供软盘等）。

编者参加了某市的基础测绘中使用全站仪进行地面数字化地形图测绘的监理，现将数字测图的质量控制的主要工作阐述如下。

（一）审查各种有关文件

1. 审查数字测图技术设计书

主要内容包括：数字测图技术设计书完整性审查，测图及控制网布测方案，外业工作、仪器设备、观测方法、平差方法、碎部测图方法、地形地物绘图方法等。

2. 审查数字测图质量保证体系

主要内容包括：指导思想、人员素质与构成、质量保证具体措施、体系网络的形成，以及分工与责任、权利、义务、奖罚等。

3. 对数字测图组织计划的审查

主要内容包括：实测单位的组织体系、人员分工与联系关系、工作计划的合理性、工作节点与工种间的衔接、工期保证等。

4. 对各种应用软件标准性和正确性进行全面检查

主要内容包括：对各种测绘应用软件的合法性进行检查，用标准数据进行检验，符合标准的软件方可投入生产应用。

（二）测图过程各个环节质量控制和质量检查

数字测图是一项复杂而烦琐的工作，要得到高质量的数字地图，必须对其测图过程的各个环节进行质量检查和质量控制。数字测图的主要过程如下：

野外或室内数据采集—数据传输—数据处理—绘制成地形图—将地形图存储—按要求进行数据或图形的输出。要做到对测图过程的质量控制，首先要明白各个环节的主要误差源和易出错的地方，尽量减少测量误差的影响和避免测量错误的发生。

比如，针对仪器误差的影响，进行数字测图时应尽量选用高精度且性能稳定可靠的测量仪器，并在测量前对仪器进行严格的检验与校正工作；测量工作大多是野外作业，这样就不可避免地受到外界条件（如温度、湿度、风力和大气折光等）的影响，从而降低测量的精度，尽量选择有利的观测环境和天气，避免在恶劣和不利的天气环境中作业，以达到提高精度和减小误差的目的。为了加强测图的质量控制，在观测过程中进行多余条件的观测与检核也是非常必要的，如全站仪安置好，设置完测站和后视方向后，在进行碎部点测量之前，测量 1～2 个已知点坐标并与已知坐标相比较，确认无误后方可进行碎部测量。此外，测绘工作是专业性很强的工作，必须对测量人员进行必要的专业知识培训才能开展工作，提高观测人员的技术水平，同时还必须有严谨细致的工作态度，这也是提高测图质量的前提和保证。

1. 检查的方法

数字测图是一项十分细致而复杂的工作，测绘人员必须具有高度的责任感、严肃认真的工作态度和熟练的操作技术，同时还必须有合理的质量检查制度。测量人员除了平时对所有观测和计算工作做充分的检核外，还要在自我检查的基础上，建立逐级检查制度。数字地形图的测绘实行过程检查与最终检查和一级验收制度。过程检查包括作业组的自查和由生产单位的检查人员进行检查，最终检查是由生产单位的质量管理机构负责实施。验收工作由任务的委托单位组织实施，或由该单位委托具有检验资格的检验机构进行验收，如发现问题和错误，应退给作业组进行处理，经作业人员修改处理，然后再进行检查，直到检查合格为止。应对测绘成果作 100% 的全面检查，不得有漏查现象存在，验收部门在验收时，一般按检验品中的单位产品数量的 10% 抽取样本，在质量检查的基础上，监理人员再进行分类逐项检查，并配合质检验收人员一起进行成果验收。

2. 检查的内容

① 数据源的正确性检查。主要内容有：起始数据的来源及可靠性，地形图数据的采集时间、采集方法和采集的精度标准，采用的投影带、比例尺、坐标系统、高程系统、执行的图式规范和技术指标，资料的可靠性、完整性与现势性。

② 数学基础的检查。主要内容有：采用投影的方法，检查空间定位系统的正确性，图廓点公里坐标网经纬网交点以及测量控制点坐标值的正确性。

③ 碎部点平面和高程精度的检查。在抽取的样本中，利用散点法对每幅图随机检测30～40个检测点，测量其平面坐标和高程，然后与样本图幅相比较，并计算出样本图幅的碎部点中误差，以评定其精度。另外，相邻地物点间距可采用钢尺在野外实地量测的方法检查，高程精度也可采用断面法进行检测。

④ 属性精度的检查。主要内容有：地物、地貌各要素运用的正确性，各类数据的正确性、完整性及逻辑的一致性，数据组织、数据分层、数据格式及数据管理和文件命名的正确性，图面整饰的效果和质量，接边的精度等。

3. 检测数据的处理

对抽样检测数据应进行认真的记录、统计和分析，先看检测的各项误差是否符合正态分布，凡误差值大于2倍中误差限差的检测点应校核检测数据，避免因检测造成的错误，大于3倍中误差限差的检测数据一律视为粗差，应予以剔除，不参加精度统计计算，但要查明是检测错误还是测图的作业错误。

二、航测法数字化大比例尺地形图测绘工程监理

城市或工程大面积大比例尺地形图测绘多数采用航测方法。该项测绘工序较多，质量控制也较为复杂，在引进监理机制的测绘项目中，该类项目占有较高的比例。编者参加了某市的航测法数字化大比例尺地形图测绘工程监理工作，现将监理工作的有关内容分述如下。

（一）航测法数字化大比例尺地形图测绘及建库工作简介

1. 航测法数字化大比例尺地形图测绘工序流程

航测法数字化大比例尺地形图测绘是在具有必要的测量控制点和符合要求的航空影像数据的基础上，通过像控点测量，利用全数字化摄影测量系统进行内业测图，利用像片或内业测绘原图进行外业调绘及必要的补测，最后编辑成图。目前，常采用的工序流程如图9-1所示。

2. 监理工作的技术依据

测绘项目监理的技术依据可分为两类，一是项目技术设计书，包括所引用的规范规程；二是有关监理的技术文件。航测法数字化大比例尺地形图测绘及建库依据的国家标准和行业标准较多，这些标准基本上都属于强制性测绘标准而被相关项目引用。具体测绘项目在总体遵循上述标准的基础上根据项目自身特点拟订技术要求，编制技术设计书。引进监理的测绘项目都会制定监理方案和监理实施细则。由于所涉及的标准和相关文件内容较多且使用频率较高，现将目前经常使用的标准及监理所使用的技术文件罗列如下。由于项目的特殊性，这些标准和依据可能存在增减，随着科学技术的发展，旧的规范会被新的规范取代。

《1：500、1：1000、1：2000地形图航空摄影测量数字化测图规范》（GB/T 15967—2008）；

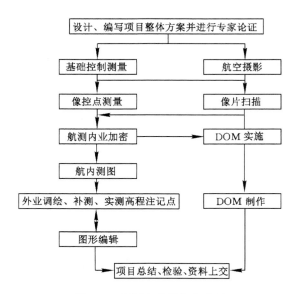

图 9-1　航测法成图作业流程

《1：500、1：1000、1：2000 地形图航空摄影测量外业规范》(GB/T 7931—2008)；

《1：500、1：1000、1：2000 地形图航空摄影测量内业规范》(GB/T 7930—2008)；

《基础地理信息要素分类与代码》(GB/T 13923—2006)；

《城市测量规范》(CJJ/T 8—2011)；

《国家基本比例尺地图图式 第 1 部分：1：500、1：1000、1：2000 地形图图式》(GB/T 20257.1—2017)；

项目技术设计书；

项目监理方案；

项目监理实施细则。

(二)航空摄影阶段的监理

为了取得符合要求的影像资料,监理应对航空摄影合同签订、摄影设计、航摄仪、模拟摄影的胶片、飞行质量、摄影质量和成果整理等过程进行检查。

1. 对于具有摄影资质的单位航空摄影可作为一个工序对待

目前我国具有测绘航空摄影资质的测绘单位不多,多数航空摄影测量项目的摄影业务由业主或总承包测绘单位外委。监理应根据项目总的目标要求协助业主选择航空摄影单位,就摄影有关具体事项进行协商谈判,并签订航摄合同。合同的主要内容应齐全,合同形式应规范。

2. 航摄的设计工作要全面

航摄设计涉及的内容较多,主要包括以下几个方面：

① 摄影设计用图的选取。应根据摄区的地理位置,成图比例尺选取适宜的设计用图、用于大比例尺成图的航空摄影设计用图一般用 1：10 万到 1：5 万比例尺地形图。

② 摄影比例尺的选取。一般情况下,业主单位按照国家摄影测量航飞比例尺确定的基本原则,根据项目成图比例尺及成图区域情况确定概略比例尺或最小比例尺。摄影单位根

据摄区的具体条件选取航摄比例尺。监理应按照国家有关规范及项目具体情况进行检查确认。

③ 合理划分摄影分区。摄影单位应根据航摄比例尺、摄区的分布及地貌特征合理划分摄影分区，划分原则应符合规范要求。监理应进行检查确认。

④ 正确计算摄影航高。摄影单位根据飞行比例尺计算平均航高。监理检查高度是否正确，尤其要避免摄影比例尺过小。

⑤ 合理确定航摄方向和航线敷设。摄影单位根据摄区情况设计飞行方向，监理检查设计是否合理；航线敷设是否满足规范要求，能否满足地形图测绘项目要求。

⑥ 摄影时间的合理确定。检查摄影承担单位是否根据摄区的地理位置、气象条件、植被覆盖及项目工期要求等条件选择最有利的航摄季节。摄影实施要在有利于航摄的时间段内。

⑦ 选择航摄仪并保证其处于良好状态。目前用于测绘的航空摄影有传统光学摄影仪和数码摄影仪，应根据测绘项目具体情况选择能够满足地形图测绘需要的航摄仪。航飞单位应提供有效全面的航摄仪鉴定表，检定数据的精度应符合规范要求。从摄影像片检查及其对项目影响程度来看，对压平质量的检查应给予重视。

⑧ 航摄材料的选择。对于光学摄影仪而言，应根据摄区的地理位置、摄影季节、地面光照度、地物反差和景物的光谱特性等因素合理选择反差系数、感光度、曝光宽容度和色感性能合适的胶片；根据航摄底片的层次和密度间距合理选择印像纸或其他印像材料。

3. 飞行质量

监理应对各分区的摄影范围、航向和旁向重叠度、倾斜角、旋偏角、航线弯曲度等飞行质量进行检查，对航摄比例尺、航高保持等飞行质量进行一定比例像对的抽查，并详细记录检查数据。目前，由于 GNSS 导航被普遍使用，飞行质量较易保证。

4. 摄影质量

对于光学摄影，摄影底片质量如何；对于数码摄影则是影像数据的分辨率和清晰度。首先检查底片和晒印像片光学框标是否清晰、齐全，底片定影和水洗是否充分，底片上是否有云影、划痕、静电斑痕、折伤、脱胶等缺陷；用目视法检查摄影底片，评价影像是否清晰、层次是否丰富、反差是否适中、色调是否柔和，是否能辨认与航摄比例尺相适应的细小地物的影像；能否建立清晰的立体模型确保立体量测的精度。

5. 像片扫描

对于光学摄影的航片利用全数字摄影测量系统进行测绘，首先必须对摄影底片进行扫描。监理应检查扫描仪的检校情况，检校记录是否完整；扫描分辨率设置是否合理，影像扫描质量检查记录是否完整。

6. 航摄成果整理

首先检查摄影承担单位提供的成果资料是否完整。是否提供了底片压平精度检测表，检查数据是否符合要求；是否提供了密度测定表，底片的灰雾密度、最小密度、最大密度、平均密度、最大反差、最小反差是否满足规范要求；航摄底片的编号和注记是否正确、齐全，有无遗漏、重号现象，注记位置是否正确，注记是否清晰易辨；像片扫描数据及检查记录是否符合要求；是否制作了像片索引图和航线略图，制作的像片索引图和航线略图是否符合要求，内容是否齐全；像片是否按要求整理装盒，是否填写像片登记卡片，卡片的内容是否齐全。

（三）航摄像片控制测量

像片控制测量一般包括外业像控点测量和内业加密,采用全野外布点方案时,则没有内业加密步骤。

1. 像片控制点布设方案的合理性

根据摄影比例尺、成图比例尺和成图数学精度要求的不同,确定全野外布点法或区域网布点法。

2. 像片控制点布设的正确性、刺点的准确性

像控点的选定是否符合像片条件,选定目标的影像是否清晰,点位选取是否符合有关规范要求,是否在实地选刺和整饰及核查。监理外业详查选点和刺点,内业详查像片整饰。

3. 像控点测量的规范性和准确性

像控点联测是较低级别的控制测量,原则是保证测量的准确性和可靠性。目前,像控点平面联测基本使用 GNSS 测量方法进行,高程则根据情况采用不同的方法,监理单位应组织旁站监理。监理测量过程观测员仪器操作情况,天线指北线是否指向正北、仪器各项参数设置是否正确、测前测后天线高量测方法是否正确、手簿记录是否真实、齐全、可靠。可参照本章控制测量部分监理内容,外业检查观测情况,内业按一定比例抽查手簿记录,必要时可抽取一定数量的像控点进行平高精度检测。

4. 平差计算及像控点精度

检查数据传输软件和平差计算软件是否为国家有关部门鉴定的软件;数据传输是否正常,数据预处理是否存在不合理的人工干预,平差过程是否规范;平差后各项精度指标是否满足要求,精度评定项目是否齐全。

5. 内业加密质量

抽查起算数据使用是否正确,对起算数据的检查记录是否完整;上机检查外业控制点转点的正确性;区域网的划分是否与外业控制一致,控制点的布设是否符合规范和技术设计书的要求;上机检查空三加密的各项精度;检查加密工序各种误差是否符合要求。监理应做好各项检查记录。

（四）内业测图

内业测图是航测法大比例尺地形图测绘非常重要的工序,该工序的质量直接决定地形图的成果质量,尤其决定地形图的数学精度,关系到外业补测、补调的工作量。准确性、全面性和规范性是内业测图应坚持的原则,对该工序应采取内业旁站监理和上机抽查相结合的方法进行检查。检查的主要内容包括以下五个方面。

① 首先检查外业控制点和内业加密点文件、航摄仪参数文件建立的正确性。

② 检查所建立的模型参数文件的正确性;生成核线的范围和建立模型的方法是否正确;模型的清晰程度是否满足立体测图的需要。

③ 上机检查内定向、相对定向、绝对定向、整体平差后各项精度指标是否符合要求。

④ 对照项目要求,检查地物、地貌的采集是否全面;测标采集的准确程度是否符合要求,各种地物地貌要素的符号使用是否正确;对采集的数据进行的图形编辑如何,像对和图幅的接边工作情况如何;当调绘利用内业原图进行时,应判断所测图件是否能够基本满足调绘需要。

⑤ 内业测图过程中的各级检查程序是否完备,是否符合质量控制的要求,是否形成了

完善的测图检查记录。

（五）外业调绘

外业调绘属于航测法地形图测绘各环节中外业比重最大的一个工序,需要脑力劳动和体力劳动有机结合。作业人员依据放大像片或内业测绘的初级原图对内业测绘的各种要素进行定性、改正和补测,将测绘范围内地物地貌全面正确地表示在像片或原图上。从生产组织方面来看,中等以上测绘项目组成几个乃至几十个调绘小组,而每个小组人数较少,一般有２人,有的甚至是１人,主要作业人员的技术水平和职业操守对调绘质量起到决定作用。由于调绘工序成果对最终成果质量影响较大,在很大程度上决定成图质量,需要监理在生产单位完成各级检查的基础上认真进行检查指导。产品一般按内外业相结合的方式进行,侧重于外业实地抽查。调绘阶段的监理主要包括调绘方法是否可行的旁站监理、一定比例调绘成果抽查和对存在问题修改情况的复查三个方面的工作。

1. 自检自查情况的检查

监理应首先检查生产单位对调绘成果的自检自查情况,是否进行了两级检查,检查程序是否符合质量控制的要求,是否形成工序检查记录,是否已经修改完善。

2. 地物测绘

检查地物要素测绘是否全面,定性是否准确,房檐改正是否准确。对于航测法大比例尺地形图测绘而言,比较容易丢漏的地物要素主要是微小地物,如各种检修井、电杆、光缆指示桩和建筑物附属的台阶、室外楼梯等;定性不准确的主要有房屋,普通房屋、简易房屋和棚房区分不当,检修井种类错误,高压与低压电力线路混淆等。注意房檐改正数据位置注记的明确性,避免内业处理时发生混淆。

3. 地貌测绘

检查地貌测绘的详略程度,表示方法是否合理。对于利用内业原图进行调绘的外业成果,应检查是否按照设计和所引用的规范要求的地形起伏恰当地应用等高线、地貌符号,并对高程注记点进行了表示。对各种天然和人工地貌、土质的定性是否准确,比高丈量是否全面。常见的问题主要包括:地貌符号使用不当,高程注记点密度不合理,部分高程注记点位置测注不当等。

4. 要素的系统性和逻辑性

检查有关要素的系统性和逻辑性。具有系统性和逻辑性特点的要素,如多交通、水系、电力线等,网络是否健全,等级是否分明,来龙去脉交代是否清楚,相关配套要素表示是否合理,如桥梁、闸门、变压器等。其他地物地貌之间的关系处理是否协调,是否比较逼真地显现了各种要素之间的空间位置关系。

5. 补测补调

检查补测补调情况。对于新增地物地貌是否进行了补测;补测的方法是否能够满足精度要求;经过补测补调的调绘成果地物、地貌各要素主次是否分明,位置是否准确,交代是否清楚,是否能够比较全面地反映所测地区的自然地理景观和人文建设面貌。

6. 调绘图面质量

各类符号的运用是否正确,线划是否清晰易辨,注记是否准确、注记位置是否恰当;调绘图面是否清洁、易读。

（六）成果质量检查的质量指标

数字化大比例尺地形图是传统地形图的数据表现形式，无论是屏幕显示还是回放图纸，着眼点是生产编辑出符合国家规范和图式标准的地形图，其质量指标包括传统的数学精度、地理精度、整饰质量和数据一致性。现对这些质量指标的检查进行概略归纳。

1. 数学精度

地形图的数学精度包括数学基础、平面精度、高程精度和接边精度。数学精度检查时应注意所抽检的图幅或区域应具有较好的代表性，所检要素要齐全，所检点位应有唯一性，检验数据应准确可靠，统计计算应科学规范。

数学基础检查应在计算机上用理论值坐标检查四个图廓点、公里网、经纬网交点及控制点坐标是否正确。

平面精度可采用解析散点法和间距法进行检查。将实地采集的各种地物地形要素的坐标和间距与在计算机上采集相应的数据相比较，较差不应大于相应比例尺测图规范规定的数值。

高程精度包括高程注记点和等高线精度。利用一定的手段检测高程注记点的高程数据，利用三维坐标散点法采集地貌数据与原测数据相比较，以确定地形图的高程精度。同时，在计算机上对数字化地形图的等高线绘制、高程注记点的标注及存放层的情况进行检查。高程注记点和等高线精度不应大于规范的规定。同时，等高线的高程不应与相邻高程点的高程或地物产生地理适应性矛盾，并能显示该地区的地貌形态特征。

接边精度检查，检查所拼接图幅在接边处各种要素是否齐全，形状是否合理，属性是否一致，拓扑关系是否正确及跨带拼接是否准确。保证所有相邻要素的接边不能出现逻辑裂隙和几何裂隙，各种要素拼接自然，保持地物、地貌相互位置和走向正确性。接边出现超限时，应首先在内业进行检查，必要时到实地检查接边。

2. 地理精度

地理精度主要反映各种要素的完整性，是否存在多余要素和遗漏。主要表现在以下三个方面。

① 地物地貌要素测绘是否齐全，规范和技术设计规定的测绘要素是否在图上得到了表示。对于航测成图来讲，存在较多困难的阴影遮盖处的地物补测是否全面，微小地物如各种检修井、电力线和通信线杆测绘是否全面，阳台、台阶是否存在丢漏，各种人工地貌测绘是否全面。

② 综合取舍是否恰当。是否存在综合取舍过大，造成某些微小要素丢失和局部失真的现象，建筑物是否存在不恰当的综合，是否存在要素多余和不应上图的要素进行了表示。

③ 地物之间位置关系是否正确，地物地貌之间的表示是否协调，交通、水系、电力电信和管线网络系统性如何，是否存在由于符号丢漏或者运用不当造成相关要素之间产生逻辑矛盾的现象，如水系与道路交叉时没有桥梁或涵洞符号、等高线直接连到建筑物上等现象。等高线与地貌符号配合是否自然等，是否逼真地反映了自然地理特征。

3. 逻辑一致性

逻辑一致性对于数字地形图来讲主要体现在概念一致性、格式一致性、几何一致性和拓扑一致性这四方面内容。

① 概念一致性，包含要素类型一致性和数据集一致性。要素类型主要包含点、线、面和

注记等。对于不同比例尺地形图要素,一种地物是用点状要素还是用线状要素或面状要素来表示都有明确的规定,各种注记采用字体大小、字体以及何种字库也都有明确的规定。数据集一致性主要体现在地形图数据的层次上,哪种地貌、地物放在哪一层中,层的颜色、名称等是否符合规定要求。因此概念一致性也就是要素类型和数据集的一致性,即要素类型和数据层次必须符合规定要求。

② 格式一致性,包含数据归档、数据格式和文件命名。对于便于对地形图数字的永久保存和信息化管理来讲,数据的存储介质和目录组织结构的合理化、规范化是非常必要的,同时,数据的文件格式以及文件名是否符合规范和设计要求也是十分必要的。如果没有对地形图数据格式的一致性、规范化就没有数据的信息化,更谈不上今后对地形图数据的入库等一系列管理和开发。

③ 几何一致性,包含几何噪音、几何异常、几何冗余和综合取舍。几何噪音就是地形图数据中是否有微短线或微小面,这些在地形图数据中不代表任何实际的地物或地貌。几何异常主要是一些折线、回头线、重复线或自相交等现象的线,这些现象有些(折线、自相交)会使地形图图形与实际状况造成了矛盾或不一致的现象,有些(如回头线、重复线)会使地形图数据量增大。几何冗余主要是代表线状地物的线上的节点是否能够很好地表达地物或地貌的实际情况,也就是一条线上的节点越少而且能够逼真地表达地物或地貌越是符合现代生产数字地形图的要求,同时对于代表地物或地貌的同一条线上的节点不能重复。综合取舍对于成图比例尺的不同而取舍的指标也不尽相同。

④ 拓扑一致性,包含有向性、连续性、闭合性。有向性就是指一些用有方向的符号来代表地物或地貌的线,如地形图中的坎、斜坡等都是用有方向的线来表示具体地物、地貌的实地特征。连续性就是表示地物或地貌的线条要连续,不能任意中断,要符合实际地物、地貌的特征。闭合性就是表示地物或地貌的线条要闭合,如大比例尺中的房屋、池塘等要素,小比例尺中的池塘、街区线等。

总之,逻辑一致性对于现代生产数字地形图来讲,不单单停留在图形的表面,有些还有更加深层次上的要求,如有些要满足逻辑学、拓扑学和结构数学的要求。只有这样才能实现地形图的数字化、信息化,实现数字的多角度全方位的利用,最终实现各个领域的信息化。

4. 图面整饰质量

图式符号和线画的规范性如何,符号配置是否协调,线画是否清晰;注记尺寸和字体是否符合图式要求,注记位置是否恰当,注记密度是否合理;图面是否清晰易读,具有较好的层次性。

图廓外整饰是否完整统一,是否符合规范和图式要求。

数据质量的检查。CAD 图形编辑能力较强,目前测绘生产所用的图形编辑软件基本都是二次开发的成果。图形数据编辑的总体质量要求是:各种地物的编码与图层不能有矛盾;线段相交,不得有悬挂和过头现象,房屋应封闭,各种辅助线应正确;注记应尽量避免压盖物体,其字体、字号、字向等应符合地形图图式的规定。

5. 地形图质量检验评判

对于地形图检验,国家《测绘产品检查验收规定》和《测绘成果质量监督抽查管理办法》做了具有可操作性的定量评判的具体规定。现对检查样本不合格的情况进行简单摘要。

① 起算控制成果错误或精度超限。

② 地物点平面位置中误差或相对位置中误差任一项超限。

③ 高程注记点中误差或等高线高程中误差任一项超限。

④ 地理精度存在严重问题,如行政界线、道路、河流、等高线等要素的严重错误。

⑤ 图名和图号同时错漏。

第三节　地籍测绘及其地理空间数据信息系统工程的监理工作

编者参加了某市的地籍测绘监理工作,就地籍测绘有关内容的质量控制叙述如下。

一、地籍测绘及其地理空间数据信息系统工程概述

数字化图主要分地形图、地籍图、房产图等。

地形测量依据地形测量规范进行,测量结果是地形图和 4D 产品。地形图普遍认同的含义是依据一定比例反映地物、地貌平面位置及其高程的图纸,在图纸中主要包含 10 种要素:① 测量控制点;② 居民地和恒栅;③ 工矿建(构)筑物及其他设施;④ 交通及附属设施;⑤ 管线及附属设施;⑥ 水系及附属设施;⑦ 境界;⑧ 地貌和土质;⑨ 植被;⑩ 注记。

测量结果是地形图和地理空间数据信息。地形图数字化测绘产品主要有:数字线划地图(DLG)、数字高程模型(DEM)、数字正射影像图(DOM)及数字栅格图(DRG)等。

地籍图是记载土地的位置、界址、数量、质量、权属、用途、地类基本状况的图簿册,是关于土地的档案,并被形象地比喻为"土地的户籍",因而具有法律效力。地籍测绘依据地籍测量规范进行,形成地籍图和空间数据信息系统。地籍图是依据一定比例反映地块的权属位置、形状、数量等有关信息的图纸,图纸中包含的要素有:① 测量控制点;② 界址点、界址线及有关界线;③ 地块利用分类及代码;④ 房屋、房屋结构及附属设施;⑤ 交通及附属设施;⑥ 水域及附属设施;⑦ 工矿设施;⑧ 公共设施及其他建筑物,构筑物及空地;⑨ 注记。

空间数据信息系统是地籍空间信息的载体,主体内容是地籍空间数据库,是城市信息化的基础,它在城市的信息化建设进程中有着举足轻重的地位。随着地理信息获取技术飞速发展,当前存储在空间数据库中的空间数据的深度和广度得到了前所未有的发展。

房地产测绘依据房产测量规范进行。其主要任务是对房屋本身以及与房屋相关的建筑物和构筑物进行测量和绘图工作;对土地以及土地上人为的、天然的荷载物进行测量和调查的工作;对房地产的权属、位置、质量、数量、利用状况等进行测定,调查和绘制成图。房地产测绘单位受政府或房屋权利人、相关当事人的委托从事房地产测绘工作,为委托人提供所需要的图件、数据、资料、相关信息。房地产测绘的主要目的:第一,为房地产管理包括产权产籍管理、开发管理、交易管理和拆迁管理服务,以及为评估、征税、收费、仲裁、鉴定等活动提供基础图、表、数字、资料和相关的信息;第二,为城市规划、城市建设等提供基础数据和资料,形成房产图和房地产空间数据地理信息系统。房产图是依据一定比例尺调查和测量房屋及其用地状况等有关信息的图纸(包括房产分幅平面图、房产分丘平面图、房屋分层分户平面图),图纸中包含的主要要素有:① 控制点;② 界址点、界址线、行政境界;③ 房屋、房屋结构及附属设施;④ 房屋产权;⑤ 房屋用途及用地分类;⑥ 房产数字注记(幢号、门牌号、建成年代等);⑦ 文字注记(地名、行政机构名等)。

空间数据信息系统是房地产空间信息的载体,主体内容是房地产空间数据库。

从前面的论述中我们可以看到地形图、地籍图和房地产图三者的测绘异同点:

① 控制测量:三种图纸均必须进行,但精度要求有所不同;② 建筑物及其附属设施:三种图纸均需全面绘制,但精度要求不同;③ 注记:三种图纸都要进行,但侧重点不同,地形图侧重于地名及房屋结构,地籍图、房产图侧重于各类属性编码及房屋权属面积等;④ 行政境界:三种图纸均要求明确绘制;⑤ 对于交通及附属设施、水域及附属设施、公共设施,地形图、地籍图均有相同的绘制方法,房产图对这些项目无明确规定;⑥ 三种图纸有各自的优势所在,地形图对地物、地貌的平面位置、高程等自然属性反映比较全面,对地物的社会属性反映比较简单;地籍图、房产图对地物地貌的物理属性反映较简单,但对其社会属性反映比较丰富;⑦ 均执行了国家或部门规范:地形图由城市规划部门测绘单位负责测绘,执行《城市测量规范》标准;地籍图由国土部门测绘单位负责测绘,执行《地籍测量规范》;房产图由房管部门测绘单位负责测绘,执行《房产测量规范》,最后成果均要建立各自的地理空间数据管理系统。

由此可见,空间数据与地图是表现地理空间信息的两种形式,空间数据以数据库作为载体,而地图是以图件作为载体。空间数据更新以及地图修测反映的都是空间信息的变化,本质上是同一事物。

下面以地籍空间数据质量控制为例来说明空间数据信息监理的质量控制的基本内容。

二、地籍测绘及其地理空间数据信息监理的质量控制

地籍是以宗地为基本单元,记载土地的位置、界址、数量、质量、权属和用途(地类)等基本状况的图簿册。宗地由界址线定位,界址线由界址点定位,因此界址点、界址线和宗地一起构成了地籍空间数据的基本组成部分。其中,界址点以及面积量算的精度要求是很高的,应当顾及各种误差的影响,保证各种数据的质量。

(一)空间数据误差来源

1. 测量误差

采用常规大地测量、工程测量、GNSS 测量和一些其他直接测量方法得到的是表示空间位置信息的数据,这些测量数据含有随机误差、系统误差和少量粗差。从理论上讲,随机误差可用随机模型,如最小二乘法平差处理,系统误差可用实验的方法校正,数据测量后加修正值便可,粗差可以对测量计算理论进行完善后剔除。此外,在测量过程中进行观测时还受观测仪器、观测者和外界环境的影响。这些源误差的产生是不可避免的,它会随着科学技术的发展和人类认知范围的提高而不断缩小。

2. 遥感数据误差(数字化误差)

遥感与摄影测量是获得 GIS 数据的重要方法之一。遥感数据的质量问题来自于遥感观测、遥感图像处理和解译过程,包括分辨率、几何时变和辐射误差对数据质量的影响,或图像校正匹配、判读和分类等引入的误差和质量问题。遥感数据误差是累积误差,含有几何及属性两方面的误差,可分为数据获取、处理、分析、转换和人工判读误差。数据获取误差是获取数据的过程中受自然条件影响及卫星的成图成像系统所造成的;数据处理误差是利用地面控制对原始数据进行几何校正、图像增强和分类等所引起的;数据转换误差是矢量—栅格转换过程中所形成的;人工判读误差是指对获得的数据进行人工分析和判读时所形成的误

差,这种误差很难量化,它与解析人员从遥感图像中提取信息的能力和技术有关。

3. 操作误差

空间数据用地理信息系统进行数据处理和模型分析时会产生操作误差。

(1) 计算机字长引起的误差

计算机数据按一定编码存储和处理,编码的长短构成字长,一般有 16、32 或 64 位。计算机字长引起的误差主要有空间数据处理和空间数据存储引起的误差。前者主要是"舍入误差",出现在空间数据的各种数值运算和模型分析中;后者主要出现在高精度图像的存储过程中。如 16 位的计算机存储低分辨率的图像时不会出现问题,但在存储高精度的控制点坐标或精度要求高的地理数据时就会出现问题。减少存储数据引起的误差的方法:一是用 32、64 位或更长字节的计算机;二是用双精度字长存储数据,使用有效位数多的数据记录控制点坐标。

(2) 拓扑分析引起的误差

地理信息系统中的拓扑分析会产生大量的误差,如在空间分析过程中的多层立体叠置会产生大量的多边形。这是因地理信息系统在空间分析操作之前认为:数据是均匀分布的,数字化过程是正确的,空间数据的叠加分析仅仅是拓扑多边形重新拓扑的问题,所有的边界线都能明确地定义和描绘,所有的算法假定为完全正确的操作,对某类型或其他自然因素所界定的分类区间是最合适的因素。

(二) 地籍数据质量检查

对地籍数据的细节检查评价主要从空间精度、属性精度以及时间精度等方面进行。

1. 空间精度检查

空间精度检查评价主要从位置精度、数学基础、影像匹配以及数字化误差、数据完整性、逻辑一致性、要素关系处理、接边等方面加以检查评价。

数据完整性主要检查分层的完整性、实体类型的完整性、属性数据的完整性及注记的完整性等。

逻辑一致性检查评价包括检查点、线、面要素拓扑关系的建立是否有错、面状要素是否封闭,一个面状要素有不止一个标识点或有遗漏标识点线划相交情况是否被错误打断,有无重复输入两次的线划,是否出现悬挂结点以及其他错误的检查。

要素关系处理检查评价内容包括确保重要要素之间关系正确并忠实于原图,层与层间不得出现整体平移,境界与线状地物、公路与居民地内的街道以及与其他道路的连接关系是否正确。严格按照数据采集的技术要求处理各种地物关系。

(1) 粗差检测

图形数据是数字线划图 DLG 的一类重要数据,粗差检测主要是对图形对象的几何信息进行检查,主要包括如下内容:

① 线段自相交。线段自相交是指同一条折线或曲线自身存在一个或多个交点。检查方法为:读入一条线段;从起点开始,求得相邻两点(即直线段)的最大最小坐标,作为其坐标范围;将坐标范围进行两两比较,判断是否重叠;计算范围重叠的两条直线段的交点坐标;判断交点是否在两条直线段的起止点之间;返回继续。

② 两线相交。两线相交是指应该相交的两条线存在交点,如两条等高线相交。检查方法为:依次读入每条线段,并计算其范围(外接矩形);将线段的范围进行两两比较;对范围有

重叠的两条线段,计算两条线段上相邻两点组成的各个直线段的范围,将直线段的范围进行两两比较,计算范围有重叠的两条线段的交点坐标;如果交点位于两条直线段端点之间,则存在两线相交错误;返回继续。

③ 线段打折。打折即一条线本该沿原数字化方向继续,但由于数字化仪的抖动或其他原因,使线的方向产生了一定的角度。检查方法为:读入一条线段;依次读取 3 个相邻点的坐标并计算夹角;如果角度值为锐角,则可能存在打折错误;返回继续。

④ 公共边重复。公共边重复是指同一层内同类地物的边界被重复输入两次或多次。检查方法为:按属性代码依次读入每条线段;将线段的范围进行两两比较,对范围有重叠的两条线段分别计算相邻两点组成的各个直线段的范围,将直线段的范围进行两两比较;对范围有重叠的两条直线段,通过比较端点坐标在容差范围内是否相同判断是否重合;返回继续。

⑤ 同一层及不同层公共边不重合。公共边不重合是指同层或不同层的某两个或多个地物的边界本该重合,但由于数字化精度问题而不完全重合的错误。采用叠加显示、屏幕漫游方法或回放检查图进行检查。

（2）数学基础精度

① 坐标带号。采用程序比较已知坐标带号与从数据中读取的坐标带号,实行自动检查。

② 图廓点坐标。按标准分幅和编号的 DLG 通过图号计算出图廓点的坐标,或从已知的图廓点坐标文件中读取相应图幅的图廓点坐标,与从被检数据读出的图廓点坐标比较,实现自动检查。

③ 坐标系统。通过检查图廓点坐标的正确性,实现坐标系统正确性的检查。

④ 检查 DRG 纠正精度。通过图号计算出图廓点坐标,生成理论公里格网与数字栅格图（DRG）套合,检查 DRG 纠正精度。

（3）位置精度

位置精度包括平面位置精度和高程精度,检测方法有三种。

① 实测检验。选择一定数量的明显特征点,通过测量法获取检测点坐标,或从已有数据中读取检测点坐标;将检测点映射到 DLG 上,采集同名点平面坐标,由等高线内插同名点高程,读取同名高程注记点高程;通过同名点坐标差计算点位误差、高程误差、统计平面位置中误差、高程中误差。

② 利用 DRG 检验。采用手工输入 DRG 扫描分辨率、比例尺,图内一个点的坐标,或 DRG 地面扫描分辨率、图内一个点的坐标,恢复 DRG 的坐标信息;将 DLG 叠加于 DRG 上;采集 DRG 与 DLG 上同名特征点的三维坐标,利用坐标差计算平面位置中误差、高程中误差。

③ 误差分布检验。对误差进行正态分布、检测点位移方向等检验,判断数据是否存在系统误差。

2. 属性精度检查

属性数据质量可以分为对属性数据的表达和描述（属性数据的可视表现）和对属性数据的质量要求（质量标准）两个质量标准,保证了这两方面的质量,可使属性数据库的内容、格式、说明等符合规范和标准,利于属性数据的使用、交换、更新、检索以及数据库集成和数据的二次开发利用等。属性数据的质量还应该包括大量的引导信息以及以纯数据得到的推理、分析和总结等,这就是属性元数据,它是前述数据的描述性数据。因此,属性元数据也是属性数据可视表现的一部分,而精度、逻辑一致性和数据完整性则是对属性数据可视表现的质量要求。

（1）属性值域的检验

用属性模板自动检查要素层中每个数字化目标的主码、识别码、描述码、参数值的值域是否正确。对不符合属性模板的属性项在相应位置作错误标记,并记入属性错误统计表。

（2）属性值逻辑组合正确性检验

用属性值逻辑组合模板检查要素层中每个数字化目标的属性组合是否有逻辑错误,是否按有关技术规定正确描述了目标的质量、数量及其他信息。

（3）用符号化方法对各属性值进行详细评价

针对空间数据质量评价的特点,制定了与图式规范尽量一致、又有利于目标识别和理解的符号化方案,可较好地满足属性数据评价的要求。符号化使图形相对定位（尤其在与原图目视比较时）简单易行,方便了人机交互检查作业。符号化表示时属于同一主码的目标显示在同一层次上:把识别码分成点、线、面图形,分别对应点状、线状和面状符号库,用图式规定的符号及颜色,配合符号库解释规则把识别码解释成图形;描述码同识别码相结合,有些改变图形的表示方法,如建筑中的铁路用虚线符号表示;有些改变颜色,如不依比例图形居民地用黑色表示,县级用绿色,省级用红色等;有些注记汉字,如河流,在线画上注记河流名的汉字;要素所带参数用数字的形式注记出来,用颜色区分参数的类别,用黄色表示宽度参数,用黑色表示相对高参数,用蓝色表示长度参数,用棕色表示其他参数。对错误用人机交互的方法在图上做标记,并记入属性错误统计表。

3. 时间精度检查

通过查看元数据文件,了解现行原图及更新资料的测量或更新年代,或根据对地理变化情况的了解,直接检查资料的现势性情况,再根据预处理图检查核对各地物更新情况。用影像数据采用人机交互方法进行更新,需将影像与更新矢量图叠加,详细检查是否更新,更新地物的判读精度,对地物判读的位置精度、面积精度及误判、错判情况做出评价。

4. 逻辑一致性检查

逻辑一致性检验主要是指拓扑一致性检验,包括悬挂点、多边形未封闭、多边形标识点错误等。构建拓扑关系后,通过判断各线段的端点在设定的容差范围内是否有相同坐标的点进行悬挂点检查,以及检查多边形标识点数量是否正确。

① 同一层内要素之间的拓扑关系检验;② 不同层内要素之间的拓扑关系检验。

5. 完整性与正确性检查

检查内容包括:命名、数据文件、数据分层、要素表达、数据格式、数据组织、数据存储介质、原始数据等的完整性与正确性。

① 文件命名完整性与正确性的检查。② 数据格式完整性与正确性的检查。③ 文档资料采用手工方法检查并录入检查结果,元数据通过以下方法实现自动检查:建立"元数据项标准名称模板"与"元数据用户定义模板",将"元数据项标准名称"与"被检元数据项名称"关联起来;通过"元数据用户定义模板"中的"取值说明"及"取值",对元数据进行自动检查。

（三）空间数据的质量评价标准

空间数据的质量标准应按空间数据的可视表现形式分为四类，即图形、属性、时间、元数据。因为应用于地学领域的空间数据库不但要提供图形和属性、时间数据，还应该包括大量的引导信息以及由纯数据得到的推理、分析和总结等的元数据，它是前述数据的描述性数据。精度、逻辑一致性和数据完整性则是对空间数据四个可视表现的质量要求。

因此 CIS 空间数据的质量标准可这样表述：

（1）图形精度、逻辑一致性和数据完整性

图形精度是指图形的三维坐标误差（点串为线，线串闭合为面，都以点的误差衡量）。

逻辑一致性是指图形表达与真实地理世界的吻合性。图形自身的相互关系是否符合逻辑规则，如图形的空间（拓扑）关系的正确性，与现实世界的一致性、完整性是指图形数据满足规定要求的完整程度。

数据完整性是指图形数据满足规定要求的完整程度，如面不封闭、线不到位等图形的漏缺等。

（2）属性精度、逻辑一致性和数据完整性

属性精度是描述空间实体的属性值（字段名、类别、字段长度等）与其值相符的程度。如类别的细化程度，地名的详细性、准确性等。

逻辑一致性是指属性值与真实地理世界之间数据关系上的可靠性，包括数据结构、属性编码、线形、颜色、层次以及有关实体的数量、质量、性质、名称等的注记、说明，在数据格式以及拓扑性质上的内在一致性，与地理实体关系上的可靠性。

数据完整性是指地理数据在空间关系分类、结构、空间实体类型、属性特征分类等方面的完整性。

（3）时间精度、逻辑一致性和数据完整性

时间精度是指数据采集更新的时间和频度，或者离当前最近的更新时间。

逻辑一致性是指数据生产和更新的时间与真实世界变化的时间关系的正确性。

数据完整性是指表达数据生产或更新全过程各阶段时间记录的完整性。

（4）元数据精度、逻辑一致性和完整性

元数据精度是指图形、属性、时间及其相互关系或数据标识、质量、空间参数、地理实体及其属性信息以及数据传播、共享和元数据参考信息及其关系描述得详细程度和正确性。

逻辑一致性是指元数据内容描述与真实地理数据关系上的可靠性和客观实际的一致性。

数据完整性是指元数据要求内容的完整性（现行元数据文件结构和内容的完整性）。

（四）空间数据的质量评价方法

空间数据质量的评价方法可以分成直接评价方法和间接评价方法。直接评价方法是通过对数据集抽样并将抽样数据与各项参考信息（评价指标）进行比较，最后统计得出数据质量结果；间接评价方法则是根据数据源的质量和数据的处理过程推断其数据质量结果，其中要用到各种误差传播数学模型。

间接评价方法是从已知的数据质量计算推断未知的数据质量水平，某些情况下还可避免直接评价中烦琐的数据抽样工作，效率较高。针对数据质量的间接评价，不少学者基于概率论、模糊数学、证据数学理论和空间统计理论等提出了一些误差传播数学模型，但这些模型的应用必须满足一些适用条件。总的来说,要想广泛准确应用这些误差传播的数据模型来计算数据质量的结果,目前还存在较大难度,因此,间接的评价方法目前应用还较少。在数据质量的评价实践中,国内应用较多的是直接评价方法。

第四节　高速公路中的测量监理

一、高速公路中的测量工作概述

测量工作在高速公路施工中是一项举足轻重的关键性基础工作,这项工作自始至终贯穿于整个公路建设的全过程,这项工作要求有关施工和监理人员必须有扎实的理论测量知识,踏实的工作作风,熟练的操作仪器能力以及丰富的测量实践工作经验,在实际施工和监理中不得有任何失误,稍有闪失,就会对整个工程造成不可估量的负面影响,造成部分返工甚至工程报废。在这个环节上,监理测量工程师起着十分重要的作用,一名好的测量工程师不但能很好地完成有关监理测量任务,为总监提供一系列可靠的各项检测数据,从而对工程施工进行有效的监控,还可纠正施工单位技术人员施工测量中的各种偏差和失误,挽回不必要的损失。

高速公路测量工作包括线路勘察设计、平面和高程控制测量、施工阶段对控制点的复测以及施工放样、路基施工、工程验收等工作。下面仅就高速公路工程的质量控制简述如下。

二、高速公路工程的质量控制

（一）施工准备阶段测量监理

在施工准备阶段,测量监理工程师的任务就是会同施工单位接受业主和设计单位导线点和水准点的现场交界桩;对全线的导线点和水准点根据设计单位提供的导线点坐标和水准点标高进行复测,并与相邻合同段的监理部联系,进行联测,用各自成果对交界桩进行现场放样。在这个阶段,监理工程师必须组织有关人员亲自对全线进行一次导线和水准复测,检验施工单位的放线成果。外业完成后,监理工程师还要对施工单位的测量仪器是否标定,标定证书是否在有效期内,测量人员的素质和数量等是否符合合同要求、满足施工需要等进行检查。另外,还要对外业观测记录和内业计算过程进行仔细审阅,看各项误差是否符合相应规范要求,将自己所测结果与施工单位的成果进行比较,若二者相差小于规范允许值,则认为是合格的,否则应查找原因。经过上述检测,如各项指标均合格,测量工程师就可以对施工单位的成果报告予以签认,作为今后整个工程施工放样和检测的依据,未经签认的任何成果都不得在施工中使用。

（二）施工阶段测量监理

进入路基和桥涵结构物施工阶段,是施工单位技术测量人员最繁忙的时候,也是测量人员最容易犯错的时候,同时也是考验一名测量监理人员技术水平和业务素质的最佳阶段,测量监理这时候的主要职责有以下几个方面:

① 施工单位技术人员对构造物进行控制点放样后,监理人员应采用已签认的导线和水准点成果对其实地位置进行检测,以确定放样是否正确,同时应根据实际地形看原设计所设构造物桩号和角度是否与实际地形相吻合,如有偏差,应报告总监。在构造物施工开始以

后,由于构造物施工工序多,特别是桥梁放样工作量大,需要控制的点和线多,必须认真对待,经常检测。监理须用自己的全站仪对施工单位技术人员结构放线的关键部位的关键点,如桩位坐标、盖梁和支座的标高等进行全方位控制,对整座桥梁的控制点和控制标高做到全检,万无一失,否则就会造成无法挽回的损失。在这方面有过很深的教训,曾经有一个施工单位在灌注桩施工中,由于桩位坐标输入错误,灌注桩偏移 1 m 多,测量工程师由于工作量大等原因,没有对全部施工灌注桩桩位进行检测,只部分检测,结果在系梁施工中发现错误,只好重新又打造一根桩,造成了不小的损失。

② 在路基施工中,对路线中桩、坡口、坡脚进行检测。在施工前,测量监理工程师应对施工单位原始地形标高的测量结果进行复检,尤其是与设计出入较大的地段重点检测。在施工开始以后,高填方和深挖方是检测的重中之重,每填 1 m 左右或挖 1 m 左右,测量监理工程师应亲自检测路线中线和路基宽度,以免在施工中出现多挖多填以及宽度不足等情况,造成返工。测量监理人员同时要督促施工单位测量人员进行经常性的自行检测,检查其是否符合有关规范要求。

③ 由于工程变更和实际施工变化发生工程量变化时,测量监理工程师应本着实事求是、认真严谨的原则记录好原始数据,采用合理严谨的测量和计算方法,尤其是隐蔽部位,最后如实向总监提供可靠的有关数据。

④ 由于气候、地形、人为等因素的影响,测量监理应督促有关施工单位测量技术人员在施工过程中,定期对全线导线点和水准点进行检测,以免由于个别水准点和导线点下沉或偏移引起坐标和标高变化,而所在地段的施工人员施工中未注意而继续采用,最后酿成工程损失。有一个施工单位就发生过类似问题,由于一个标段内各分队各自为政,未发现水准点下沉,结果造成本段内路基、桥涵、标高全部错误,最后只好变更设计进行补救,增加额外工程量和有关费用,造成很大的损失,留下了沉痛的教训。

(三)交工验收阶段测量监理

最后进入工程收尾和交工验收阶段。经过长时间的施工,原有导线和水准点难免被破坏,测量监理工程师必须在路基路槽整理和桥梁桥面铺装施工之前对全线导线点和水准点进行一次全面的复测和补测,对成果进行确认,作为整理路槽和桥面施工的依据。在路基路槽整理中,一名好的测量监理工程师必须严格控制标高,横断面上各点是检测的重点,各点标高是否检测得好,误差是否符合规范要求,关系到路面各结构层厚度是否得到保证。做好了,可降低路面单位二次整理路槽的工程量和有关费用,节约资金。

在路面施工中,由于路面机械化程度的不断提高和路基的成形,使监理测量人员的工作量大大降低,这时测量监理工程师应加强各路面结构层标高的检测力度,确定各结构层的不同设计厚度,同时应保证施工测量人员精心操作,严格控制好横断面上各点标高和左、右宽度。在资料整理中,测量监理工程师必须保存好所有的原始测量记录,分类归档,有关人员签字保存,作为质量评定和工程结算的重要资料。

目前我国的公路工程建设监理一般有两种方式:一是根据《土木工程施工合同条件》即按菲迪克条款实施监理,这主要是利用世行或亚行贷款项目修建的公路项目:二是根据菲迪克条款及交通部颁发的《公路工程监理规范》及工程实施情况制定出的监理办法而实施的监理。

我国利用国际经济组织贷款(特别是世界银行贷款)投资建设的交通、水利、电力项目较多,贷款方通常都要求所投资项目的实施采用国际上通行的建设监理制度,因而在这些项目的建设中,监理工作起步较早,发展较快,其中有许多项目的监理工作还是在国际著名咨询公司指导下开展的,符合国际惯例,水平较高,效果较好,为推进我国建设监理制度的发展提供了宝贵的经验。

第五节 城市地下管线普查工程监理

一、地下管线普查工作概述

城市地下管线普查是一个涉及物探探测、测绘以及计算机、地理信息等多专业的综合性系统工程,其探测普查产品必然是多专业协作、多工序集成完成的,影响探测普查成果质量的因素也是多样和复杂的。因此,必须在城市地下管线探测普查的组织和实施过程中实行探测普查工程监理制度,监督和保证探测普查技术标准贯彻执行,保证探测普查工程质量,并为探测普查成果验收提供依据。

(一)监理工作的技术依据

城市地下管线探测普查工程中,常用的技术标准有如下几个:

① 《城市地下管线探测技术规程》(CJJ 61—2017);

② 《城市测量规范》(CJJ/T 8—2011);

③ 《城市基础地理信息系统技术标准》(CJJ/T 100—2017);

④ 《全球定位城市测量技术规范》(CJJ/T 73—2010);

⑤ 《1∶500、1∶1 000、1∶2 000 地形图航空摄影测量外业规范》(GB/T 7931—2008);

⑥ 《城市轨道交通工程测量规范》(GB/T 50308—2017);

⑦ 项目技术设计书。

(二)监理的主要职责

在城市地下管线普查监理活动中,监理单位一般要进行如下工作:

① 协助业主单位做好招投标工作。

② 监督测绘生产单位对测绘生产合同的履行情况。

③ 审查《技术设计书》、《探测方法试验及一致性校验报告》、《质量自检报告》、《技术总结报告》等。

④ 负责对测绘生产单位作业全过程实施监理,做好资料编辑整理工作,编写监理报告。

⑤ 做好业主与测绘生产单位双方的协调工作,充分发挥监理的协调作用。

⑥ 在监理过程中发现问题时应及时通知测绘生产单位进行整改,并做好记录。当测绘生产单位未能按要求进行整改或发现重大质量问题时,应令测绘生产单位立即停工并及时报告业主单位。

⑦ 定期向业主单位汇报普查作业进度及监理工作情况。

⑧ 对测绘生产单位安全生产进行监督、检查,发现安全隐患及时通知测绘生产单位。

(三)地下管线普查工程监理基本流程

监理任务的下达就是从监理委托合同签订之日起,监理就要及时与测绘生产单位取得联系,做好测绘生产的组织安排工作。同时协助测绘生产单位解决进场前需要业主协调解决的各项准备工作问题。监理工作的基本流程如图 9-2 所示,图上所规定的各项检查比例因项目的不同可以做出适当的调整。

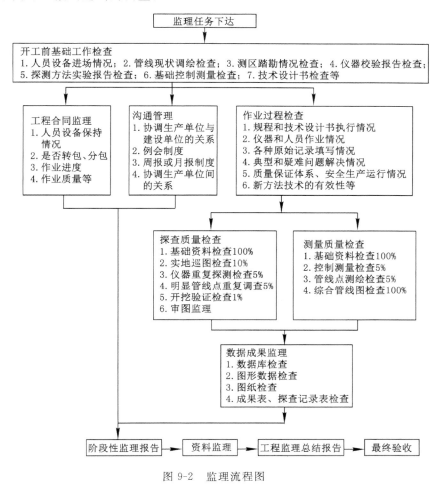

图 9-2　监理流程图

二、地下管线探测和普查工程监理

城市地下管线探测和普查工程监理一般包含以下几方面的内容:前期监理、探测普查作业监理、测绘作业监理、数据监理、成果资料监理和成果验收。

（一）前期监理

前期监理主要包括对测绘生产单位正式作业前准备工作的监理及协调管理等。

1. 正式作业前的监理工作

督促测绘生产单位按投标文件及合同约定提交准备进场的各级人员名单、仪器设备清单等,监理组及时以书面形式通知业主单位;督促测绘生产单位开展踏勘工作;协助业主做好作业前的有关准备工作;督促并检查测绘生产单位对物探仪器进行方法试验,并对测绘生产单位提交的《探测方法试验及一致性校验报告》进行审核,对测量仪器(年检证书)的有效性进行审核,没有有效年检证书的仪器不得在项目中使用;督促测绘生产单位按时提交《技术设计书》,协助业主单位对《技术设计书》进行审批,合格后签署意见,不合格由监理单位下发《整改通知》,交测绘生产单位改正等。上述准备工作就绪后,经监理组、业主单位批准后,测绘生产单位方可进施工。

此外,监理还要对测绘生产合同进行管理,这也是贯穿于整个生产全过程的监理工作。合同管理一般包含以下几方面内容:一是监督测绘生产单位是否按合同、技术设计的要求或投标书的承诺投入技术力量和设备;二是监督测绘生产单位是否按合同和设计书规定的进度要求、质量要求进行作业;三是监督测绘生产单位是否存在转包和分包现象等。

2. 监理的沟通管理工作

首先,监理要协助测绘生产单位解决施工前需要业主解决的问题、协调测绘生产单位与各管线权属单位之间的关系。

其次,要建立各种规章制度,如例会制度,周报、月报制度等。

最后,当有多家单位作业时须加强测绘生产单位间的沟通与协调,通报各单位间的问题、经验,以便实现整个项目成果要求的统一。

(二)作业过程监理

在城市地下管线普查工程项目中,监理一般应从以下几个方面着手进行作业全过程的监理工作。

1. 作业人员的能力和水平情况

在测绘生产开始阶段,对测绘生产单位投入现场的作业人员是否具备项目所需的能力和水平进行检验。

在测绘生产单位组织生产过程中,监理工程师一般采用巡视的方法不定期到现场进行跟踪检验,检查测绘生产单位探查作业人员是否按规定的方法和要求进行生产作业。主要检查作业人员操作仪器是否规范、管线点定位和定深是否合理、明显点量测是否规范、隐蔽管线段是否进行连续追踪、实地标志是否规范并易于保存,并现场抽查各种原始检查记录内容是否完整、齐全、符合规程要求;探查工作草图是否清楚、连接是否正确、属性标注是否完整等。

监理工程师巡视检查现场的测量作业人员操作是否规范;各种编码、编号是否正确;进度是否完成;是否按规定测绘断面图、绘制各种专业地下管线图;三级质量检查是否按要求进行;资料管理是否按要求规定执行等。

数据监理工程师巡视检查现场的作业人员是否熟悉数据处理软件和工艺流程;是否熟悉规程对数据建库的要求;是否熟悉成果资料要求;数据库管理是否规范等。

2. 测绘生产单位投入的设备情况

检查生产单位投入的设备种类是否满足探查工作要求;投入的设备数量是否满足合同工期要求;设备精度和稳定性是否满足质量要求;设备的标识是否清楚等。

在测绘生产单位的设备精度和稳定性不能满足质量要求时,投入的设备和种类不能满足探查内容要求时;或投入的设备数量不能满足合同工期要求时,应责令其采取纠正措施,并及时通知业主单位。测绘生产单位的设备在使用前未经过方法试验和一致性校验时,应责令测绘生产单位立即进行该项工作,并对已探查的成果进行复检。

3. 测绘生产单位内业使用软件情况

检查生产单位内业处理软件,生产单位所采用的内业数据处理软件是否为自选软件或者是业主指定使用的软件,但最终所提供的成果要满足设计和规范要求。

4. 测绘生产单位使用新方法、新技术和新仪器方面

测绘生产单位在生产过程中如果使用新方法、新技术和新仪器,要求一定要对其有效性进行试验,同时出具试验结果报告。测绘生产单位在试验时应邀请监理组参与试验,监理组对试验报告的真实性、有效性认可后方可投入生产。

5. 测绘生产单位的检查制度情况

审查测绘生产单位《质量自检报告》,监督检查测绘生产单位三级检查的执行情况及各级检查方法、工作量及精度是否满足规程规范的要求。

6. 督促测绘生产单位建立健全安全保证体系

监理检查测绘生产单位是否设置了安全检查员;从事地下管线探测的工作人员,是否熟悉工作岗位的安全保护规定;在生产过程中是否穿戴明显的安全标志服装;是否遵守交通规则;打开窨井时是否在周围设置了明显的警示标志,是否有专人看管,或用设有明显标志的栅栏围起来;夜间作业时,是否有足够的照明,打开窨井时,是否在井口设有安全照明标志;测量后是否将井盖复原;在下井量测时是否进行有害、易燃气体测试,确保安全后下井测量;对规模较大的排污管道,在下井调查或施放探头、电极、导线时,是否严禁明火,是否进行有害、有毒及可燃气体的浓度测定;超标的管道是否采用安全保护措施后才作业;在探测煤气、乙炔等易燃、易爆管道管线时严禁采用直接法;电信、电力调查时,严禁踩踏电缆、光缆;电信、电力、燃气管线严禁钎探;使用大功率仪器设备时,作业人员是否具备安全用电和防触电基础知识;工作电压超 36 V 时,作业人员是否使用绝缘防护用品;接地电极附近是否设置了明显警告标志,并委派专人看管;雷电天气严禁使用大功率仪器设备作业;井下作业的所有电气设备外壳是否接地;发生人身安全事故时,除应立即将受害者送到附近医院急救外,还应检查是否保护现场、是否及时向业主单位和有关部门报告、组织有关人员进行调查、明确事故责任,并作妥善处理等。

当发现测绘生产单位违反上述规定时,应立即责令其整改。在发现测绘生产单位存在严重的安全隐患时,可签署《工程暂停令》,责令其停工。

（三）工程质量监理

城市地下管线普查工程监理工作的质量监理主要包括探查质量监理和测绘质量监理两部分内容。探查质量监理主要包括基础资料检查、明显管线点实地调查监理、隐蔽管线点仪器探查的质量监理、开挖验证监理、权属单位审图监理。测绘质量监理主要包括基础资料检查、控制测量作业监理、管线点测绘作业监理、综合管线图检查监理、综合管线图实地对照检查。

1. 探查质量监理

（1）基础资料检查

首先对报告进行 100％检查,检查生产单位是否进行了三级检查、检查量是否满足要求、精度统计是否合格、报告编写是否规范等。

（2）明显管线点实地调查监理

明显管线点实地调查监理,采用同精度重复量测的方法,使用经检校的钢卷尺、水平尺、重锤线及"L"形专用测量工具进行。抽查不少于 2％的明显管线点,实地量测,并统计埋深中误差;在实地抽查过程中,检查是否有漏查及错定管线类型及属性等问题。

（3）隐蔽管线点探查的质量监理

对隐蔽管线点仪器探查的质量监理采用同精度重复观测,包括管线仪重复探测、地质雷达剖面检测与钎探验证相结合的综合方法进行。实地抽查不少于 2% 的隐蔽管线点,并统计重复探测埋深中误差、平面中误差;当重复探测检查发现有疑问时,应对有疑问的点进行开挖验证;对难于开挖的水泥、沥青路面下管线可采用探地雷达进行检测;检查是否有漏测、错测及管线点之间连接错误等。

(4)开挖验证监理

在完成基础资料检查、综合管线图实地对照检查、明显管线点实地调查监理和隐蔽管线点仪器探查监理,且监理结果符合要求后,按设计要求对隐蔽管线点进行抽样开挖检查,检查量为隐蔽管线点总数的 1%,开挖检查应按分布均匀、合理、有代表性和随机性的原则进行抽样。

(5)权属单位审图监理

生产单位在提交监理进行综合图巡图的同时,须另提交一套综合管线图及专业管线图给业主单位审查。业主单位组织权属单位对测绘生产单位提交的管线图进行审查,审查内容包括有无丢漏、错连、属性调查错误,并逐条填写审核记录,并注明审图人及联系方式。测绘生产单位对应审核记录逐条复核,所有问题处理完毕后,连同最新成果交监理单位,监理单位须 100% 对照检查并填写检查记录。

2.测绘质量监理

(1)基础资料检查

包括控制测量成果资料检查、管线点成果资料检查、自检报告检查、地形图检查、综合管线图检查。资料检查合格后进行下一步工作,不合格的填写《整改通知单》交生产单位进行整改。测绘生产单位处理结束后再次提交整改措施报告及全部资料。

(2)控制测量检查

审定控制网的分布、密度及控制点的埋设等是否满足规范和设计要求。检查所使用的平差软件是否严谨、规范,检查控制成果各项精度指标是否满足规范和设计要求。

(3)管线点测绘作业监理

检查测量作业操作是否规范、正确,仪器各项指标是否满足要求;测绘生产单位对管线点测量的自检数量、自检精度是否满足设计要求,分布是否均匀、合理等进行监理。外业抽查 5% 的管线点,重复测量管线点的平面坐标和高程,形成管线点测量精度检查表。

(4)综合管线图监理

在生产单位完成测区的外业探测且质量自检合格后,对综合管线图 100% 室内检查。检查内容包括生产单位是否按规定的探测范围进行探测,管线的连接和走向是否清楚,是否有明显漏测,图例、图饰是否符合要求,各种注记、扯旗说明和图廓整饰是否符合要求,内部图幅接边是否正确,管线点编号是否唯一并符合要求,管线点符号、管线颜色、图式、图例应用是否正确合理;管线接边精度是否满足设计要求。检查结束后,填写管线图审查记录表,将情况反馈给测绘生产单位进行全面整改,并检查其修改情况。

(5)综合管线图实地对照检查

该项检查工作一般应与明显管线点重复调查、隐蔽管线点重复探查同时进行。抽取 10% 的综合管线图到室外实地对照检查,有问题的返回探测单位再成图,错误处不得再出现。

3. 主要精度指标

（1）管线点探查精度指标

① 明显管线点重复测量的埋深中误差为：

$$M_{td} = \pm \sqrt{\frac{\sum\limits_{i=1}^{n} \Delta d_{ti}^2}{2n}} \leqslant \pm 2.5 \text{ cm}$$

式中，Δd 为重复测量差值；n 为重复测量点数。

② 隐蔽管线点仪器同精度重复检查，平面位置中误差和埋深中误差分别为 M_{ts} 和 M_{th}，应不超过《城市地下管线探测技术规程》中规定的限差：

$$M_{ts} = \pm \sqrt{\frac{\sum\limits_{i=1}^{n} \Delta S_{ti}^2}{2n}} \qquad M_{th} = \pm \sqrt{\frac{\sum\limits_{i=1}^{n} \Delta h_{ti}^2}{2n}}$$

式中，ΔS 为平面位置偏差值；Δh 为埋深差值；n 为检查点数。

因为所检查的点埋深不同，采用加权平均值为限差值，即水平位置中误差限差和埋深中误差限差分别为：

$$M_{ts}(\text{限}) = \frac{0.10}{n_1} \sum\limits_{i=1}^{n_1} h_i \qquad M_{th}(\text{限}) = \frac{0.15}{n_1} \sum\limits_{i=1}^{n_1} h_i$$

式中，n_1 为隐蔽管线点检查点数；h_i 为各检查点管线中心埋深，当 $h_1 < 100$ cm 时，取 $h_i = 100$ cm。

③ 隐蔽管线点开挖检查精度，其中超过限差的管线点的个数占开挖点数的比例不得大于 10%。

（2）管线点测量精度指标

① 高程测量中误差 $M_h \leqslant \pm 3.0$ cm

$$M_h = \pm \sqrt{\frac{\sum\limits_{i=1}^{n} \Delta h_i^2}{2n}}$$

式中，Δh_i 为高程较差；n 为检查点数。

② 点位测量中误差 $M_S \leqslant \pm 5.0$ cm

$$M_S = \pm \sqrt{\frac{\left(\sum\limits_{i=1}^{n} \Delta x_i^2 + \sum\limits_{i=1}^{n} \Delta y_i^2\right)}{2n}}$$

式中，Δx_i、Δy_i 为纵、横坐标较差；n 为检查点数。

（四）数据成果监理

数据成果监理一般包括数据库检查、图形数据检查、成果表及原始记录表检查等。

1. 数据库检查

数据库检查一般要进行 100% 的内业检查，检查内容包括：管线数据字典的检查和管线数据检查。管线数据字典表检查，检查各表结构，不检查具体的字段值，主要是防止人为修改模板数据库结构。管线数据检查，包括检查数据表结构、管点重复检查、管段重复检查、点性与连接方向检查、管点类型编码和附属物编码分栏检查、检查线段两端点属性一致性、排水高程检查、超长管段检查等。

2. 图形数据检查

主要检查图形数据的分层、代码、颜色、线型、字体、字号、符号等运用得是否符合设计要求，文件的命名是否规范，是否符合设计和入库要求等。图幅的接边检查也应该在图形数据检查之列。这部分内容有些检查项可以用程序来自动检查，有些内容必须用人工的方式进行手动检查。

3. 成果表、原始探查记录表检查

监理对原始探查记录的检查，主要检查其填写是否完整、规范、准确，并与管线点属性数据库对比检查，出错率一般不能大于 2‰，填写《原始探查记录检查表》，如出错率大于 2‰，测绘主产单位需对所有原始成果进行重新整理，然后再由监理组复核。监理抽样一般抽取测绘生产单位不少于 10% 的原始探查记录表。

监理对管线点成果表的检查，主要检查其填写是否完整、规范、准确。填写《成果表检查记录表》，如出错率大于 2‰，测绘生产单位需对所有原始成果进行重新整理，然后再由监理组复核。监理抽样一般抽取测绘生产单位不少于 10% 的管线点成果表。

（五）成果资料归档监理

1. 成果资料组卷

探测成果资料的组卷应遵循文件资料的自然形成规律，保持卷内文件内容之间的系统联系，组成案卷要便于利用和保管。

组卷的要求：归类、排序保证文件齐全完整；保证案卷内容真实、材料准确、有效案卷质量经久耐用；统一规格、统一标准。

2. 档案的审核和交接

测绘生产单位按照成果资料组卷的要求整理好档案后，应将档案交监理组检查、审核，其内容包括：成果资料是否齐全、档案的立卷、装订是否符合要求。检查、审核合格后，监理人员签署监理意见，提请业主单位进行工程验收。

（六）管线普查监理工作总结实例（提纲）

前言部分：主要写项目来源。

（1）监理工作概况

主要内容包括监理工作任务、工作范围、作业依据、工作完成情况、外业工作监理、内业工作监理、工作质量情况。

（2）工作组织管理和工作方法

主要内容包括监理工作组织、工作管理、工作制度、工作方法。

（3）质量控制

主要内容包括质量控制实施措施（组织措施、管理措施、技术措施）、作业过程监理（作业计划制订阶段、作业实施阶段、质量评定阶段）。

（4）进度控制监理

（5）安全管理（安全管理制度制订、安全管理控制）

（6）质量评定及成果资料归档

（7）工作体会与建议

第六节　城市轨道交通测量监理

城市轨道交通建设发展迅速,为保证城市轨道交通建设质量和建设安全,做好轨道交通测量及其监理工作是极其重要的保证。

一、城市轨道交通工程的特点

(一)城市轨道交通的特点

城市轨道交通工程在建筑物密集、地下管网繁多的城市环境中建设,多为隧道、桥梁和深基础工程,其结构施工、铺轨、设备安装等工作因预留的工程结构限界裕量小而需要高精度施工测量技术配合与保障,需要监控量测等技术手段进行实时安全监测。工程交付后的运营期间出于线路维护和改造的要求,仍需长期进行高精度的监测工作。

(二)城市轨道交通工程对测量的要求

工程设计阶段需要测区地形图资料,建设期间需要高精度的平面坐标和高程定位,安全施工需要高精度的变形监测,运营期间为了结构和线路维护、安全运营需要进行监测。

城市轨道交通为线形工程,对测量的精度要求高,施工中各环节容许偏差要求严。例如《城市轨道交通工程测量规范》要求卫星定位控制网相邻点的相对点位中误差小于 ± 10 mm,精密导线相邻点的相对点位误差小于 ± 8 mm,铺轨精度要求小于 2 mm;为保证工程和施工环境安全而进行的安全检测变形点的高程中误差小于 ± 1 mm,变形中误差小于 ± 6 mm 等。

客观上,由于测量作业干扰大,作业时间多夜间及地下测量,作业环境条件差等因素,增加了施工测量难度。

二、城市轨道交通工程测量及其监理主要工作

城市轨道交通工程测量的主要工作有:

(一)设计阶段的测量工作

提供设计与施工需要的地面平面控制与高程控制测量、1:500 地形图测量、地下管线普查、线路中线测量及纵横断面测量、线路红线和拆迁红线测量、河湖水下测量等资料。

(二)施工阶段的测量工作

① 施工阶段需要加密施工控制测量,建筑物构筑物定位、线路施工定线测量,地面与地下联系测量与贯通测量。

② 铺轨和设备安装有关的限界测量(包括线路隧道净空测量、车站站台边缘与轨道的界限测量等)、铺轨基标测量、线路标志测量等。

③ 变形监测。为保障施工安全,需要进行地铁线路、建筑结构自身和沿线重要建、构筑物及地面变形测量等。

(三)竣工测量

线路 1:500 现状综合图测量(主要包括线路轨道、三轨、基标、各种管线、线路附属设施如信号标志位置等、线路结构位置如桥、涵等以及沿线地形地貌等)、线路纵断面图、专业图测量(指综合管线图测量,主要包括与线路有关的上水、雨污水、电力、通信等专业管线图和

其他专业图测量）。

（四）运营阶段的测量

运营阶段需要进行线路维护测量和变形监测等。

相应的测量监理主要围绕上述主要工作的工程质量，对控制测量、施工放样、联系测量与贯通测量以及设备安装等展开监理工作，下面分别加以阐述。

三、城市轨道交通工程测量关键技术及其监理

（一）地面控制测量

1. 城市轨道交通工程测量中关于坐标系统的选择问题

地铁轨道大多建在地面以下几十米的位置，为了施工放样测量的方便，往往需要建立轨道平面坐标系统，这就需要选择独立的轨道平面坐标系。

轨道平面坐标系统的建立，要根据测区的地理位置、地面高程以及轨道面的高程按规范要求具体计算。《城市轨道交通工程测量规范》规定，每千米距离观测值投影到轨道平面上距离值的改正，其相对误差应小于 10 mm（相对误差 1/10 万）。

2. 首级 GNSS 控制网

首级 GNSS 控制网的布设与观测，要求精度高且便于控制网扩展。城市范围有 GNSS 连续运行参考站时，应依此建立高精度的框架网，在框架网点的控制下布设轨道交通工程首级控制网。控制网点的成果应按照坐标转换的方法，将观测坐标转换到城市轨道平面上。

高程控制网测量用精密水准测量。

3. 二级精密导线网

在首级控制网点的控制下，沿线路布设二级精密导线网，主要形式有附合导线、闭合导线或导线网。

具体监理工作可参阅本章第一节有关内容，不同的是，轨道交通控制网平均边长较短，精度要求较高。

（二）联系测量

将地面控制点的平面坐标和高程导入到地下轨道面上，要进行联系测量。平面联系测量要进行地下控制点的定位与定向测量，高程联系测量要测定地下控制点的高程。

平面联系测量的方法有：陀螺经纬仪定向、联系三角形定向、两井定向、导线直接传递测量、多点边角后方交会等。

高程联系测量用悬吊钢丝、悬吊钢尺等方法。

实际应用中，有一井定向中的双联系三角形定向测量、铅垂仪＋陀螺仪联合定向等。

联系测量之后，井下要进行隧道开挖，需要布设导线进行地下控制测量。超长隧道采用双导线网。高程控制测量主要采用水准测量的方法。

（三）贯通测量

井下隧道贯通测量有以下几种形式：

结构贯通，相向施工的隧道贯通、单向施工隧道的贯通、高架结构和地面路基贯通，线路贯通和相邻施工标段贯通。

贯通测量首先要进行贯通测量误差预计，施工过程中通过测量确保贯通顺利进行。贯通误差包括隧道的纵向、横向和方位角贯通误差以及高程贯通误差。隧道的纵向、横向贯通

误差可以根据两侧控制点测定贯通面上同一临时点的坐标闭合差,并应分别投影到线路和线路的垂直方向上确定。也可以利用两侧中线延伸到贯通面上同一里程处各自临时点的间距确定。方位角贯通误差可以利用两侧控制点测定与贯通面相邻的同一导线边的方位角较差确定。

隧道高程贯通误差由两侧地下高程控制点测定贯通面附近同一水准点的高程较差确定。

（四）贯通后中线控制点调整及断面测量

1. 线路中线调整

线路中线调整是在隧道贯通后进行线路中线控制点的调整测量,重新建立统一的测量基准。线路中线调整的方法采用归化法。

2. 断面测量

断面测量是根据重新建立的测量基准测定结构限界是否满足要求,断面测量的部位按设计要求确定。

（五）铺轨基标测量

为了确保地铁轨道铺设位置的设置精度,铺轨前需要建立高精度铺轨测量控制网,并埋设铺轨基标作为铺轨测量控制点。铺轨基标分为控制基标和加密基标。

（六）变形监测

1. 施工阶段沿线环境变形监测

施工阶段沿线环境变形监测包括:线路地表沉降观测;变形区内燃气、热力和大直径给水、排水等主要管线变形监测;变形区内高层、超高层、高耸建筑、古建筑、桥梁、铁路、经鉴定的危房等变形监测。

2. 结构施工期间变形监测

主要内容如表 9-1 所示。

表 9-1 结构施工期间变形监测内容

	监测项目	监测内容	主要监测仪器
必测项目	支护结构	护坡桩、连续墙、土钉墙的变形监测,支撑轴力监测等	全站仪、水准仪、测斜仪、轴力计等
	建筑	建筑变形、隧道拱顶下沉和净空水平收敛、高架结构的柱(墩)沉降和梁的挠度监测等	全站仪、水准仪、测斜仪、收敛计等
	周边环境	施工变形区内建筑、地表、管线变形监测等	全站仪、水准仪、测斜仪、位移计等
选测项目	支护结构	支护和衬砌应力、锚杆轴力监测等	应变计、应变片、锚杆测力计等
	建筑	混凝土应力、钢筋内力及外力监测等	应变计、应变片、钢筋计等
	其他	地基回弹、围岩内部变形、围岩压力、围岩弹性波速测试、分层地基土沉降、爆破震动、孔隙水压力等	位移计、压力盒、波速仪、爆破震动测试仪、孔隙水测压计等

3. 变形监测方法与变形管理

利用表 9-1 中的监测仪器进行几何测量。建筑物的允许变形值应根据设计要求和相关规范确定。当实测变形值大于允许变形值的 2/3 时,应及时上报,并启动应急变形监测方案。对变形监测数据应进行单独项目分析和多项目的综合分析,并应定期向委托方等单位提交阶段变形监测的各种图表和变化趋势分析报告。

第七节 开采沉陷监测监理

为满足煤矿安全开展"三下"(建筑物下、近水体下、铁路下)采煤工作的需要,为确保采动影响范围内人民生命财产的安全,恢复与重建矿区生态环境,防治矿山地质灾害,促进经济社会和环境的协调发展,需要提供本矿区地质采矿条件下准确可靠的地表移动变形动态和稳态(静态)参数。《建筑物、水体、铁路及主要井巷煤柱留设与压煤开采规程》第十条规定:"各矿区应当开展围岩破坏和地表移动现场监测,综合分析,求取参数,总结规律,为本矿区煤柱留设与压煤开采提供技术支撑。"《煤矿测量规程》规定:"建立地表、岩层和建(构)筑物变形观测站,开展矿区地表与岩层移动规律、采矿或非采矿沉陷综合治理以及环境保护工作的研究;根据矿区地表与岩层移动变形参数,设计和修改各类保护煤柱;参与'三下'采煤和塌陷区综合治理以及土地征用和村庄搬迁的方案设计和实施。"

一、开采沉陷监测监理概述

虽然矿山开采沉陷监测也属于工程变形监测范畴,但与水库大坝、滑坡体、桥梁、高层建筑、城市地表等监测相比,具有监测点数多、平面和高程的监测精度均较高、每次监测的时间要求严、移动变形量变化范围大(从几毫米到几米甚至十几米)、涉及地质采矿等学科知识的特点。进行开采沉陷监测时,涉及方案设计、观测站建立、连接测量、全面观测、巡视测量、日常观测等阶段,所采用的测量技术目前主要是 GNSS 定位技术和几何水准测量技术,所涉及的数据处理环节包括外业观测质量的检核、平差计算及精度评定、移动变形计算和制图、开采沉陷动(静)态参数解算、地表移动变形规律分析等。由于开采沉陷监测工程具有技术含量高、外业观测频繁、作业工序复杂、操作规定严格、监测结果直接服务于煤矿的生产与决策等特点,因此监理难度较大,需要通过内、外业检查及现场巡视等方式进行工程监理。

二、开采沉陷监测监理的质量控制

(一)设计方案的质量控制

开采沉陷监测工程的技术设计包括观测站设计、观测方案设计和数据处理方案设计三个部分,是确保工程项目达到预期目标的基础工作。设计的基本原则是在保证工程质量的前提下,最大限度地节约人力、物力和财力。监理人员应从技术角度给业主当好参谋,指导设计单位进行设计,明晰技术路线,达到方案合理可行的目标。

技术设计是开采沉陷监测工程实施的主要依据,与业主、设计单位共同把好设计关,是监理人员的职责,也是工程监理的主要依据。

1. 资料收集的完整性

在开采沉陷监测工程的技术设计阶段,至少应收集以下资料:

① 监测区域的井上下对照图和开采计划图,用以确定井下开采与地面的准确关系以及采煤工作面接替关系。

② 监测区域的地质和水文地质资料,包括钻孔柱状图、水文条件等。

③ 采煤工作面基本参数,包括:巷道布置、采煤方法、顶板管理方法、开采高度、工作面预计推进速度、工作面回采时间等。

④ 井上下测量资料,主要是包括高等级平面控制点和高程控制点、坐标系统(投影带、投影面、中央子午线经度)和高程系统、精度及等级、数据处理方法、作业单位、施测年代、草图、点之记等。

⑤ 矿区已有的开采沉陷资料,如移动角、最大下沉角、充分采动角、松散层移动角及其他相关参数。

2. 观测站设计的合理性

为了获得监测区域准确、可靠、有代表性的观测资料,设计的观测站应满足以下要求:

① 观测线主体应设在地表移动盆地的主断面上。若受地形条件限制,在能保证正确获取开采沉陷参数的条件下,走向观测线可偏离地表移动盆地主断面布设。但为有利于分析采动过程中的地表移动变形规律和采动参数(如边界角、启动距、最大下沉值、超前影响距等),工作面边界附近的监测点应布设在主断面上。

② 要考虑到矿区近几年的开拓计划,观测线应尽量避免受邻近工作面回采的影响。

③ 观测线的长度要大于地表移动盆地的范围,以便确定移动盆地的边缘,求得该地质采矿条件下的边界角、移动角和裂缝角。

④ 观测线上的测点的密度应能代表性地反映地表动态移动变形情况,同时要便于埋设、观测和保存。为了以大致相同的精度求得移动和变形值,一般工作测点采用等间距。

测点密度除与采深有关外,还与设站目的、地形条件有关。例如,为了较准确地确定移动盆地边界或最大下沉点的位置,可在移动盆地边界附近或盆地中心部位适当加密测点。

⑤ 观测站的控制点要设在移动盆地范围之外,埋设要牢固;每条观测线两端应有 3 个控制点,且控制点离最近的监测点的距离、控制点之间的距离不小于 50 m。

⑥ 测点的结构要能满足监测工作的需要及设站区域的地质条件;测点的编号要符合一定的原则,便于采用计算机软件进行移动变形计算和分析。

例如,某矿区 12326 首采面观测站,走向观测线的测点编号自切眼向停采线方向进行编号,控制点编号由两个字符和两位阿拉伯数字组成,分别为 CL01～CL06;监测点编号由两个字符和三位阿拉伯数字组成,分别为 ML001～ML112。倾向观测线的测点编号自下山向上山方向进行编号,控制点编号由两个字符和两位阿拉伯数字组成,分别为 CS01～CS06;监测点编号由两个字符和两位阿拉伯数字组成,分别为 MS01～MS87。其中,"C"为控制点标识码,"M"为监测点标识码,"L"为走向观测线标识码,"S"为倾向观测线标识码,其后的数字为测点的顺序编号。

3. 观测方案设计的合理性

开采沉陷监测工程观测工作的基本内容是:在采动过程中,定期、重复地测定观测线上各测点在不同时期内空间位置的变化。地表移动观测站的观测工作可分为连接测量、全面观测和日常观测三个部分,各阶段的目的、采用的技术手段、精度要求等不尽相同,同时,随着技术的发展,原来的规程规范提出的要求可能不适于新技术。因此,监理人员应不断地更新知识,明确监理的核心内涵。

(1) 连接测量方案的设计

观测点埋设好 10～15 d、点位固结稳定后,在观测站地区被采动之前,为确定观测站与开采工作面之间的相互位置关系,应进行连接测量。连接测量的一般做法是:首先在观测站的某几个控制点与矿区控制网之间进行测量,以确定这些控制点的平面位置与高程,然后再根据这些控制点来测定其余的控制点和工作测点的平面位置。

连接测量按定向基点的测定精度(点位误差小于 7 cm)要求进行。观测线工作测点的平面位置,从已知坐标的控制点(或观测线的交点),按 5″导线测量或 D 级 GNSS 测量的精度要求确定。高程连测是在矿区水准基点与观测站附近的水准点之间进行水准测量,再由水准点测定观测站控制点(或观测线交点)的高程。当矿区水准基点距观测站较近时,也可由水准基点直接和观测站连测。高程连测以不低于三等水准测量的精度要求进行。

当采用 GNSS 技术进行连接测量时,还涉及坐标联测点和高程联测点的选择、坐标联测和水准联测、坐标系统和高程系统转换模型的建立及评价等问题,这些方面的监理可参阅本章第一节相关内容。

在设计连接测量方案时,应遵循可靠性原则、精度原则和效益原则。在设计连接测量控制网时,要求网的平均多余观测分量在 0.3 以上,以便使整个控制网对粗差具有良好的监控能力。

(2) 全面观测方案的设计

全面观测工作在采动影响前(即首次全面观测)、开采过程中以及地表移动变形稳定后(即末次全面观测)均需要进行全面观测,首次和末次全面观测应独立进行两次,且两次观测的时间间隔不超过 5 d。全面观测的内容主要包括测定各测点的平面位置和高程,计算各测点间的距离及各测点偏离观测线方向的距离(称支距),记录地表原有的破坏状况,并做作出素描。

① 首次全面观测的平面位置可采用满足精度要求的 GNSS RTK 系统、两作业组独立观测的方式进行,每组对每一点测两个测回。

② 各控制点与监测点的高程测量应组成水准网,按三等水准测量的要求进行,经严密平差后求得各点的高程。

③ 首次全面观测同一点的高程相差不大于 10 mm、支距相差不大于 30 mm、同一边长相差不大于 4 mm 时,可取平均值作为原始观测数据。同时,按实测数据,将各测点展绘到观测站设计平面图上。

④ 当地表下沉达到 50～100 mm 应进行采动后的第一次全面观测。为了确定移动稳定后地表各点的空间位置,需在地表稳定后进行最后一次全面观测(又称末次观测),地表移动稳定的标志是:连续 6 个月观测地表各点的累计下沉值均小于 30 mm。

⑤ 为获得地表移动过程的全部资料,按《煤矿安全规程》规定,当地表移动进入活跃期时(即缓倾斜和倾斜煤层地表每月下沉值大于 50 mm),应进行不少于 4 次的全面观测,并适当加密水准测量工作。

⑥ 采动过程中的全面观测,对每一条观测线上的所有点的平面和高程测量应尽可能在一日内完成;平面位置测量采用 CORS RTK 技术进行,高程测量可采用单程附合水准路线或往返支水准路线、按四等水准测量的要求进行。

(3) 日常观测方案的设计

日常观测是指首次和末次全面观测之间适当增加的水准测量工作,日常测量包括巡视测量、加密水准测量及地表变化特征的素描、摄影等。日常水准测量自观测站控制点起采用附合水准路线按四等水准测量要求进行。

在采动过程中,不仅要及时地记录和描述地表出现的裂缝、塌陷的形态和时间,还要记载每次观测时的相应工作面位置、实际采高、工作面推进速度、顶板陷落情况、煤层产状、地质构造、水文条件等有关情况。

① 巡视测量:为判定地表是否开始移动,在工作面推进一定距离后(根据地质采矿条件和已有工作经验确定),在预计可能移动的地区,选择几个工作测点,每隔几天进行一次水准测量,如果发现测点有下沉的趋势,即说明地表已经开始移动。

② 日常测量:地表移动后,在移动过程中,要重复进行水准测量。重复水准测量的时间间隔视地表下沉的速度而定,一般是每隔 1~3 个月观测一次。在移动的活跃阶段,还应在下沉较大的区段增加水准观测次数。

③ 加密水准测量:在地表移动的活跃期和衰退期(当地表下沉值达到 10 mm 即表面地表移动进入初始期;当测点下沉速度小于 1.7~0.6 mm/d 即表明地表移动进入衰退期)按每 30 d 一次的测量周期测定监测点高程。雨季(6~8 月)时,可根据情况适当增加观测次数。加密水准测量直到 6 个月内下沉值不超过 30 mm 时为止。

4. 数据处理方案设计的合理性

根据技术设计,通过连接测量、全面观测、日常测量等阶段的外业观测工作,获得了原始观测资料。这些资料是否合格,观测值中是否含有粗差,控制点是否发生了变化,除在外业阶段必须按《煤矿安全规程》执行外,还需要在内业数据处理过程中进一步判断和处理,才能得到合乎项目要求的高质量数据,才能在此基础上得到可靠的地表移动变形规律、地表移动变形参数和与实际情况基本吻合的预测预报结果。

对数据处理方案设计的合理性进行监理时,主要包括以下内容:

(1) 数据处理模型的正确性

在开采沉陷监测中,涉及连接测量、全面观测、日常观测等阶段中的数据质量评价方法、数据处理模型、移动变形量计算模型、变形分析模型、开采沉陷参数解算模型等,要保证监测结果的正确性,首先要保证采用的数学模型(包括函数模型和随机模型)的正确性和适用性。例如,开采沉陷参数解算方法有利用特征点求参、曲线拟合法求参、空间问题求参、正交试验设计法求参、模矢法求参等,在本监测项目中计划采用何种方法求参、这种方法有什么优缺点、求参精度能达到多少、所隐含的条件是否符合本监测项目等。

(2) 所采用的数据处理分析软件的合适性

开采沉陷监测数据处理较为复杂,如上所述,涉及控制网(平面控制网和高程控制网)的平差计算、质量评价、移动变形计算及移动变形曲线图的绘制、开采沉陷参数解算及精度评价等内容,而且观测工作频繁、计算工作量大,随着时间的推移数据积累越来越多,因此选择合适的数据处理软件是十分重要的。

安徽理工大学导航定位技术应用研究所研发的"矿山开采沉陷综合数据处理与分析系统软件包(简称 MISPAS 软件包)"是一种基于 GIS 三维虚拟现实技术、适用于多种数据采集手段、数据处理与分析功能较齐全、高效地进行信息管理、自动化程度高、具有独立版权的矿山开采沉陷综合处理软件包,是一款针对矿山开采沉陷监测的专门软件。MISPAS 软件包通过了安徽省软件评测中心的测评,并获得软件著作权证书。

MISPAS 软件包主要由 MISPAS 软件（MISPAS 软件包的主控软件）、观测站设计软件（DSOS）、GNSS 控制网数据后处理软件（GDPPS）、移动变形数据处理及制图软件（MAD-CAS）、开采沉陷预计参数解算软件（PCASMS）、矿山开采沉陷预计与制图软件（MSPACS）、开采沉陷损害分析与评价系统软件（MSDAES）等组成。这些软件，既可以在 MISPAS 软件包下集成运行，也可以单独运行，还可以作为其他软件的功能模块使用。

（3）数据处理分析成果的丰富性

对于开采沉陷监测，除了提供每次测量的平差计算成果及其精度信息外，还需要提供移动变形计算成果、绘制移动变形曲线、计算地表移动变形动态参数等，为分析地表移动变形规律提供基础资料。例如，对于 GNSS 连接测量控制网，应提供外业质量检核成果、WGS84 坐标系统下的平差成果、坐标系统和高程系统转换成果等；对于走向观测线的移动变形曲线图，除包括下沉、倾斜、曲率、水平移动、水平变形等 5 种基本曲线外，还应在图上标出地面、测点及其编号、松散层厚度、钻孔位置及柱状图、采区位置、开采厚度、各次观测时的工作面位置、临界变形值、图例等；地表移动变形动态参数包括下沉系数、下沉率、水平移动系数、最大下沉角、影响传播角、启动距、超前影响角、超前影响距、边界角、移动角、主要影响半径、主要影响角正切、拐点偏移距、最大下沉速度、最大下沉速度滞后距和最大下沉速度滞后角、半盆地长度等，根据这些参数，对开采引起的地表移动变形规律能有一个较好的掌握。对于监理人员来说，通过检查提交成果资料的完备性达到对工程质量的控制。

（二）工程实施阶段的质量控制

开采沉陷监测工程的实施主要包括观测站的建立、连接测量、首次全面观测、日常观测、末次全面观测等阶段，根据技术设计、合同书、规程规范对这些阶段的工程质量进行控制，是实现项目预期目标的根本。在监理过程中，除参考相应阶段测量工作的监理内容和方法外（如连接测量阶段，可参考 GNSS 控制测量和三等几何水准测量的监理方法），对于开采沉陷监测工程而言，还应注意以下方面。

1. 收集观测资料的完备性

每次测量时，除进行相应的平面测量和高程测量工作外，还需要记录地表主要建（构）筑物（如房屋、道路、桥梁、电力设施、通信设施等）的破坏情况，收集观测时工作面的地质采矿条件资料（如工作面的位置、采高、断层等），并将有关信息绘制到观测站设计平面图上。观测站设计平面图除包括井上下对照图的基本内容外，还应包括：测点的实际位置及编号、连接测量平面控制网和高程控制网、钻孔、每次观测时的工作面位置、保护煤柱边界线、回采边界、断层、异常地质构造、地表裂缝与塌陷坑的形态及出现日期、开始回采日期、结束回采日期等，还可包括预计的地表移动变形等值线图。

2. 测量的规范性

为掌握开采引起的地表移动变形的真实信息，开采沉陷监测工程对观测工作有一定的要求。例如，采动影响波及地表以前，必须完成连接测量和首次全面观测工作；为获取启动距参数，开采的前期应加密巡视测量工作；采动影响范围内的测量工作应在一天内完成等。只有按照规程规范进行测量工作，才能全面获得采动引起的地表移动变形规律和动态参数。

3. 监测成果提交的及时性

开采沉陷监测的目的之一是掌握采动过程中地表动态移动变形规律，为煤矿生产和决策提供参考依据，因此，每次外业测量结束，应及时进行数据处理和移动变形计算。提交的成果主要包括:平差计算成果册(含精度信息)、移动变形成果册、移动变形曲线、观测站平面图、监测点下沉量连续序列成果册以及有关说明,必要时可提供动态参数。

(三)工程验收阶段的质量控制

所有外业观测结束后,应及时进行工程项目的结题验收工作。结题验收工作一般包括资料整理与分析、开采沉陷规律分析与参数解算、编写结题报告、财务决算、结题汇报、修改结题报告、资料归档等阶段。这些内容,请参考相关资料,这里仅对结题报告的主要内容和资料归档进行介绍。

开采沉陷监测工程的结题报告一般包括工作目标与内容、工作面采后地质采矿条件简介、观测站观测概况、数据处理与质量评价、地表移动变形规律分析、概率积分预计参数的解算与评价、项目成果与提交资料、参考文献等内容,可以根据项目的目标任务进行增减。

项目结题验收后的归档资料主要包括合同书、技术设计书、设计图纸、设计审核意见、测绘资质、仪器设备检验证书、外业观测记录手簿、连接测量成果册、全面观测和日常观测成果册、移动变形成果册、移动变形曲线图、观测站平面图、发表论文专著等原件、获得的专利证书复印件、结题验收报告、验收意见等,可根据实际情况进行增减。

习题和思考题

1. 简述监理对控制网平差后的精度指标及可靠性进行检验包括哪些内容。
2. 简述数字测图的质量控制主要有哪些工作。
3. 简述地籍数据的检查评价主要从哪些方面进行。
4. 高速公路施工阶段监理的主要职责有哪些?
5. 简述航测法数字化大比例尺地形图测绘的工作流程。
6. 简述地下管线探测和普查监理的主要内容。
7. 简述城市轨道交通测量监理的主要内容。
8. 简述开采沉陷监测监理的主要内容。

参 考 文 献

[1] 邓喀中,谭志祥,姜岩,等.变形监测及沉陷工程学[M].徐州:中国矿业大学出版社, 2014.

[2] 高小六.测绘工程监理基础[M].武汉:武汉大学出版社,2013.

[3] 河南神火煤电股份有限公司,中国矿业大学.开采沉陷薛湖2102观测站总结报告[R], 2011.

[4] 孔祥元.测绘工程监理学[M].武汉:武汉大学出版社,2005.

[5] 李恩宝.测绘工程监理[M].北京:测绘出版社,2008.

[6] 王佩军,徐亚明.摄影测量学[M].武汉:武汉大学出版社,2005.

[7] 徐州市国土资源局.徐州市基础测绘工程项目监理技术总结报告[R],2006.

[8] 徐州市勘察测绘研究院.徐州市地下管线普查监理工作总结[R],2007.

[9] 徐州市勘察测绘研究院.徐州市轨道交通1号线控制测量监理总结报告[R],2013.

[10] 徐州市勘察测绘研究院.徐州市基础控制测量及似大地水准面精化监理技术总结报告[R],2012.

[11] 徐州市坤塬测绘监理服务有限公司.新沂市基础测绘与地籍调查监理技术总结报告[R],2009.

[12] 银志敏,王军,马全明,等.城市轨道交通工程平面控制测量坐标系统投影面转换方法的应用研究[J].测绘通报,2015(5):109-112.

[13] 银志敏,王军.地下管线普查工程监理探讨与研究[J].现代测绘,2010,33(1):27-29.

[14] 詹长根,唐祥云,刘丽.地籍测量学[M].武汉:武汉大学出版社,2005.

[15] 张华海.应用大地测量学[M].徐州:中国矿业大学出版社,2016.

[16] 张立人,李建新.工程建设监理[M].武汉:武汉理工大学出版社,2006.

[17] 张正禄.工程测量学[M].武汉:武汉大学出版社,2005.

附　录

附录Ⅰ　中华人民共和国测绘法

(1992 年 12 月 28 日第七届全国人民代表大会常务委员会第二十九次会议通过,2002 年 8 月 29 日第九届全国人民代表大会常务委员会第二十九次会议第一次修订,2017 年 4 月 27 日第十二届全国人民代表大会常务委员会第二十七次会议第二次修订)

第一章　总　则

第一条　为了加强测绘管理,促进测绘事业发展,保障测绘事业为经济建设、国防建设、社会发展和生态保护服务,维护国家地理信息安全,制定本法。

第二条　在中华人民共和国领域和中华人民共和国管辖的其他海域从事测绘活动,应当遵守本法。

本法所称测绘,是指对自然地理要素或者地表人工设施的形状、大小、空间位置及其属性等进行测定、采集、表述,以及对获取的数据、信息、成果进行处理和提供的活动。

第三条　测绘事业是经济建设、国防建设、社会发展的基础性事业。各级人民政府应当加强对测绘工作的领导。

第四条　国务院测绘地理信息主管部门负责全国测绘工作的统一监督管理。国务院其他有关部门按照国务院规定的职责分工,负责本部门有关的测绘工作。

县级以上地方人民政府测绘地理信息主管部门负责本行政区域测绘工作的统一监督管理。县级以上地方人民政府其他有关部门按照本级人民政府规定的职责分工,负责本部门有关的测绘工作。

军队测绘部门负责管理军事部门的测绘工作,并按照国务院、中央军事委员会规定的职责分工负责管理海洋基础测绘工作。

第五条　从事测绘活动,应当使用国家规定的测绘基准和测绘系统,执行国家规定的测绘技术规范和标准。

第六条　国家鼓励测绘科学技术的创新和进步,采用先进的技术和设备,提高测绘水平,推动军民融合,促进测绘成果的应用。国家加强测绘科学技术的国际交流与合作。

对在测绘科学技术的创新和进步中做出重要贡献的单位和个人,按照国家有关规定给予奖励。

第七条　各级人民政府和有关部门应当加强对国家版图意识的宣传教育,增强公民的国家版图意识。新闻媒体应当开展国家版图意识的宣传。教育行政部门、学校应当将国家版图意识教育纳入中小学教学内容，加强爱国主义教育。

第八条 外国的组织或者个人在中华人民共和国领域和中华人民共和国管辖的其他海域从事测绘活动，应当经国务院测绘地理信息主管部门会同军队测绘部门批准，并遵守中华人民共和国有关法律、行政法规的规定。

外国的组织或者个人在中华人民共和国领域从事测绘活动，应当与中华人民共和国有关部门或者单位合作进行，并不得涉及国家秘密和危害国家安全。

第二章 测绘基准和测绘系统

第九条 国家设立和采用全国统一的大地基准、高程基准、深度基准和重力基准，其数据由国务院测绘地理信息主管部门审核，并与国务院其他有关部门、军队测绘部门会商后，报国务院批准。

第十条 国家建立全国统一的大地坐标系统、平面坐标系统、高程系统、地心坐标系统和重力测量系统，确定国家大地测量等级和精度以及国家基本比例尺地图的系列和基本精度。具体规范和要求由国务院测绘地理信息主管部门会同国务院其他有关部门、军队测绘部门制定。

第十一条 因建设、城市规划和科学研究的需要，国家重大工程项目和国务院确定的大城市确需建立相对独立的平面坐标系统的，由国务院测绘地理信息主管部门批准；其他确需建立相对独立的平面坐标系统的，由省、自治区、直辖市人民政府测绘地理信息主管部门批准。

建立相对独立的平面坐标系统，应当与国家坐标系统相联系。

第十二条 国务院测绘地理信息主管部门和省、自治区、直辖市人民政府测绘地理信息主管部门应当会同本级人民政府其他有关部门，按照统筹建设、资源共享的原则，建立统一的卫星导航定位基准服务系统，提供导航定位基准信息公共服务。

第十三条 建设卫星导航定位基准站的，建设单位应当按照国家有关规定报国务院测绘地理信息主管部门或者省、自治区、直辖市人民政府测绘地理信息主管部门备案。国务院测绘地理信息主管部门应当汇总全国卫星导航定位基准站建设备案情况，并定期向军队测绘部门通报。

本法所称卫星导航定位基准站，是指对卫星导航信号进行长期连续观测，并通过通信设施将观测数据实时或者定时传送至数据中心的地面固定观测站。

第十四条 卫星导航定位基准站的建设和运行维护应当符合国家标准和要求，不得危害国家安全。

卫星导航定位基准站的建设和运行维护单位应当建立数据安全保障制度，并遵守保密法律、行政法规的规定。

县级以上人民政府测绘地理信息主管部门应当会同本级人民政府其他有关部门，加强对卫星导航定位基准站建设和运行维护的规范和指导。

第三章 基础测绘

第十五条 基础测绘是公益性事业。国家对基础测绘实行分级管理。

本法所称基础测绘，是指建立全国统一的测绘基准和测绘系统，进行基础航空摄影，获取基础地理信息的遥感资料,测制和更新国家基本比例尺地图、影像图和数字化产品,建立、更新基础地理信息系统。

第十六条　国务院测绘地理信息主管部门会同国务院其他有关部门、军队测绘部门组织编制全国基础测绘规划,报国务院批准后组织实施。

县级以上地方人民政府测绘地理信息主管部门会同本级人民政府其他有关部门,根据国家和上一级人民政府的基础测绘规划及本行政区域的实际情况,组织编制本行政区域的基础测绘规划,报本级人民政府批准后组织实施。

第十七条　军队测绘部门负责编制军事测绘规划,按照国务院、中央军事委员会规定的职责分工负责编制海洋基础测绘规划,并组织实施。

第十八条　县级以上人民政府应当将基础测绘纳入本级国民经济和社会发展年度计划,将基础测绘工作所需经费列入本级政府预算。

国务院发展改革部门会同国务院测绘地理信息主管部门,根据全国基础测绘规划编制全国基础测绘年度计划。

县级以上地方人民政府发展改革部门会同本级人民政府测绘地理信息主管部门,根据本行政区域的基础测绘规划编制本行政区域的基础测绘年度计划,并分别报上一级部门备案。

第十九条　基础测绘成果应当定期更新,经济建设、国防建设、社会发展和生态保护急需的基础测绘成果应当及时更新。

基础测绘成果的更新周期根据不同地区国民经济和社会发展的需要确定。

第四章　界线测绘和其他测绘

第二十条　中华人民共和国国界线的测绘,按照中华人民共和国与相邻国家缔结的边界条约或者协定执行,由外交部组织实施。中华人民共和国地图的国界线标准样图,由外交部和国务院测绘地理信息主管部门拟定,报国务院批准后公布。

第二十一条　行政区域界线的测绘,按照国务院有关规定执行。省、自治区、直辖市和自治州、县、自治县、市行政区域界线的标准画法图,由国务院民政部门和国务院测绘地理信息主管部门拟定,报国务院批准后公布。

第二十二条　县级以上人民政府测绘地理信息主管部门应当会同本级人民政府不动产登记主管部门,加强对不动产测绘的管理。

测量土地、建筑物、构筑物和地面其他附着物的权属界址线,应当按照县级以上人民政府确定的权属界线的界址点、界址线或者提供的有关登记资料和附图进行。权属界址线发生变化的,有关当事人应当及时进行变更测绘。

第二十三条　城乡建设领域的工程测量活动,与房屋产权、产籍相关的房屋面积的测量,应当执行由国务院住房城乡建设主管部门、国务院测绘地理信息主管部门组织编制的测量技术规范。

水利、能源、交通、通信、资源开发和其他领域的工程测量活动,应当执行国家有关的工程测量技术规范。

第二十四条　建立地理信息系统,应当采用符合国家标准的基础地理信息数据。

第二十五条　县级以上人民政府测绘地理信息主管部门应当根据突发事件应对工作需

要,及时提供地图、基础地理信息数据等测绘成果,做好遥感监测、导航定位等应急测绘保障工作。

第二十六条 县级以上人民政府测绘地理信息主管部门应当会同本级人民政府其他有关部门依法开展地理国情监测,并按照国家有关规定严格管理、规范使用地理国情监测成果。

各级人民政府应当采取有效措施,发挥地理国情监测成果在政府决策、经济社会发展和社会公众服务中的作用。

第五章 测绘资质资格

第二十七条 国家对从事测绘活动的单位实行测绘资质管理制度。

从事测绘活动的单位应当具备下列条件,并依法取得相应等级的测绘资质证书,方可从事测绘活动:

(一)有法人资格;

(二)有与从事的测绘活动相适应的专业技术人员;

(三)有与从事的测绘活动相适应的技术装备和设施;

(四)有健全的技术和质量保证体系、安全保障措施、信息安全保密管理制度以及测绘成果和资料档案管理制度。

第二十八条 国务院测绘地理信息主管部门和省、自治区、直辖市人民政府测绘地理信息主管部门按照各自的职责负责测绘资质审查、发放测绘资质证书。具体办法由国务院测绘地理信息主管部门商国务院其他有关部门规定。

军队测绘部门负责军事测绘单位的测绘资质审查。

第二十九条 测绘单位不得超越资质等级许可的范围从事测绘活动,不得以其他测绘单位的名义从事测绘活动,不得允许其他单位以本单位的名义从事测绘活动。

测绘项目实行招投标的,测绘项目的招标单位应当依法在招标公告或者投标邀请书中对测绘单位资质等级作出要求,不得让不具有相应测绘资质等级的单位中标,不得让测绘单位低于测绘成本中标。

中标的测绘单位不得向他人转让测绘项目。

第三十条 从事测绘活动的专业技术人员应当具备相应的执业资格条件。具体办法由国务院测绘地理信息主管部门会同国务院人力资源社会保障主管部门规定。

第三十一条 测绘人员进行测绘活动时,应当持有测绘作业证件。

任何单位和个人不得阻碍测绘人员依法进行测绘活动。

第三十二条 测绘单位的测绘资质证书、测绘专业技术人员的执业证书和测绘人员的测绘作业证件的式样,由国务院测绘地理信息主管部门统一规定。

第六章 测绘成果

第三十三条 国家实行测绘成果汇交制度。国家依法保护测绘成果的知识产权。

测绘项目完成后,测绘项目出资人或者承担国家投资的测绘项目的单位,应当向国务院测绘地理信息主管部门或省、自治区、直辖市人民政府测绘地理信息主管部门汇交测绘成果资料。属于基础测绘项目的,应当汇交测绘成果副本;属于非基础测绘项目的,应当汇交测绘成果目录。负责接收测绘成果副本和目录的测绘地理信息主管部门应当出具测绘成果汇交凭证,并及时将测绘成果副本和目录移交给保管单位。测绘成果汇交的具体办法由国务院规定。

国务院测绘地理信息主管部门和省、自治区、直辖市人民政府测绘地理信息主管部门应当及时编制测绘成果目录,并向社会公布。

第三十四条　县级以上人民政府测绘地理信息主管部门应当积极推进公众版测绘成果的加工和编制工作,通过提供公众版测绘成果、保密技术处理等方式,促进测绘成果的社会化应用。

测绘成果保管单位应当采取措施保障测绘成果的完整和安全,并按照国家有关规定向社会公开和提供利用。

测绘成果属于国家秘密的,适用保密法律、行政法规的规定;需要对外提供的,按照国务院和中央军事委员会规定的审批程序执行。

测绘成果的秘密范围和秘密等级,应当依照保密法律、行政法规的规定,按照保障国家秘密安全、促进地理信息共享和应用的原则确定并及时调整、公布。

第三十五条　使用财政资金的测绘项目和涉及测绘的其他使用财政资金的项目,有关部门在批准立项前应当征求本级人民政府测绘地理信息主管部门的意见;有适宜测绘成果的,应当充分利用已有的测绘成果,避免重复测绘。

第三十六条　基础测绘成果和国家投资完成的其他测绘成果,用于政府决策、国防建设和公共服务的,应当无偿提供。

除前款规定情形外,测绘成果依法实行有偿使用制度。但是,各级人民政府及有关部门和军队因防灾减灾、应对突发事件、维护国家安全等公共利益的需要,可以无偿使用。

测绘成果使用的具体办法由国务院规定。

第三十七条　中华人民共和国领域和中华人民共和国管辖的其他海域的位置、高程、深度、面积、长度等重要地理信息数据,由国务院测绘地理信息主管部门审核,并与国务院其他有关部门、军队测绘部门会商后,报国务院批准,由国务院或者国务院授权的部门公布。

第三十八条　地图的编制、出版、展示、登载及更新应当遵守国家有关地图编制标准、地图内容表示、地图审核的规定。

互联网地图服务提供者应当使用经依法审核批准的地图,建立地图数据安全管理制度,采取安全保障措施,加强对互联网地图新增内容的核校,提高服务质量。

县级以上人民政府和测绘地理信息主管部门、网信部门等有关部门应当加强对地图编制、出版、展示、登载和互联网地图服务的监督管理,保证地图质量,维护国家主权、安全和利益。

地图管理的具体办法由国务院规定。

第三十九条　测绘单位应当对完成的测绘成果质量负责。县级以上人民政府测绘地理信息主管部门应当加强对测绘成果质量的监督管理。

第四十条　国家鼓励发展地理信息产业,推动地理信息产业结构调整和优化升级,支持开发各类地理信息产品,提高产品质量,推广使用安全可信的地理信息技术和设备。

县级以上人民政府应当建立健全政府部门间地理信息资源共建共享机制,引导和支持企业提供地理信息社会化服务,促进地理信息广泛应用。

县级以上人民政府测绘地理信息主管部门应当及时获取、处理、更新基础地理信息数据，通过地理信息公共服务平台向社会提供地理信息公共服务，实现地理信息数据开放共享。

第七章 测量标志保护

第四十一条 任何单位和个人不得损毁或者擅自移动永久性测量标志和正在使用中的临时性测量标志，不得侵占永久性测量标志用地，不得在永久性测量标志安全控制范围内从事危害测量标志安全和使用效能的活动。

本法所称永久性测量标志，是指各等级的三角点、基线点、导线点、军用控制点、重力点、天文点、水准点和卫星定位点的觇标和标石标志，以及用于地形测图、工程测量和形变测量的固定标志和海底大地点设施。

第四十二条 永久性测量标志的建设单位应当对永久性测量标志设立明显标记，并委托当地有关单位指派专人负责保管。

第四十三条 进行工程建设，应当避开永久性测量标志；确实无法避开，需要拆迁永久性测量标志或者使永久性测量标志失去使用效能的，应当经省、自治区、直辖市人民政府测绘地理信息主管部门批准；涉及军用控制点的，应当征得军队测绘部门的同意。所需迁建费用由工程建设单位承担。

第四十四条 测绘人员使用永久性测量标志，应当持有测绘作业证件，并保证测量标志的完好。

保管测量标志的人员应当查验测量标志使用后的完好状况。

第四十五条 县级以上人民政府应当采取有效措施加强测量标志的保护工作。

县级以上人民政府测绘地理信息主管部门应当按照规定检查、维护永久性测量标志。

乡级人民政府应当做好本行政区域内的测量标志保护工作。

第八章 监督管理

第四十六条 县级以上人民政府测绘地理信息主管部门应当会同本级人民政府其他有关部门建立地理信息安全管理制度和技术防控体系，并加强对地理信息安全的监督管理。

第四十七条 地理信息生产、保管、利用单位应当对属于国家秘密的地理信息的获取、持有、提供、利用情况进行登记并长期保存，实行可追溯管理。

从事测绘活动涉及获取、持有、提供、利用属于国家秘密的地理信息，应当遵守保密法律、行政法规和国家有关规定。

地理信息生产、利用单位和互联网地图服务提供者收集、使用用户个人信息的，应当遵守法律、行政法规关于个人信息保护的规定。

第四十八条 县级以上人民政府测绘地理信息主管部门应当对测绘单位实行信用管理，并依法将其信用信息予以公示。

第四十九条 县级以上人民政府测绘地理信息主管部门应当建立健全随机抽查机制，依法履行监督检查职责，发现涉嫌违反本法规定行为的，可以依法采取下列措施：

（一）查阅、复制有关合同、票据、账簿、登记台账以及其他有关文件、资料；

（二）查封、扣押与涉嫌违法测绘行为直接相关的设备、工具、原材料、测绘成果资料等。

被检查的单位和个人应当配合,如实提供有关文件、资料,不得隐瞒、拒绝和阻碍。

任何单位和个人对违反本法规定的行为,有权向县级以上人民政府测绘地理信息主管部门举报。接到举报的测绘地理信息主管部门应当及时依法处理。

第九章 法律责任

第五十条 违反本法规定,县级以上人民政府测绘地理信息主管部门或者其他有关部门工作人员利用职务上的便利收受他人财物、其他好处或者玩忽职守,对不符合法定条件的单位核发测绘资质证书,不依法履行监督管理职责,或者发现违法行为不予查处的,对负有责任的领导人员和直接责任人员,依法给予处分;构成犯罪的,依法追究刑事责任。

第五十一条 违反本法规定,外国的组织或者个人未经批准,或者未与中华人民共和国有关部门、单位合作,擅自从事测绘活动的,责令停止违法行为,没收违法所得、测绘成果和测绘工具,并处十万元以上五十万元以下的罚款;情节严重的,并处五十万元以上一百万元以下的罚款,限期出境或者驱逐出境;构成犯罪的,依法追究刑事责任。

第五十二条 违反本法规定,未经批准擅自建立相对独立的平面坐标系统,或者采用不符合国家标准的基础地理信息数据建立地理信息系统的,给予警告,责令改正,可以并处五十万元以下的罚款;对直接负责的主管人员和其他直接责任人员,依法给予处分。

第五十三条 违反本法规定,卫星导航定位基准站建设单位未报备案的,给予警告,责令限期改正;逾期不改正的,处十万元以上三十万元以下的罚款;对直接负责的主管人员和其他直接责任人员,依法给予处分。

第五十四条 违反本法规定,卫星导航定位基准站的建设和运行维护不符合国家标准、要求的,给予警告,责令限期改正,没收违法所得和测绘成果,并处三十万元以上五十万元以下的罚款;逾期不改正的,没收相关设备;对直接负责的主管人员和其他直接责任人员,依法给予处分;构成犯罪的,依法追究刑事责任。

第五十五条 违反本法规定,未取得测绘资质证书,擅自从事测绘活动的,责令停止违法行为,没收违法所得和测绘成果,并处测绘约定报酬一倍以上二倍以下的罚款;情节严重的,没收测绘工具。

以欺骗手段取得测绘资质证书从事测绘活动的,吊销测绘资质证书,没收违法所得和测绘成果,并处测绘约定报酬一倍以上二倍以下的罚款;情节严重的,没收测绘工具。

第五十六条 违反本法规定,测绘单位有下列行为之一的,责令停止违法行为,没收违法所得和测绘成果,处测绘约定报酬一倍以上二倍以下的罚款,并可以责令停业整顿或者降低测绘资质等级;情节严重的,吊销测绘资质证书:

(一) 超越资质等级许可的范围从事测绘活动;

(二) 以其他测绘单位的名义从事测绘活动;

(三) 允许其他单位以本单位的名义从事测绘活动。

第五十七条 违反本法规定,测绘项目的招标单位让不具有相应资质等级的测绘单位中标,或者让测绘单位低于测绘成本中标的,责令改正,可以处测绘约定报酬二倍以下的罚款。招标单位的工作人员利用职务上的便利,索取他人财物,或者非法收受他人财物为他人谋取利益的,依法给予处分;构成犯罪的,依法追究刑事责任。

第五十八条 违反本法规定,中标的测绘单位向他人转让测绘项目的,责令改正,没收违法所得,处测绘约定报酬一倍以上二倍以下的罚款,并可以责令停业整顿或者降低测绘资质等级;情节严重的,吊销测绘资质证书。

第五十九条　违反本法规定,未取得测绘执业资格,擅自从事测绘活动的,责令停止违法行为,没收违法所得和测绘成果,对其所在单位可以处违法所得二倍以下的罚款;情节严重的,没收测绘工具;造成损失的,依法承担赔偿责任。

第六十条　违反本法规定,不汇交测绘成果资料的,责令限期汇交;测绘项目出资人逾期不汇交的,处重测所需费用一倍以上二倍以下的罚款;承担国家投资的测绘项目的单位逾期不汇交的,处五万元以上二十万元以下的罚款,并处暂扣测绘资质证书,自暂扣测绘资质证书之日起六个月内仍不汇交的,吊销测绘资质证书;对直接负责的主管人员和其他直接责任人员,依法给予处分。

第六十一条　违反本法规定,擅自发布中华人民共和国领域和中华人民共和国管辖的其他海域的重要地理信息数据的,给予警告,责令改正,可以并处五十万元以下的罚款;对直接负责的主管人员和其他直接责任人员,依法给予处分;构成犯罪的,依法追究刑事责任。

第六十二条　违反本法规定,编制、出版、展示、登载、更新的地图或者互联网地图服务不符合国家有关地图管理规定的,依法给予行政处罚、处分;构成犯罪的,依法追究刑事责任。

第六十三条　违反本法规定,测绘成果质量不合格的,责令测绘单位补测或者重测;情节严重的,责令停业整顿,并处降低测绘资质等级或者吊销测绘资质证书;造成损失的,依法承担赔偿责任。

第六十四条　违反本法规定,有下列行为之一的,给予警告,责令改正,可以并处二十万元以下的罚款;对直接负责的主管人员和其他直接责任人员,依法给予处分;造成损失的,依法承担赔偿责任;构成犯罪的,依法追究刑事责任:

(一)损毁、擅自移动永久性测量标志或者正在使用中的临时性测量标志;

(二)侵占永久性测量标志用地;

(三)在永久性测量标志安全控制范围内从事危害测量标志安全和使用效能的活动;

(四)擅自拆迁永久性测量标志或者使永久性测量标志失去使用效能,或者拒绝支付迁建费用;

(五)违反操作规程使用永久性测量标志,造成永久性测量标志毁损。

第六十五条　违反本法规定,地理信息生产、保管、利用单位未对属于国家秘密的地理信息的获取、持有、提供、利用情况进行登记、长期保存的,给予警告,责令改正,可以并处二十万元以下的罚款;泄露国家秘密的,责令停业整顿,并处降低测绘资质等级或者吊销测绘资质证书;构成犯罪的,依法追究刑事责任。

违反本法规定,获取、持有、提供、利用属于国家秘密的地理信息的,给予警告,责令停止违法行为,没收违法所得,可以并处违法所得二倍以下的罚款;对直接负责的主管人员和其他直接责任人员,依法给予处分;造成损失的,依法承担赔偿责任;构成犯罪的,依法追究刑事责任。

第六十六条　本法规定的降低测绘资质等级、暂扣测绘资质证书、吊销测绘资质证书的行政处罚,由颁发测绘资质证书的部门决定;其他行政处罚,由县级以上人民政府测绘地理信息主管部门决定。

本法第五十一条规定的限期出境和驱逐出境由公安机关依法决定并执行。

第十章　附　则

第六十七条　军事测绘管理办法由中央军事委员会根据本法规定。

第六十八条　本法自 2017 年 7 月 1 日起施行。

附录 II　中华人民共和国招标投标法

(1999 年 8 月 30 日第九届全国人民代表大会常务委员会第十一次会议通过,根据 2017 年 12 月 27 日第十二届全国人民代表大会常务委员会第三十一次会议《关于修改〈中华人民共和国招标投标法〉、〈中华人民共和国计量法〉的决定》修正)

第一章　总　则

第一条　为了规范招标投标活动,保护国家利益、社会公共利益和招标投标活动当事人的合法权益,提高经济效益,保证项目质量,制定本法。

第二条　在中华人民共和国境内进行招标投标活动,适用本法。

第三条　在中华人民共和国境内进行下列工程建设项目包括项目的勘察、设计、施工、监理以及与工程建设有关的重要设备、材料等的采购,必须进行招标:

(一) 大型基础设施、公用事业等关系社会公共利益、公众安全的项目;

(二) 全部或者部分使用国有资金投资或者国家融资的项目;

(三) 使用国际组织或者外国政府贷款、援助资金的项目。

前款所列项目的具体范围和规模标准,由国务院发展计划部门会同国务院有关部门制订,报国务院批准。

法律或者国务院对必须进行招标的其他项目的范围有规定的,依照其规定。

第四条　任何单位和个人不得将依法必须进行招标的项目化整为零或者以其他任何方式规避招标。

第五条　招标投标活动应当遵循公开、公平、公正和诚实信用的原则。

第六条　依法必须进行招标的项目,其招标投标活动不受地区或者部门的限制。任何单位和个人不得违法限制或者排斥本地区、本系统以外的法人或者其他组织参加投标,不得以任何方式非法干涉招标投标活动。

第七条　招标投标活动及其当事人应当接受依法实施的监督。

有关行政监督部门依法对招标投标活动实施监督,依法查处招标投标活动中的违法行为。

对招标投标活动的行政监督及有关部门的具体职权划分,由国务院规定。

第二章　招　标

第八条　招标人是依照本法规定提出招标项目、进行招标的法人或者其他组织。

第九条　招标项目按照国家有关规定需要履行项目审批手续的,应当先履行审批手续,取得批准。

招标人应当有进行招标项目的相应资金或者资金来源已经落实,并应当在招标文件中如实载明。

第十条 招标分为公开招标和邀请招标。

公开招标,是指招标人以招标公告的方式邀请不特定的法人或者其他组织投标。

邀请招标,是指招标人以投标邀请书的方式邀请特定的法人或者其他组织投标。

第十一条 国务院发展计划部门确定的国家重点项目和省、自治区、直辖市人民政府确定的地方重点项目不适宜公开招标的,经国务院发展计划部门或者省、自治区、直辖市人民政府批准,可以进行邀请招标。

第十二条 招标人有权自行选择招标代理机构,委托其办理招标事宜。任何单位和个人不得以任何方式为招标人指定招标代理机构。

招标人具有编制招标文件和组织评标能力的,可以自行办理招标事宜。任何单位和个人不得强制其委托招标代理机构办理招标事宜。

依法必须进行招标的项目,招标人自行办理招标事宜的,应当向有关行政监督部门备案。

第十三条 招标代理机构是依法设立、从事招标代理业务并提供相关服务的社会中介组织。

招标代理机构应当具备下列条件:

(一)有从事招标代理业务的营业场所和相应资金;

(二)有能够编制招标文件和组织评标的相应专业力量。

第十四条 招标代理机构与行政机关和其他国家机关不得存在隶属关系或者其他利益关系。

第十五条 招标代理机构应当在招标人委托的范围内办理招标事宜,并遵守本法关于招标人的规定。

第十六条 招标人采用公开招标方式的,应当发布招标公告。依法必须进行招标的项目的招标公告,应当通过国家指定的报刊、信息网络或者其他媒介发布。

招标公告应当载明招标人的名称和地址、招标项目的性质、数量、实施地点和时间以及获取招标文件的办法等事项。

第十七条 招标人采用邀请招标方式的,应当向三个以上具备承担招标项目的能力、资信良好的特定的法人或者其他组织发出投标邀请书。

投标邀请书应当载明本法第十六条第二款规定的事项。

第十八条 招标人可以根据招标项目本身的要求,在招标公告或者投标邀请书中,要求潜在投标人提供有关资质证明文件和业绩情况,并对潜在投标人进行资格审查;国家对投标人的资格条件有规定的,依照其规定。

招标人不得以不合理的条件限制或者排斥潜在投标人,不得对潜在投标人实行歧视待遇。

第十九条 招标人应当根据招标项目的特点和需要编制招标文件。招标文件应当包括招标项目的技术要求、对投标人资格审查的标准、投标报价要求和评标标准等所有实质性要求和条件以及拟签订合同的主要条款。

国家对招标项目的技术、标准有规定的,招标人应当按照其规定在招标文件中提出相应要求。

招标项目需要划分标段、确定工期的,招标人应当合理划分标段、确定工期,并在招标文件中载明。

第二十条　招标文件不得要求或者标明特定的生产供应者以及含有倾向或者排斥潜在投标人的其他内容。

第二十一条　招标人根据招标项目的具体情况,可以组织潜在投标人踏勘项目现场。

第二十二条　招标人不得向他人透露已获取招标文件的潜在投标人的名称、数量以及可能影响公平竞争的有关招标投标的其他情况。

招标人设有标底的,标底必须保密。

第二十三条　招标人对已发出的招标文件进行必要的澄清或者修改的,应当在招标文件要求提交投标文件截止时间至少十五日前,以书面形式通知所有招标文件收受人。该澄清或者修改的内容为招标文件的组成部分。

第二十四条　招标人应当确定投标人编制投标文件所需要的合理时间;但是,依法必须进行招标的项目,自招标文件开始发出之日起至投标人提交投标文件截止之日止,最短不得少于二十日。

第三章　投　标

第二十五条　投标人是响应招标、参加投标竞争的法人或者其他组织。

依法招标的科研项目允许个人参加投标的,投标的个人适用本法有关投标人的规定。

第二十六条　投标人应当具备承担招标项目的能力;国家有关规定对投标人资格条件或者招标文件对投标人资格条件有规定的,投标人应当具备规定的资格条件。

第二十七条　投标人应当按照招标文件的要求编制投标文件。投标文件应当对招标文件提出的实质性要求和条件作出响应。

招标项目属于建设施工的,投标文件的内容应当包括拟派出的项目负责人与主要技术人员的简历、业绩和拟用于完成招标项目的机械设备等。

第二十八条　投标人应当在招标文件要求提交投标文件的截止时间前,将投标文件送达投标地点。招标人收到投标文件后,应当签收保存,不得开启。投标人少于三个的,招标人应当依照本法重新招标。

在招标文件要求提交投标文件的截止时间后送达的投标文件,招标人应当拒收。

第二十九条　投标人在招标文件要求提交投标文件的截止时间前,可以补充、修改或者撤回已提交的投标文件,并书面通知招标人。补充、修改的内容为投标文件的组成部分。

第三十条　投标人根据招标文件载明的项目实际情况,拟在中标后将中标项目的部分非主体、非关键性工作进行分包的,应当在投标文件中载明。

第三十一条　两个以上法人或者其他组织可以组成一个联合体,以一个投标人的身份共同投标。

联合体各方均应当具备承担招标项目的相应能力;国家有关规定或者招标文件对投标人资格条件有规定的,联合体各方均应当具备规定的相应资格条件。由同一专业的单位组成的联合体,按照资质等级较低的单位确定资质等级。

联合体各方应当签订共同投标协议,明确约定各方拟承担的工作和责任,并将共同投标协议连同投标文件一并提交招标人。联合体中标的,联合体各方应当共同与招标人签订合同,就中标项目向招标人承担连带责任。

招标人不得强制投标人组成联合体共同投标,不得限制投标人之间的竞争。

第三十二条 投标人不得相互串通投标报价,不得排挤其他投标人的公平竞争,损害招标人或者其他投标人的合法权益。

投标人不得与招标人串通投标,损害国家利益、社会公共利益或者他人的合法权益。

禁止投标人以向招标人或者评标委员会成员行贿的手段谋取中标。

第三十三条 投标人不得以低于成本的报价竞标,也不得以他人名义投标或者以其他方式弄虚作假,骗取中标。

第四章 开标、评标和中标

第三十四条 开标应当在招标文件确定的提交投标文件截止时间的同一时间公开进行;开标地点应当为招标文件中预先确定的地点。

第三十五条 开标由招标人主持,邀请所有投标人参加。

第三十六条 开标时,由投标人或者其推选的代表检查投标文件的密封情况,也可以由招标人委托的公证机构检查并公证;经确认无误后,由工作人员当众拆封,宣读投标人名称、投标价格和投标文件的其他主要内容。

招标人在招标文件要求提交投标文件的截止时间前收到的所有投标文件,开标时都应当当众予以拆封、宣读。

开标过程应当记录,并存档备查。

第三十七条 评标由招标人依法组建的评标委员会负责。

依法必须进行招标的项目,其评标委员会由招标人的代表和有关技术、经济等方面的专家组成,成员人数为五人以上单数,其中技术、经济等方面的专家不得少于成员总数的三分之二。

前款专家应当从事相关领域工作满八年并具有高级职称或者具有同等专业水平,由招标人从国务院有关部门或者省、自治区、直辖市人民政府有关部门提供的专家名册或者招标代理机构的专家库内的相关专业的专家名单中确定;一般招标项目可以采取随机抽取方式,特殊招标项目可以由招标人直接确定。

与投标人有利害关系的人不得进入相关项目的评标委员会;已经进入的应当更换。

评标委员会成员的名单在中标结果确定前应当保密。

第三十八条 招标人应当采取必要的措施,保证评标在严格保密的情况下进行。

任何单位和个人不得非法干预、影响评标的过程和结果。

第三十九条 评标委员会可以要求投标人对投标文件中含义不明确的内容作必要的澄清或者说明,但是澄清或者说明不得超出投标文件的范围或者改变投标文件的实质性内容。

第四十条 评标委员会应当按照招标文件确定的评标标准和方法,对投标文件进行评审和比较;设有标底的,应当参考标底。评标委员会完成评标后,应当向招标人提出书面评标报告,并推荐合格的中标候选人。

招标人根据评标委员会提出的书面评标报告和推荐的中标候选人确定中标人。招标人也可以授权评标委员会直接确定中标人。

国务院对特定招标项目的评标有特别规定的,从其规定。

第四十一条　中标人的投标应当符合下列条件之一:

(一)能够最大限度地满足招标文件中规定的各项综合评价标准;

(二)能够满足招标文件的实质性要求,并且经评审的投标价格最低;但是投标价格低于成本的除外。

第四十二条　评标委员会经评审,认为所有投标都不符合招标文件要求的,可以否决所有投标。

依法必须进行招标的项目的所有投标被否决的,招标人应当依照本法重新招标。

第四十三条　在确定中标人前,招标人不得与投标人就投标价格、投标方案等实质性内容进行谈判。

第四十四条　评标委员会成员应当客观、公正地履行职务,遵守职业道德,对所提出的评审意见承担个人责任。

评标委员会成员不得私下接触投标人,不得收受投标人的财物或者其他好处。

评标委员会成员和参与评标的有关工作人员不得透露对投标文件的评审和比较、中标候选人的推荐情况以及与评标有关的其他情况。

第四十五条　中标人确定后,招标人应当向中标人发出中标通知书,并同时将中标结果通知所有未中标的投标人。

中标通知书对招标人和中标人具有法律效力。中标通知书发出后,招标人改变中标结果的,或者中标人放弃中标项目的,应当依法承担法律责任。

第四十六条　招标人和中标人应当自中标通知书发出之日起三十日内,按照招标文件和中标人的投标文件订立书面合同。招标人和中标人不得再行订立背离合同实质性内容的其他协议。

招标文件要求中标人提交履约保证金的,中标人应当提交。

第四十七条　依法必须进行招标的项目,招标人应当自确定中标人之日起十五日内,向有关行政监督部门提交招标投标情况的书面报告。

第四十八条　中标人应当按照合同约定履行义务,完成中标项目。中标人不得向他人转让中标项目,也不得将中标项目肢解后分别向他人转让。

中标人按照合同约定或者经招标人同意,可以将中标项目的部分非主体、非关键性工作分包给他人完成。接受分包的人应当具备相应的资格条件,并不得再次分包。

中标人应当就分包项目向招标人负责,接受分包的人就分包项目承担连带责任。

第五章　法律责任

第四十九条　违反本法规定,必须进行招标的项目而不招标的,将必须进行招标的项目化整为零或者以其他任何方式规避招标的,责令限期改正,可以处项目合同金额千分之五以上千分之十以下的罚款;对全部或者部分使用国有资金的项目,可以暂停项目执行或者暂停资金拨付;对单位直接负责的主管人员和其他直接责任人员依法给予处分。

第五十条　招标代理机构违反本法规定,泄露应当保密的与招标投标活动有关的情况和资料的,或者与招标人、投标人串通损害国家利益、社会公共利益或者他人合法权益的,处五万元以上二十五万元以下的罚款;对单位直接负责的主管人员和其他直接责任人员处单位罚款数额百分之五以上百分之十以下的罚款;有违法所得的,并处没收违法所得;情节严重的,禁止其一年至二年内代理依法必须进行招标的项目并予以公告,直至由工商行政管理机关吊销营业执照;构成犯罪的,依法追究刑事责任。给他人造成损失的,依法承担赔偿责任。

前款所列行为影响中标结果的,中标无效。

第五十一条 招标人以不合理的条件限制或者排斥潜在投标人的,对潜在投标人实行歧视待遇的,强制要求投标人组成联合体共同投标的,或者限制投标人之间竞争的,责令改正,可以处一万元以上五万元以下的罚款。

第五十二条 依法必须进行招标的项目的招标人向他人透露已获取招标文件的潜在投标人的名称、数量或者可能影响公平竞争的有关招标投标的其他情况的,或者泄露标底的,给予警告,可以并处一万元以上十万元以下的罚款;对单位直接负责的主管人员和其他直接责任人员依法给予处分;构成犯罪的,依法追究刑事责任。

前款所列行为影响中标结果的,中标无效。

第五十三条 投标人相互串通投标或者与招标人串通投标的,投标人以向招标人或者评标委员会成员行贿的手段谋取中标的,中标无效,处中标项目金额千分之五以上千分之十以下的罚款,对单位直接负责的主管人员和其他直接责任人员处单位罚款数额百分之五以上百分之十以下的罚款;有违法所得的,并处没收违法所得;情节严重的,取消其一年至二年内参加依法必须进行招标的项目的投标资格并予以公告,直至由工商行政管理机关吊销营业执照;构成犯罪的,依法追究刑事责任。给他人造成损失的,依法承担赔偿责任。

第五十四条 投标人以他人名义投标或者以其他方式弄虚作假,骗取中标的,中标无效,给招标人造成损失的,依法承担赔偿责任;构成犯罪的,依法追究刑事责任。

依法必须进行招标的项目的投标人有前款所列行为尚未构成犯罪的,处中标项目金额千分之五以上千分之十以下的罚款,对单位直接负责的主管人员和其他直接责任人员处单位罚款数额百分之五以上百分之十以下的罚款;有违法所得的,并处没收违法所得;情节严重的,取消其一年至三年内参加依法必须进行招标的项目的投标资格并予以公告,直至由工商行政管理机关吊销营业执照。

第五十五条 依法必须进行招标的项目,招标人违反本法规定,与投标人就投标价格、投标方案等实质性内容进行谈判的,给予警告,对单位直接负责的主管人员和其他直接责任人员依法给予处分。

前款所列行为影响中标结果的,中标无效。

第五十六条 评标委员会成员收受投标人的财物或者其他好处的,评标委员会成员或者参加评标的有关工作人员向他人透露对投标文件的评审和比较、中标候选人的推荐以及与评标有关的其他情况的,给予警告,没收收受的财物,可以并处三千元以上五万元以下的罚款,对有所列违法行为的评标委员会成员取消担任评标委员会成员的资格,不得再参加任何依法必须进行招标的项目的评标;构成犯罪的,依法追究刑事责任。

第五十七条 招标人在评标委员会依法推荐的中标候选人以外确定中标人的,依法必须进行招标的项目在所有投标被评标委员会否决后自行确定中标人的,中标无效,责令改正,可以处中标项目金额千分之五以上千分之十以下的罚款;对单位直接负责的主管人员和其他直接责任人员依法给予处分。

第五十八条　中标人将中标项目转让给他人的,将中标项目肢解后分别转让给他人的,违反本法规定将中标项目的部分主体、关键性工作分包给他人的,或者分包人再次分包的,转让、分包无效,处转让、分包项目金额千分之五以上千分之十以下的罚款;有违法所得的,并处没收违法所得;可以责令停业整顿;情节严重的,由工商行政管理机关吊销营业执照。

第五十九条　招标人与中标人不按照招标文件和中标人的投标文件订立合同的,或者招标人、中标人订立背离合同实质性内容的协议的,责令改正;可以处中标项目金额千分之五以上千分之十以下的罚款。

第六十条　中标人不履行与招标人订立的合同的,履约保证金不予退还,给招标人造成的损失超过履约保证金数额的,还应当对超过部分予以赔偿;没有提交履约保证金的,应当对招标人的损失承担赔偿责任。

中标人不按照与招标人订立的合同履行义务,情节严重的,取消其二年至五年内参加依法必须进行招标的项目的投标资格并予以公告,直至由工商行政管理机关吊销营业执照。

因不可抗力不能履行合同的,不适用前两款规定。

第六十一条　本章规定的行政处罚,由国务院规定的有关行政监督部门决定。本法已对实施行政处罚的机关作出规定的除外。

第六十二条　任何单位违反本法规定,限制或者排斥本地区、本系统以外的法人或者其他组织参加投标的,为招标人指定招标代理机构的,强制招标人委托招标代理机构办理招标事宜的,或者以其他方式干涉招标投标活动的,责令改正;对单位直接负责的主管人员和其他直接责任人员依法给予警告、记过、记大过的处分,情节较重的,依法给予降级、撤职、开除的处分。

个人利用职权进行前款违法行为的,依照前款规定追究责任。

第六十三条　对招标投标活动依法负有行政监督职责的国家机关工作人员徇私舞弊、滥用职权或者玩忽职守,构成犯罪的,依法追究刑事责任;不构成犯罪的,依法给予行政处分。

第六十四条　依法必须进行招标的项目违反本法规定,中标无效的,应当依照本法规定的中标条件从其余投标人中重新确定中标人或者依照本法重新进行招标。

第六章　附　则

第六十五条　投标人和其他利害关系人认为招标投标活动不符合本法有关规定的,有权向招标人提出异议或者依法向有关行政监督部门投诉。

第六十六条　涉及国家安全、国家秘密、抢险救灾或者属于利用扶贫资金实行以工代赈、需要使用农民工等特殊情况,不适宜进行招标的项目,按照国家有关规定可以不进行招标。

第六十七条　使用国际组织或者外国政府贷款、援助资金的项目进行招标,贷款方、资金提供方对招标投标的具体条件和程序有不同规定的,可以适用其规定,但违背中华人民共和国的社会公共利益的除外。

第六十八条　本法自 2000 年 1 月 1 日起施行。

附录Ⅲ　中华人民共和国测绘成果管理条例

（2006 年 5 月 17 日国务院第 136 次常务会议通过）

第一章　总　则

第一条　为了加强对测绘成果的管理，维护国家安全，促进测绘成果的利用，满足经济建设、国防建设和社会发展的需要，根据《中华人民共和国测绘法》，制定本条例。

第二条　测绘成果的汇交、保管、利用和重要地理信息数据的审核与公布，适用本条例。

本条例所称测绘成果，是指通过测绘形成的数据、信息、图件以及相关的技术资料。测绘成果分为基础测绘成果和非基础测绘成果。

第三条　国务院测绘行政主管部门负责全国测绘成果工作的统一监督管理。国务院其他有关部门按照职责分工，负责本部门有关的测绘成果工作。

县级以上地方人民政府负责管理测绘工作的部门（以下称测绘行政主管部门）负责本行政区域测绘成果工作的统一监督管理。县级以上地方人民政府其他有关部门按照职责分工，负责本部门有关的测绘成果工作。

第四条　汇交、保管、公布、利用、销毁测绘成果应当遵守有关保密法律、法规的规定，采取必要的保密措施，保障测绘成果的安全。

第五条　对在测绘成果管理工作中作出突出贡献的单位和个人，由有关人民政府或者部门给予表彰和奖励。

第二章　汇交与保管

第六条　中央财政投资完成的测绘项目，由承担测绘项目的单位向国务院测绘行政主管部门汇交测绘成果资料；地方财政投资完成的测绘项目，由承担测绘项目的单位向测绘项目所在地的省、自治区、直辖市人民政府测绘行政主管部门汇交测绘成果资料；使用其他资金完成的测绘项目，由测绘项目出资人向测绘项目所在地的省、自治区、直辖市人民政府测绘行政主管部门汇交测绘成果资料。

第七条　测绘成果属于基础测绘成果的，应当汇交副本；属于非基础测绘成果的，应当汇交目录。测绘成果的副本和目录实行无偿汇交。

下列测绘成果为基础测绘成果：

（一）为建立全国统一的测绘基准和测绘系统进行的天文测量、三角测量、水准测量、卫星大地测量、重力测量所获取的数据、图件；

（二）基础航空摄影所获取的数据、影像资料；

（三）遥感卫星和其他航天飞行器对地观测所获取的基础地理信息遥感资料；

（四）国家基本比例尺地图、影像图及其数字化产品；

（五）基础地理信息系统的数据、信息等。

第八条　外国的组织或者个人依法与中华人民共和国有关部门或者单位合资、合作，经批准在中华人民共和国领域内从事测绘活动的，测绘成果归中方部门或者单位所有，并由中方部门或者单位向国务院测绘行政主管部门汇交测绘成果副本。

外国的组织或者个人依法在中华人民共和国管辖的其他海域从事测绘活动的,由其按照国务院测绘行政主管部门的规定汇交测绘成果副本或者目录。

第九条　测绘项目出资人或者承担国家投资的测绘项目的单位应当自测绘项目验收完成之日起 3 个月内,向测绘行政主管部门汇交测绘成果副本或者目录。测绘行政主管部门应当在收到汇交的测绘成果副本或者目录后,出具汇交凭证。

汇交测绘成果资料的范围由国务院测绘行政主管部门商国务院有关部门制定并公布。

第十条　测绘行政主管部门自收到汇交的测绘成果副本或者目录之日起 10 个工作日内,应当将其移交给测绘成果保管单位。

国务院测绘行政主管部门和省、自治区、直辖市人民政府测绘行政主管部门应当定期编制测绘成果资料目录,向社会公布。

第十一条　测绘成果保管单位应当建立健全测绘成果资料的保管制度,配备必要的设施,确保测绘成果资料的安全,并对基础测绘成果资料实行异地备份存放制度。

测绘成果资料的存放设施与条件,应当符合国家保密、消防及档案管理的有关规定和要求。

第十二条　测绘成果保管单位应当按照规定保管测绘成果资料,不得损毁、散失、转让。

第十三条　测绘项目的出资人或者承担测绘项目的单位,应当采取必要的措施,确保其获取的测绘成果的安全。

第三章　利　用

第十四条　县级以上人民政府测绘行政主管部门应当积极推进公众版测绘成果的加工和编制工作,并鼓励公众版测绘成果的开发利用,促进测绘成果的社会化应用。

第十五条　使用财政资金的测绘项目和使用财政资金的建设工程测绘项目,有关部门在批准立项前应当书面征求本级人民政府测绘行政主管部门的意见。测绘行政主管部门应当自收到征求意见材料之日起 10 日内,向征求意见的部门反馈意见。有适宜测绘成果的,应当充分利用已有的测绘成果,避免重复测绘。

第十六条　国家保密工作部门、国务院测绘行政主管部门应当商军队测绘主管部门,依照有关保密法律、行政法规的规定,确定测绘成果的秘密范围和秘密等级。

利用涉及国家秘密的测绘成果开发生产的产品,未经国务院测绘行政主管部门或者省、自治区、直辖市人民政府测绘行政主管部门进行保密技术处理的,其秘密等级不得低于所用测绘成果的秘密等级。

第十七条　法人或者其他组织需要利用属于国家秘密的基础测绘成果的,应当提出明确的利用目的和范围,报测绘成果所在地的测绘行政主管部门审批。

测绘行政主管部门审查同意的,应当以书面形式告知测绘成果的秘密等级、保密要求以及相关著作权保护要求。

第十八条　对外提供属于国家秘密的测绘成果,应当按照国务院和中央军事委员会规定的审批程序,报国务院测绘行政主管部门或者省、自治区、直辖市人民政府测绘行政主管部门审批;测绘行政主管部门在审批前,应当征求军队有关部门的意见。

第十九条　基础测绘成果和财政投资完成的其他测绘成果,用于国家机关决策和社会公益性事业的,应当无偿提供。

除前款规定外,测绘成果依法实行有偿使用制度。但是,各级人民政府及其有关部门和军队因防灾、减灾、国防建设等公共利益的需要,可以无偿使用测绘成果。

依法有偿使用测绘成果的,使用人与测绘项目出资人应当签订书面协议,明确双方的权利和义务。

第二十条 测绘成果涉及著作权保护和管理的,依照有关法律、行政法规的规定执行。

第二十一条 建立以地理信息数据为基础的信息系统,应当利用符合国家标准的基础地理信息数据。

第四章 重要地理信息数据的审核与公布

第二十二条 国家对重要地理信息数据实行统一审核与公布制度。

任何单位和个人不得擅自公布重要地理信息数据。

第二十三条 重要地理信息数据包括:

(一)国界、国家海岸线长度;

(二)领土、领海、毗连区、专属经济区面积;

(三)国家海岸滩涂面积、岛礁数量和面积;

(四)国家版图的重要特征点,地势、地貌分区位置;

(五)国务院测绘行政主管部门商国务院其他有关部门确定的其他重要自然和人文地理实体的位置、高程、深度、面积、长度等地理信息数据。

第二十四条 提出公布重要地理信息数据建议的单位或者个人,应当向国务院测绘行政主管部门或者省、自治区、直辖市人民政府测绘行政主管部门报送建议材料。

对需要公布的重要地理信息数据,国务院测绘行政主管部门应当提出审核意见,并与国务院其他有关部门、军队测绘主管部门会商后,报国务院批准。具体办法由国务院测绘行政主管部门制定。

第二十五条 国务院批准公布的重要地理信息数据,由国务院或者国务院授权的部门以公告形式公布。

在行政管理、新闻传播、对外交流、教学等对社会公众有影响的活动中,需要使用重要地理信息数据的,应当使用依法公布的重要地理信息数据。

第五章 法律责任

第二十六条 违反本条例规定,县级以上人民政府测绘行政主管部门有下列行为之一的,由本级人民政府或者上级人民政府测绘行政主管部门责令改正,通报批评;对直接负责的主管人员和其他直接责任人员,依法给予处分:

(一)接收汇交的测绘成果副本或者目录,未依法出具汇交凭证的;

(二)未及时向测绘成果保管单位移交测绘成果资料的;

(三)未依法编制和公布测绘成果资料目录的;

(四)发现违法行为或者接到对违法行为的举报后,不及时进行处理的;

(五)不依法履行监督管理职责的其他行为。

第二十七条 违反本条例规定,未汇交测绘成果资料的,依照《中华人民共和国测绘法》第四十七条的规定进行处罚。

第二十八条　违反本条例规定,测绘成果保管单位有下列行为之一的,由测绘行政主管部门给予警告,责令改正;有违法所得的,没收违法所得;造成损失的,依法承担赔偿责任;对直接负责的主管人员和其他直接责任人员,依法给予处分:

（一）未按照测绘成果资料的保管制度管理测绘成果资料,造成测绘成果资料损毁、散失的;

（二）擅自转让汇交的测绘成果资料的;

（三）未依法向测绘成果的使用人提供测绘成果资料的。

第二十九条　违反本条例规定,有下列行为之一的,由测绘行政主管部门或者其他有关部门依据职责责令改正,给予警告,可以处 10 万元以下的罚款;对直接负责的主管人员和其他直接责任人员,依法给予处分:

（一）建立以地理信息数据为基础的信息系统,利用不符合国家标准的基础地理信息数据的;

（二）擅自公布重要地理信息数据的;

（三）在对社会公众有影响的活动中使用未经依法公布的重要地理信息数据的。

第六章　附　则

第三十条　法律、行政法规对编制出版地图的管理另有规定的,从其规定。

第三十一条　军事测绘成果的管理,按照中央军事委员会的有关规定执行。

第三十二条　本条例自 2006 年 9 月 1 日起施行。1989 年 3 月 21 日国务院发布的《中华人民共和国测绘成果管理规定》同时废止。

附录Ⅳ　测绘生产质量管理规定

（1997 年 7 月国家测绘局发布）

第一章　总　则

第一条　为了提高测绘生产质量管理水平,确保测绘产品质量,依据《中华人民共和国测绘法》及有关法规,制定本规定。

第二条　测绘生产质量管理是指测绘单位从承接测绘任务、组织准备、技术设计、生产作业直至产品交付使用全过程实施的质量管理。

第三条　测绘生产质量管理贯彻"质量第一、注重实效"的方针,以保证质量为中心,满足需求为目标,防检结合为手段,全员参与为基础,促进测绘单位走质量效益型的发展道路。

第四条　测绘单位必须经常进行质量教育,开展群众性的质量管理活动,不断增强干部职工的质量意识,有计划、分层次地组织岗位技术培训,逐步实行持证上岗。

第五条　测绘单位必须健全质量管理的规章制度。甲级、乙级测绘资格单位应当设立质量管理或质量检查机构;丙级、丁级测绘资格单位应当设立专职质量管理或质量检查人员。

第六条　测绘单位应当按照国家的《质量管理和质量保证》标准,推行全面质量管理,建立和完善测绘质量体系,并可自愿申请通过质量体系认证。

第二章 测绘质量责任制

第七条 测绘单位必须建立以质量为中心的技术经济责任制,明确各部门、各岗位的职责及相互关系,规定考核办法,以作业质量、工作质量确保测绘产品质量。

第八条 测绘单位的法定代表人确定本单位的质量方针和质量目标,签发质量手册;建立本单位的质量体系并保证其有效运行;对提供的测绘产品承担产品质量责任。

第九条 测绘单位的质量主管负责人按照职责分工负责质量方针、质量目标的贯彻实施,签发有关的质量文件及作业指导书;组织编制测绘项目的技术设计书,并对设计质量负责;处理生产过程中的重大技术问题和质量争议;审核技术总结;审定测绘产品的交付验收。

第十条 测绘单位的质量管理、质量检查机构及质量检查人员,在规定的职权范围内,负责质量管理的日常工作。编制年度质量计划,贯彻技术标准及质量文件;对作业过程进行现场监督和检查,处理质量问题;组织实施内部质量审核工作。

各级质量检查人员对其所检查的产品质量负责,并有权予以质量否决,有权越级反映质量问题。

第十一条 生产岗位的作业人员必须严格执行操作规程,按照技术设计进行作业,并对作业成果质量负责。

其他岗位的工作人员,应当严格执行有关的规章制度,保证本岗位的工作质量。因工作质量问题影响产品质量的,承担相应的质量责任。

第十二条 测绘单位可以按照测绘项目的实际情况实行项目质量负责人制度。项目质量负责人对该测绘项目的产品质量负直接责任。

第三章 生产组织准备的质量管理

第十三条 测绘单位承接测绘任务时,应当逐步实行合同评审(或计划任务评审),保证具有满足任务要求的实施能力,并将该项任务纳入质量管理网络。合同评审结果作为技术设计的一项重要依据。

第十四条 测绘任务的实施,应坚持先设计后生产,不允许边设计边生产,禁止没有设计进行生产。

技术设计书应按测绘主管部门的有关规定经过审核批准,方可付诸执行。市场测绘任务根据具体情况编制技术设计书或测绘任务书,作为测绘合同的附件。

第十五条 测绘任务实施前,应组织有关人员的技术培训,学习技术设计书及有关的技术标准、操作规程。

第十六条 测绘任务实施前,应对需用的仪器、设备、工具进行检验和校正;在生产中应用的计算机软件及需用的各种物资,应能保证满足产品质量的要求,不合格的不准投入使用。

第四章 生产作业过程的质量管理

第十七条 重大测绘项目应实施首件产品的质量检验,对技术设计进行验证。首件产品质量检验点的设置,由测绘单位根据实际需要自行确定。

第十八条 测绘单位必须制定完整可行的工序管理流程表,加强工序管理的各项基础工作,有效控制影响产品质量的各种因素。

第十九条 生产作业中的工序产品必须达到规定的质量要求,经作业人员自查、互检,如实填写质量记录,达到合格标准后,方可转入下工序。

下工序有权退回不符合质量要求的上工序产品,上工序应及时进行修正、处理。退回及修正的过程,都必须如实填写质量记录。

因质量问题造成下工序损失,或因错误判断造成上工序损失的,均应承担相应的经济责任。

第二十条 测绘单位应当在关键工序、重点工序设置必要的检验点,实施工序产品质量的现场检查。现场检验点的设置,可以根据测绘任务的性质、作业人员水平、降低质量成本等因素,由测绘单位自行确定。

第二十一条 对检查发现的不合格品,应及时进行跟踪处理,作出质量记录,采取纠正措施。不合格品经返工修正后,应重新进行质量检查;不能进行返工修正的,应予报废并履行审批手续。

第二十二条 测绘单位必须建立内部质量审核制度。经成果质量过程检查的测绘产品,必须通过质量检查机构的最终检查,评定质量等级,编写最终检查报告。

过程检查、最终检查和质量评定,按《测绘产品检查验收规定》和《测绘产品质量评定标准》执行。

第五章 产品使用过程的质量管理

第二十三条 测绘单位所交付的测绘产品,必须保证是合格品。

第二十四条 测绘单位应当建立质量信息反馈网络,主动征求用户对测绘质量的意见,并为用户提供咨询服务。

第二十五条 测绘单位应当及时、认真地处理用户的质量查询和反馈意见。与用户发生质量争议时,按照《测绘质量监督管理办法》的有关规定处理。

第六章 质量奖惩

第二十六条 测绘单位应当建立质量奖惩制度。对在质量管理和提高产品质量中作出显著成绩的基层单位和个人,应给予奖励,并可申报参加测绘主管部门组织的质量评优活动。

第二十七条 对违章作业,粗制滥造甚至伪造成果的有关责任人;对不负责任,漏检错检甚至弄虚作假、徇私舞弊的质量管理、质量检查人员,依照《测绘质量监督管理办法》的相应条款进行处理。测绘单位对有关责任人员还可给予内部通报批评、行政处分及经济处罚。

第七章 附 则

第二十八条 本规定由国家测绘局负责解释。

第二十九条 本规定自发布之日起施行。1988 年 3 月国家测绘局发布的《测绘生产质量管理规定》(试行)同时废止。

附录 V 测绘地理信息质量管理办法

（2015 年 6 月 26 日国家测绘地理信息局、国家质量监督检验检疫总局发布）

第一章 总 则

第一条 为加强测绘地理信息质量管理,明确质量责任,保证成果质量,依据《中华人民共和国测绘法》《中华人民共和国产品质量法》等有关法律法规,制定本办法。

第二条 从事测绘地理信息质量控制活动及质量监督管理工作,应遵守本办法。

本办法所称测绘地理信息质量是指测绘地理信息活动及其成果符合技术标准和满足用户需求的特征、特性。

第三条 国家测绘地理信息局负责全国测绘地理信息质量的统一监督管理。

县级以上地方人民政府测绘地理信息行政主管部门负责本行政区域内测绘地理信息质量监督管理。

第四条 测绘地理信息活动及其成果应符合法律法规、强制性国家标准的要求。从事测绘地理信息活动的单位应建立健全质量管理体系,完善质量责任制度,依法取得测绘资质,依法对成果质量承担相应责任。

第二章 监督管理

第五条 各级测绘地理信息行政主管部门应当严格依法行政,强化对测绘单位质量工作的日常监督管理,强化对测绘地理信息生产过程和成果质量的监督管理,强化对重大测绘地理信息项目和重大建设工程测绘地理信息项目质量的监督管理。

第六条 国家对测绘地理信息质量实行监督检查制度。甲、乙级测绘资质单位每 3 年监督检查覆盖一次,丙、丁级测绘资质单位每 5 年监督检查覆盖一次。

监督检查工作经费列入测绘地理信息行政主管部门本级行政经费预算或专项预算,专款专用。

第七条 国家测绘地理信息局按年度制定国家测绘地理信息质量监督检查计划。

县级以上地方人民政府测绘地理信息行政主管部门依据上一级质量监督检查计划并结合本地情况,安排本级监督检查工作,报上一级测绘地理信息行政主管部门备案。

同一测绘地理信息项目或同一批次成果,上级监督检查的,下级不得另行重复检查。

第八条 测绘单位应配合监督检查,任何组织、个人不得以任何理由和形式设置障碍,拒绝或妨碍监督检查。

第九条 监督检查中需要进行的检验、鉴定、检测等监督检验活动,由实施监督检查的测绘地理信息行政主管部门委托测绘成果质量检验机构(以下简称测绘质检机构)承担。

第十条 国家测绘地理信息局组织建立国家测绘地理信息成果质量检验专家库,专家库成员参加国家测绘地理信息成果质量监督检验工作。省级人民政府测绘地理信息行政主管部门可建立、管理省级测绘地理信息成果质量检验专家库。

第十一条 各级测绘地理信息行政主管部门应依法向社会公布监督检查结果,确属不宜向社会公布的,应依法抄告有关行政主管部门、有关权利人和利害相关人,并向上一级测绘地理信息行政主管部门备案。

第十二条　各级测绘地理信息行政主管部门负责受理本行政区域内的测绘地理信息质量投诉、检举、申诉,依法进行处理。

第十三条　因测绘地理信息成果质量问题造成重大事故的,测绘单位、成果使用单位应及时向相关测绘地理信息行政主管部门和其他有关部门报告。

第十四条　各级测绘地理信息行政主管部门应加强对本行政区域内测绘单位、测绘地理信息项目质量和监督检查结果等信息的收集、汇总、分析和管理,下一级向上一级报告年度质量信息。

第三章　测绘单位的质量责任与义务

第十五条　测绘单位应按照质量管理体系建设要求,建立健全覆盖本单位测绘地理信息业务范围的质量管理体系,规范质量管理行为,确保质量管理体系的有效运行。

第十六条　甲、乙级测绘资质单位应设立质量管理和质量检查机构;丙、丁级测绘资质单位应设立专职质量管理和质量检查人员。测绘地理信息项目的技术和质检负责人等关键岗位须由注册测绘师充任。

第十七条　测绘单位应建立质量责任制,明确岗位职责,制定并落实岗位考核办法和质量责任。

第十八条　测绘地理信息项目实施所使用的仪器设备应按照国家有关规定进行检定、校准。

用于基础测绘项目和规模化测绘地理信息生产的新技术、新工艺、新软件等,须得到项目组织方同意或通过由项目组织方组织的检验、测试或鉴定。

第十九条　测绘单位应建立合同评审制度,确保具有满足合同要求的实施能力。

测绘地理信息项目实施,应坚持先设计后生产,不允许边设计边生产,禁止没有设计进行生产。技术设计文件需要审核的,由项目委托方审核批准后实施。

第二十条　测绘地理信息项目实行"两级检查、一级验收"制度。

作业部门负责过程检查,测绘单位负责最终检查。过程成果达到规定的质量要求后方可转入下一工序。必要时,可在关键工序、难点工序设置检查点,或开展首件成果检验。

项目委托方负责项目验收。基础测绘项目、测绘地理信息专项和重大建设工程测绘地理信息项目的成果未经测绘质检机构实施质量检验,不得采取材料验收、会议验收等方式验收,以确保成果质量;其他项目的验收应根据合同约定执行。

第二十一条　国家法律法规或委托方有明确要求实施监理的测绘地理信息项目,应依法开展监理工作,监理单位资质及监理工作实施应符合相关规定。监理单位对其出具的监理报告负责。

第二十二条　测绘单位对其完成的测绘地理信息成果质量负责,所交付的成果,必须保证是合格品。

测绘单位应建立质量信息征集机制,主动征求用户对测绘地理信息成果质量的意见,并为用户提供咨询服务。

测绘单位应及时、认真地处理用户的质量查询和反馈意见。与用户发生质量争议的,报项目所在地测绘地理信息行政主管部门进行处理,或依法诉讼。

第二十三条　测绘地理信息项目通过验收后,测绘单位应将项目质量信息报送项目所在地测绘地理信息行政主管部门。

第二十四条　测绘地理信息项目依照国家有关规定实行项目分包的,分包出的任务由总承包方向发包方负完全责任。

第四章　测绘质检机构的质量责任与义务

第二十五条　国家测绘地理信息局依法设立国家测绘地理信息局测绘成果质量检验机构(以下简称国家测绘质检机构);省级人民政府测绘地理信息行政主管部门依法设立省级测绘地理信息行政主管部门测绘成果质量检验机构(以下简称省级测绘质检机构)。

第二十六条　测绘质检机构应具备从事测绘地理信息质量检验工作所必需的基本条件和技术能力,按照国家有关规定取得相应资质。

第二十七条　测绘质检机构取得注册测绘师资格的人员经登记后,以注册测绘师名义开展工作。登记工作参照《注册测绘师执业管理办法(试行)》规定的注册程序进行。

第二十八条　测绘质检机构可根据需要设立质检分支机构,并对其建设和业务工作负责。

第二十九条　测绘质检机构的主要职责是:

(一)按照测绘地理信息行政主管部门下达的测绘地理信息成果质量监督检查计划,承担质量监督检验工作;

(二)受委托对测绘地理信息项目成果进行质量检验、检测和评价;

(三)受委托对有关科研项目和新技术手段测制的测绘地理信息成果进行质量检验、检测、鉴定;

(四)受委托承担测绘地理信息质量争议的仲裁检验;

(五)向主管的测绘地理信息行政主管部门定期报送测绘地理信息成果质量分析报告。

第三十条　国家测绘质检机构同时承担以下职责:

(一)协助管理国家测绘地理信息成果质量检验专家库;

(二)协助指导测绘单位建立完善质量管理体系;

(三)开展测绘地理信息质检专业技术人员的培训与交流;

(四)对省级测绘质检机构检验业务进行技术指导;对其检验工作中存在的缺点和错误予以纠正。

第三十一条　测绘质检机构应依照法律法规、技术标准及设计文件实施检验,客观、公正地作出检验结论,对检验结论负责。

监督检验应制定技术方案,技术方案经组织实施监督检验工作的部门批准后实施检验工作。

技术方案及检验报告由本单位注册测绘师签字后方可生效。

第三十二条　任何单位和个人不得干预测绘质检机构对质量检验结论的独立判定。

测绘地理信息成果质量检验结果是测绘地理信息项目验收、测绘资质监督管理、测绘资质晋升和评优奖励的重要依据。

第五章　质量奖惩

第三十三条　各级测绘地理信息行政主管部门应鼓励采用先进的科学技术和管理方法,提高测绘地理信息成果质量,对测绘地理信息质量管理先进、成果质量优异的单位和个人,给予表彰和奖励。

第三十四条　测绘单位提供的测绘地理信息成果存在质量问题的,应及时进行修正或重新测制;给用户造成损失的,依法承担赔偿责任,测绘地理信息行政主管部门给予通报批评;构成犯罪的,依法追究刑事责任。

测绘单位所完成的测绘地理信息成果质量经监督检查被判定为"批不合格"的,按照有关管理规定限期整改,并给予相应处理。

第三十五条　测绘质检机构在检验工作中存在违规操作、玩忽职守、徇私舞弊的,测绘地理信息行政主管部门按有关规定追究相关单位和人员的责任;构成犯罪的,依法追究刑事责任。

测绘质检机构的检验结论不正确的,测绘地理信息行政主管部门应责令其整改,追究单位和相关人员责任,给予通报批评。

第六章　附　则

第三十六条　本办法自发布之日起实施。

第三十七条　本办法由国家测绘地理信息局负责解释。

附录Ⅵ　工程建设监理规定

第一章　总　则

第一条　为了确保工程建设质量。提高工程建设水平,充分发挥投资效益。促进工程建设监理事业的健康发展,制定本规定。

第二条　在中华人民共和国境内从事工程建设监理活动,必须遵守本规定。

第三条　本规定所称工程建设监理是指监理单位受项目法人的委托,依据国家批准的工程项目建设文件、有关工程建设的法律、法规和工程建设监理合同及其他工程建设合同,对工程建设实施的监督管理。

第四条　从事工程建设监理活动,应当遵循守法、诚信、公正、科学的准则。

第二章　工程建设监理的管理机构及职责

第五条　国家计委和建设部共同负责推进建设监理事业的发展,建设部归口管理全国工程建设监理工作。建设部的主要职责:

(一)起草并同国家计委制定、发布工程建设监理行政法规,监督实施;

(二)审批甲级监理单位资质;

(三)管理全国监理工程师资格考试、考核和注册等项工作;

(四)指导、监督、协调全国工程建设监理工作。

第六条　省、自治区、直辖市人民政府建设行政主管部门归口管理本行政{域内工程建设管理工作,其主要职责:

（一）贯彻执行国家工程建设监理法规,起草或制定地方工程建设监理法规并监督实施;

（二）审批本行政区域内乙级、丙级监理单位的资质,初审并推荐甲级监理耜位;

（三）组织本行政区域内监理工程师资格考试、考核和注册工作;

（四）指导、监督、协调本行政区域内的工程建设监理工作。

第七条　国务院工业、交通等部门管理本部门工程建设监理工作,其主要职责:

（一）贯彻执行国家工程建设监理法规,根据需要制定本部门工程建设监型实施办法,并监督实施;

（二）审批直属的乙级、丙级监理单位资质,初审并推荐甲级监理单位;

（三）管理直属监理单位的监理工程师资格考试、考核和注册工作;

（四）指导、监督、协调本部门工程建设监理工作。

第三章　工程建设监理范围及内容

第八条　工程建设监理的范围:

（一）大、中型工程项目;

（二）市政、公用工程项目;

（三）政府投资兴建和开发建设的办公楼、社会发展事业项目和住宅工程项目;

（四）外资、中外合资、国外贷款赠款、捐款建设的工程项目。

第九条　工程建设监理的主要内容是控制工程建设的投资、建设工期和工程质量;进行工程建设合同管理.协调有关单位间的工作关系。

第四章　工程建设监理合同与监理程序

第十条　项目法人一般通过招标投标方式择优选定监理单位。

第十一条　监理单位承担监理业务,应当与项目法人签订书面工程建设监理合同。工程建设监理合同的主要条款是:监理的范围和内容、双方的权利与义务、监理费的计取与支付、违约责任、双方约定的其他事项。

第十二条　监理费从工程概算中列支,并核减建设单位的管理费。

第十三条　监理单位应根据所承担的监理任务,组建工程建设监理机构。监理机构一般由总监理工程师、监理工程师和其他监理人员组成。承担工程施工阶段的监理,监理机构应进驻施工现场。

第十四条　工程建设监理一般应按下列程序进行:

（一）编制工程建设监理规划;

（二）按工程建设进度,分专业编制工程建设监理细则;

（三）按照建设监理细则进行建设监理;

（四）参与工程竣工预验收,签署建设监理意见;

（五）建设监理业务完成后,向项目法人提交工程建设监理档案资料。

第十五条　实施监理前,项目法人应当将委托的监理单位、监理的内容、总监理工程师姓名及所赋予的权限,书面通知被监理单位。

总监理工程师应当将其授予监理工程师的权限,书面通知被监理单位。

第十六条　工程建设监理过程中,被监理单位应当按照与项目法人签订的工程建设合同的规定接受监理。

第五章　工程建设监理单位与监理工程师

第十七条　监理单位实行资质审批制度。

设立监理单位,须报工程建设监理主管机关进行资质审查合格后,向工商行政管理机关申请企业法人登记。

监理单位应当按照核准的经营范围承接工程建设监理业务。

第十八条　监理单位是建筑市场的主体之一,建设监理是一种高智能的有偿技术服务。

监理单位与项目法人之间是委托与被委托的合同关系;与被监理单位是监理与被监理的关系。

监理单位应按照"公正、独立、日主"的原则,开展工程建设监理工作,公平地维护项目法人和被监理单位的合法权益。

第十九条　监理单位不得转让监理业务。

第二十条　监理单位不得承包工程,不得经营建筑材料、构配件和建筑机械、设备。

第二十一条　监理单位在监理过程中因过错造成重大经济损失的。应承担一定的经济责任和法律责任。

第二十二条　监理工程师实行注册制度。

监理工程师不得出卖、出借、转让、涂改《监理工程师岗位证书》。

第二十三条　监理工程师不得在政府机关或施工、设备制造、材料供应单位兼职,不得是施工、设备制造和材料、构配件供应单位的合伙经营者。

第二十四条　工程项目建设监理实行总监理工程师负责制。总监理工程师行使合同赋予监理单位的权限,全面负责受委托的监理工作。

第二十五条　总监理工程师在授权范围内发布有关指令,签认所监理的工程项目有关款项的支付凭证。

项目法人不得擅自更改总监理工程师的指令。

总监理工程师有权建议撤换不合格的工程建设分包单位和项目负责人及有关人员。

第二十六条　总监理工程师要公正地协调项目法人与被监理单位的争议。

第六章　外资、中外合资和国外贷款、赠款、捐款建设的工程建设监理

第二十七条　国外公司或社团组织在中国境内独立投资的工程项目建设,如果需要委托国外监理单位承担建设监理业务时,应当聘请中国监理单位参加,进行合作监理。

中国监理单位能够监理的中外合资的工程建设项目,应当委托中国监理单位监理。若有必要,可以委托与该工程项目建设有关的国外监理机构监理或者聘请监理顾问。

国外贷款的工程项目建设,原则上应由中国监理单位负责建设监理。如果贷款方要求国外监理单位参加的,应当与中国监理单位进行合作监理。

国外赠款、捐款建设的工程项目,一般由中国监理单位承担建设监理业务。

第二十八条 外资、中外合资和国外贷款建设的工程项目的监理费用计取标准及付款方式,参照国际惯例由双方协商确定。

第七章 罚 则

第二十九条 项目法人违反本规定,由人民政府建设行政主管部门给予警告、通报批评、责令改正。并可处以罚款。对项目法人的处罚决定抄送计划行政主管部门。

第三十条 监理单位违反本规定,有下列行为之一的,由人民政府建设行政主管部门给予警告、通报批评、责令停业整顿、降低资质等级、吊销资质证书的处罚,并可处以罚款。

（一）未经批准而擅自开业;

（二）超出批准的业务范围从事工程建设监理活动:

（三）转让监理业务;

（四）故意损害项目法人、承建商利益;

（五）因工作失误造成重大事故。

第三十一条 监理工程师违反本规定,有下列行为之一的,由人民政府建设行政主管部门没收非法所得、收缴《监理工程师岗位证书》并可处以罚款。

（一）假借监理工程师的名义从事监理工作;

（二）出卖、出借、转让、涂改《监理工程师岗位证书》;

（三）在影响公正执行监理业务的单位兼职。

第八章 附 则

第三十二条 本规定涉及国家计委职能的条款由建设部商国家计委解释。

第三十三条 省、自治区、直辖市人民政府建设行政主管部门、国务院有关部门参照本规定制定实施办法,并报建设部备案。

第三十四条 本规定自 1996 年 1 月 1 日起实施,建设部 1989 年 7 月 28 日发布的《建设监理试行规定》同时废止。

附录Ⅶ　测绘工程监理实用表格

附录Ⅶ-1

投　标　书

　　_____（投标单位全称）授权 _____（全权代表姓名）_____（职务、职称）为全权代表,参加贵方组织的_____的招投标有关活动,并对其中的_____（具体标的)标的进行投标。为此:

　　1. 提供投标须知规定的全部投标文件:包括正本 1 份,副本 4 份;

　　2. 投标的报价为(％)_____。

投标单位:(章)_____

法定代表人:(签字、章)_____

项目负责人:_____

单位地址:_____邮编:_____

电话:_____传真:_____

单位网址:_____E-mail:_____

开户银行地址:_____

银行账号:_____电话:_____

附录 Ⅶ-2

授权委托书

本授权委托书声明:

  我 _____ 系 _____ 的法定代表人,现授权委托

_____ 为 我 公 司 代 理 人,以 本 公 司 的 名 义 参 加

_____的投标活动,代理人在开标、评标、合同谈判过程中所签署的一

切文件和处理与之有关的一切事物,我均予以承认。

  代理人无转委权。

  特此委托

  代理人: 性别: 年龄:

  单位:

  职务:

  投标单位:

  法定代表人:

  日   期: 年 月 日

附录Ⅶ-3

投标单位基础情况一览表

单位名称	
法人（法人资格证书号）	
单位性质	
隶属部门	
组织机构代码	
通信地址 （邮政编码、地址）	
电子邮件地址	
联系人和联系电话	
银行账号	
（户名、开户银行及账号）	

附录 VII-4

投标单位以往有关业绩一览表

序　号	项 目 名 称	完 成 时 间	项 目 规 模	项 目 性 质
1				
2				
3				
4				
5				
6				
7				
8				
9				
10				
11				
12				
13				
14				
15				
16				
17				
18				

附录 Ⅶ-5

拟派本项目总监理工程师资格表

姓名		年龄		专业	
职务		职称		拟在本工程担任职务	
毕业学校					
时　　间		参加主要的检验、监理工程项目名称			

本人附件:毕业证、资格证、身份证复印件

附录Ⅶ-6

拟派本项目监理工程师资格一览表

序号	姓名	性别	年龄	文化程度	所学专业	技术职称	在本项目中分工

附录Ⅶ-7

投标单位与本项目有关的主要装备一览表

序号	设备名称	型号	数量	购置日期	近期检测使用情况
1					
2					
3					
4					
5					
6					
7					
8					
9					
10					
11					
12					
13					
14					
15					
16					
17					
18					
19					
20					

附录Ⅶ-8

测绘工程监理通知书

工程监理项目部[　　　　年]第　　　　号

　　单位：

　　按×××局的安排，×××测绘项目(　　　　　　　　　　　　　　)阶段，根据作业计划，经监理项目部研究决定，由_____同志等_____人组成的质量监理实施小组，于_____年____月____日至_____年____月____日赴贵单位对生产过程进行产品质量抽查和监理工作，请悉知并予以配合。

监理单位：××××测绘工程监理有限公司

年　　　　月　　　　日

(备注：1. 附工程监理实施表；2. 此表一式两份，一份抄送测绘生产单位，一份存监理部)

附录Ⅶ-9

工程监理实施计划

编　号：　　　　　　　　　　　　　　日期：　　年　　月　　日

测绘生产单位名称			
作业工序名称		批次	
监理工程师		参加人数	
监理实施时间	年　　月　　日		年　　月　　日
参加监理人员名单	监理工作分工		

备注：本表一式两份，一份抄送给测绘生产单位，另一份存监理单位。

附录Ⅶ-10

监理工程师通知书

编　　号：

名称：　　　　　　　　　　　监理单位：
致（测绘生产单位）：
（通知内容）   　　　　　　　　　　监理工程师代表：　　　　日期：　　年　　月　　日
回执： 　　　　第　　　　号监理工程师通知书于　　　年　　月　　日收到，我单位将根据通知内容执行。   　　　　　　　　项目负责人：　　　　　日期：　　年　　月　　日
附注：本书面通知适用于必须书面通知测绘生产单位的重要事项，包括现场指令和事故通知。

附录Ⅶ-11

测绘生产单位现场组织机构情况表

测绘生产单位：　　　　　　　　　　监理员：

编　　　号：　　　　　　　　　　日　期：　　年　月　日

工程阶段	主要负责人	投入人员数
航空摄影		
基础控制及像片联测		
空三加密		
DLG 数据采集		
外业调绘		
DLG 编辑		
数据库		

测绘生产单位负责人：

附录Ⅶ-12

测绘生产单位工作现场全体人员名单

工序名称：　　　　　　　　　　　　　监理员：

编　　号：　　　　　　　　　　　　　日　期：　　年　月　日

序号	姓　名	性别	年龄	技术职称	备　注

注:本表按工序填写。

附录Ⅶ-13

主要作业人员资质登记表

测绘生产单位：　　　　　　　　　　　　监理员：

编　　　号：　　　　　　　　　日　期：　　年　　月　　日

基本情况（本项由本人填写）					
姓　　名		性　　别		年　　龄	
学　　历		工作年限		技术职称	
从　业　情　况（本项由单位填写）					
在本项目中承担的职务		技术管理　　检查员　　作业员　　其他			
是否经上岗培训		是　　　否			
是否具有从事同类项目的生产经验		是　　　否			
审核情况（本项由监理人员填写）					
监理人员审核意见		属实　　不属实	审核日期		

测绘生产单位负责人：

附录Ⅶ-14

仪器设备调查表

测绘生产单位：　　　　　　　　　　监理员：

编　　　号：　　　　　　　　　　日　期：　　年　月　日

序号	仪器型号 （应用软件）	精度指标	检定情况	备　注
1				
2				
3				
4				
5				
6				
7				
8				
9				
10				
11				
12				
13				
14				
15				
16				

测绘生产单位负责人：

附录Ⅶ-15

作业场所监理表

测绘生产单位：　　　　　　　　　　　监理员：

编　　　号：　　　　　　　　　　　　日　期：　　年　月　日

序号	项 目 名 称	监 理 情 况	备 注
1	资料整洁情况	整洁　　　　不整洁	
	资料归档情况	符合规定　　　不符合规定	
2	仪器定期保养	符合规定　　　不符合规定	
3	机房整洁情况	好　较好　较差　差	
	作业环境	安静　　较安静　　吵闹 无闲杂人员　　有闲杂人员	
4			
5			
6			
7			
8			

测绘生产单位负责人：

附录Ⅶ-16

工程进度控制表

测绘生产单位：　　　　　　　　　　　监理员：

编　　　号：　　　　　　　　　　　　日　期：　　年　月　日

序号	工序名称	计划进度	实际进度	备　　注
1				
2				
3				
4				
5				
6				
7				
8				
9				
10				
11				
12				

测绘生产单位负责人：

附录 Ⅶ-17

＿＿＿＿＿＿＿＿＿＿＿＿＿＿阶段监理记录

测绘生产单位：　　　　　　　　　监理员：

编　　　　号：　　　　　　　　　日　期：　　年　　月　　日

问　题　记　录

附录Ⅶ-18

监 理 日 志

项目名称：

编　　号：　　　　　　　　　监理工程师：

记 事	

年　　月　　日

附录 Ⅶ-19

监 理 日 记

项目名称：

编　　号：　　　　　　　　　　记录人：

记 事	

年　月　日

附录Ⅶ-20

报 验 单

编号：

致（监理工程师）： 　　我单位（工序名称）　　　　　　　　　　第＿＿＿＿＿批成果现已按要求于 　　年　　月　　日基本完成，并已通过自检，特报请进行检查。 　　在通过检查后，我们将在责任期内继续按合同要求，履行缺陷修补的责任，直到符合作业技术依据。   　　（附：阶段性技术总结和检查报告）   　　　　　　　　　　　　　　　　　　测绘生产单位负责人： 　　　　　　　　　　　　　　　　　　　　日　　期：
监理单位代表意见：   　　　　　　　　　　　　　　　　　　监理工程师签字： 　　　　　　　　　　　　　　　　　　　　日　　期：

附录Ⅶ-21

质量监理问题处理意见

测绘生产单位：　　　　　　　　　　监理单位：

编　　　　号：　　　　　　　　　　日　　期：　　年　　月　　日

作业工序		批次	
监理工程师		参加人数	

<table>
<tr><td colspan="4">存在的主要质量问题及处理意见：
（包括整改范围和整改期限）

　　　　　　　　　　　　　　监理工程师签字：　　　年　　月　　日</td></tr>
<tr><td colspan="4">测绘生产单位意见：

　　　　　　　　　　　　测绘生产单位代表签字：　　　年　　月　　日</td></tr>
<tr><td colspan="4">备注：本表一式两份，监理单位、测绘生产单位各一份。</td></tr>
</table>

附录Ⅶ-22

会 议 纪 要

编 号： 　　　　　　　　　　　日 期： 　　年　　月　　日

名称：			
出 席 单 位	出 席 会 议 人 员 名 单		
	姓　　名	职　　务	职　　称
委 托 单 位			
测绘生产单位			
监 理 单 位			
会 议 纪 要	（此栏空间不够时可另加附页）		

附录Ⅶ-23

资料管理监理表

测绘生产单位：　　　　　　　　　　　　监理员：
编　　　　　号：　　　　　　　　　　　　日　期：　　年　月　日

序号	项 目 名 称	监 理 情 况	备 注
1	资料管理规章制度	有　　醒目　　完整　　　无	
2	基础资料存放	符合规定　　一般　　不符合规定	
3	图纸存放	符合规定　　一般　　不符合规定	
4	数据存放	符合规定　　一般　　不符合规定	
5	过程成果存放	符合规定　　一般　　不符合规定	
6	资料出入手续	完整　　一般　　不完整	

附录 Ⅶ-24

质量保证体系运转监理表

测绘生产单位：　　　　　　　　　　监理员：

编　　　号：　　　　　　　　　　日　期：　　年　月　日

序号	监理项目	监理情况	备注
1	生产协调组织机构	健全　　一般　　不健全	
2	技术质量保障组织	健全　　一般　　不健全	
3	人员构成和岗位设置	合理　　一般　　不合理	
4	规章制度	健全　　一般　　不健全	
5	体系运转	正常　　一般　　不正常	
6	管理人员的质量意识	强　　一般　　不强	
7	作业人员的质量意识	强　　一般　　不强	
8	二级检查制度执行情况	好　　良　　一般	
9	二级检查的独立性	独立　　不完全独立　　不独立	
10	二级检查记录的完整性	完整　　　　不完整	
11	验收的规范性	规范　　　　不规范	

附录Ⅶ-25

数据成果和附件质量监理表

测绘生产单位：　　　　　　　　　　监理员：

编　　　　号：　　　　　　　　　　日　期：　　年　月　日

序号	监理项目	监理情况		备注
1	成果文件类型	符合要求	不符合要求	
2	成果文件命名方法	符合要求	不符合要求	
3	数字产品数据格式	符合要求	不符合要求	
4	数字产品数据有效范围	符合要求	不符合要求	
5	数字产品平面精度	符合要求	不符合要求	
6	数字产品图幅接边精度	符合要求	不符合要求	
7	元数据填写			
	格式的规范性	规范	不规范	
	内容的正确性	正确	不正确	
	内容的完整性	完整	不完整	
8	入库文件			
	格式的规范性	规范	不规范	
	内容的正确性	正确	不正确	
	内容的完整性	完整	不完整	

附录 Ⅶ-26

地物点精度检测表

图幅号：

序号	点号	原坐标/m		检测坐标/m		点位误差 △ /cm
		X	Y	X	Y	

精度统计（同精度检测）：

点位中误差：$M=\pm\sqrt{[\Delta\Delta]/n}=$

粗差率：

附录 Ⅶ-27

地物点间距精度检测表

图号：

点号	点号	反算边长/m	检测边长/m	较差值 Δ/cm

精度统计（同精度检测）：

点位中误差：$M = \pm\sqrt{[\Delta\Delta]/n} =$

粗差率：

附录 Ⅶ-28

控制测量起算点一览表

测绘生产单位：　　　　　　　　　　　监理员：

编　　　号：　　　　　　　　　　　　日　期：　　年　月　日

序号	起算点名称	等级	控制网

附录Ⅶ-29

_____资料交接记录表

移交单位：××××测绘工程监理有限公司
接收单位：

序号	资料名称	计量单位	数量	移交者	接收者	日期	备注
1							
2							
3							
4							
5							
6							
7							
8							
9							
10							
11							
12							
13							
14							
15							